浙江省高职高专重点建设教材

U0038819

化工单元操作与实训

主　编　谢萍华　　徐明仙

副主编　丁晓民　　张永昭　　童国通

ZHEJIANG UNIVERSITY PRESS
浙江大学出版社

前　　言

　　本书是浙江省高职高专重点建设教材，也是浙江省高职高专精品课程建设的成果；根据高等职业技术院校培养目标和人才规格要求编写的，可作为高等职业技术院校化工类及相关专业（包括环保、制药等各专业）的教材，也可作为化工环保领域工程技术人员的参考资料。

　　在本书的编写过程中，我们根据高等职业教育的培养目标和教学要求，合理选择教材内容，特别注重生产实际、培养学生动手能力和工程概念。

　　本书重点介绍了流体输送技术、非均相分离技术、传热技术、精馏技术、吸收技术、干燥技术等化工生产中应用最广泛的单元操作。本书对基本概念的阐述力求精炼，注重单元操作在工程中的实际应用；通过各种技能训练，使学生掌握各单元操作设备的结构、工作原理、性能特点、操作方法；运用课程中所学的理论知识来分析、解决实际单元操作中遇到的一般技术性问题，从而培养学生的工程意识和责任意识。

　　全书共分七个项目，项目一由张永昭编写，项目二由徐明仙编写，项目三由张永昭编写，项目四由丁晓民编写，项目五由徐明仙编写，项目六由童国通编写，项目七由丁晓民编写，全书由谢萍华和徐明仙统稿，参与编写的还有相关化工企业的尹云舰、胡永强工程师。

　　由于编写时间仓促，作者水平有限，书中不妥之处在所难免，敬请广大读者批评指正。

编　者

2011 年 12 月

目　　录

项目一　流体输送技术

　　某新建的居民小区,居民用水拟采用建水塔方案,用泵将水送到高位水塔,为居民楼供水,如图 1-1 所示。

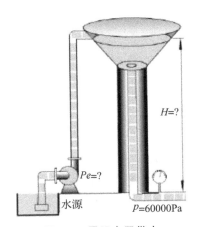

图 1-1　居民小区供水

　　通过项目的学习,了解流体输送技术的基本理论,熟悉流体输送设备,能够进行输送过程中输送方式的选择、输送管路的布置、输送设备参数选择等,并能够对典型设备进行操作。

　　在本项目中,若水塔高度 H 确定为 10 米,输送设备的进口管路和出口管路的长度分别为 4 米和 15 米。那么,需要选用什么类型的泵?并确定泵的有效功率 N。

任务一　流体输送技术应用检索

一、教学目标

　　1.知识目标

　　(1)熟悉流体输送的基本方式;

　　(2)了解各种流体输送方式的基本原理。

2.能力目标

能根据任务要求选择合适的流体输送方式。

3.素质目标

(1)具有良好的团队协作能力；

(2)具有良好的语言表达和文字表达能力；

(3)培养安全生产和清洁生产的意识。

二、教学任务

在本任务中,通过分组查找资料、小组讨论交流等活动,能够为水塔内水的输送选择合适的输送方式。

三、相关知识点

气体和液体统称为流体。在化工生产中所处理的物料有很多是流体。根据生产要求,往往需要将这些流体按照生产程序从一个设备输送到另一个设备。化工厂中,管路纵横排列,与各种类型的设备连接,完成着流体输送的任务。流体的输送形式主要有加压输送、真空输送、气力输送和机械输送等。

(一)加压输送

此种输送方式原理很简单,通过对一容器进行加压,流体将会从此高压容器流入相通的低压容器中。此种输送方式对容器与输送管路的耐压性有一定的要求。

(二)真空输送

此种输送方式中,通过对一容器进行抽真空(或降低压力),流体将会从相通的较高压容器流入此低压容器中。此种输送方式中,因为没有输送设备,主要应用于输送较脆弱的流体,如结晶过程中的流体输送,为了不破坏结晶过程中形成的晶体,可以选用此种输送方式。

(三)气力输送

气力输送又称气流输送,是利用气流的能量,在密闭管道内沿气流方向输送颗粒状物料,是流态化技术的一种具体应用。气力输送装置的结构简单,操作方便,可作水平的、垂直的或倾斜方向的输送,在输送过程中还可同时进行物料的加热、冷却、干燥和气流分级等物理操作或某些化学操作。与机械输送相比,此法能量消耗较大,颗粒易受破损,设备也易受磨蚀。含水量多、有粘附性或在高速运动时易产生静电的物料,不宜采用气力输送。

(四)流体机械输送

此种输送方式在流体输送操作中最为常见。流体输送机械一般可分为液体输送机械和气体输送机械。液体输送机械称为泵,气体输送机械称为风机。而在输送机械中,离心泵最为常见。

【主导项目 1-1】 本任务中,考虑水塔内水输送过程的连续、安全等因素,应通过流体输送机械进行输送。

任务二 流体输送机械的选择

一、教学任务

1. 知识目标

(1)了解各种流体输送设备的结构、特点及其工作原理；

(2)了解各种流体输送设备的适用场合。

2. 能力目标

能根据任务要求选择合适的流体输送机械。

3. 素质目标

(1)具有良好的团队协作能力；

(2)具有良好的语言表达和文字表达能力；

(3)培养安全生产和清洁生产的意识。

二、教学任务

在本任务中，通过分组查找资料、小组讨论交流等活动，能够为水的输送选择合适的输送设备。

三、相关知识点

(一)液体输送机械

1. 离心泵

离心泵的种类很多，但工作原理相同，构造大同小异，其主要工作部件是旋转叶轮和固定的泵壳(图1-2)。叶轮是离心泵直接对液体做功的部件，其上有若干后弯叶片，一般为4～8片。离心泵工作时，叶轮由电机驱动做高速旋转运动(1000～3000 r/min)，迫使叶片间的液体也随之做旋转运动。同时因离心力的作用，使液体由叶轮中心向外缘做径向运动。液体在流经叶轮的运动过程获得能量，并以高速离开叶轮外缘进入蜗形泵壳。在蜗壳内，由于流道的逐渐扩大而减速，又将部分动能转化为静压能，达到较高的压强，最后沿切向流入压出管道。

在液体受迫由叶轮中心流向外缘的同时，在叶轮中心处形成真空。泵的吸入管路一端与叶轮中心

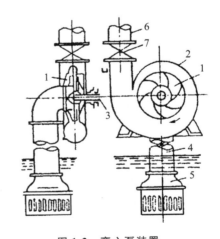

图 1-2 离心泵装置

1—叶轮；2—泵壳；3—泵轴；4—吸入管；
5—底阀；6—压出管；7—出口阀

处相通,另一端则浸没在输送的液体内,在液面压力(常为大气压)与泵内压力(负压)的压差作用下,液体经吸入管路进入泵内,只要叶轮的转动不停,离心泵便不断地吸入和排出液体。由此可见离心泵主要是依靠高速旋转的叶轮所产生的离心力来输送液体,故名离心泵。

离心泵的主要种类有:

(1)清水泵

清水泵应用最广,用于输送水或物理化学性质类似于水的清洁液体。

单级单吸式离心水泵是最为常见的清水泵,其系列代号为"IS",结构如图 1-3 所示。如果要求的压头较高而流量不大时,可以采用多级泵,结构示意于图 1-4。多级泵即在一根轴上串联多个叶轮,液体在几个叶轮中多次接受能量,可以达到较高的压头。

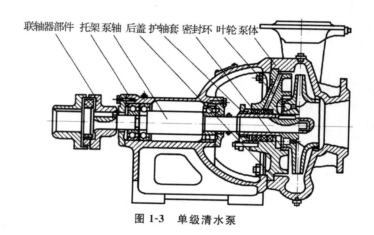

联轴器部件 托架泵轴 后盖 护轴套 密封环 叶轮泵体

图 1-3   单级清水泵

(2)耐腐蚀泵

输送酸、碱等腐蚀性液体应采用耐腐蚀泵。耐腐蚀泵与液体接触的部件是由耐腐蚀材料制造的。

(3)油泵

输送石油产品的离心泵称为油泵。油泵要求有良好的密封性能,以防易燃、易爆物的泄漏。输送高温油品的泵还需要有良好的冷却系统,一般在轴承和轴封装置上都装有冷却夹套。

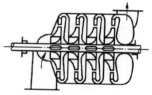

图 1-4   多级清水泵

(4)杂质泵

输送悬浮液和稠的浆液常用杂质泵,这类泵的叶轮流道宽,叶片数少,常用开式或半闭式叶轮。

2.往复泵

往复泵为容积式输送机械,图 1-5 是往复泵的装置简图。往复泵主要由泵缸、活塞、活塞杆、吸入单向阀和排出单向阀构成。活塞经传动机械在外力作用下在泵缸内做往复运动。活塞在泵缸内移动形成工作室。当活塞自左向右移动时,泵缸内工作室的容积增大,形成低压。此时,由于排出管内液体的压力作用使排出阀处于关闭状态;吸入阀则被泵外液体推开,液体流入泵缸内。当活塞移至右端时,工作室的体积最大,吸入

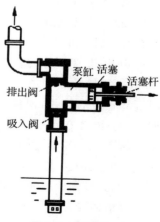

泵缸 活塞
排出阀 活塞杆
吸入阀

图 1-5   往复泵

液体也最多,吸入行程就此结束。当活塞由右向左移动时,由于活塞的挤压,缸内液体被排入压出管道。活塞移至左端,排液完毕。活塞这一来回称作一个工作循环。

3.齿轮泵

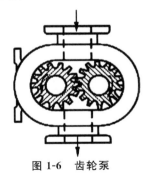

齿轮泵是正位移泵的一种,如图1-6所示。泵壳内的两个齿轮相互啮合,按图中所示的方向转动。在泵的吸入口,两个齿轮的齿向两侧拨开,形成低压区,液体吸入。齿轮旋转时,液体封闭于齿穴和泵壳体之间,被强行压向排出端。在排出端两齿轮的齿互相合拢,形成高压区将液体排出。

齿轮泵可以产生较高的压头,但流量较小。它用于输送黏稠的液体,但不能输送含颗粒的悬浮液。

图1-6　齿轮泵

4.旋涡泵

旋涡泵是一种特殊类型的离心泵,其结构如图1-7所示。旋涡泵主要由叶轮和泵体构成。叶轮是一个回盘,四周由凹槽构成的叶片成辐射状排列。叶轮旋转过程中泵内液体随之旋转,且在径向环隙的作用下多次进入叶片并获得能量。因此,液体在旋涡泵内流动与在多级离心泵中流动相类似。泵的吸入口和排出口由与叶轮间隙极小的间壁分开。

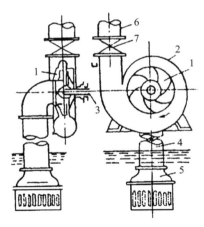

图1-7　离心泵

1—叶轮;2—泵壳;3—泵轴;4—吸入管;5—单向底阀;6—排出管;7—调节阀

旋涡泵加工容易,可用耐腐蚀材料制造,适用于高压头、小流量的场合,不宜输送黏度大或含固体颗粒的液体。

(二)气体输送机械

气体输送机械的结构和原理与液体输送机械大体相同。但是气体具有可压缩性和比液体小得多的密度(约为液体密度的千分之一左右),从而使气体输送具有某些不同于液体输送的特点。

气体因具有可压缩性,故在输送机械内部气体压强发生变化的同时,体积及温度也将随之变化。这些变化对气体输送机械的结构、形状有很大的影响。因此气体输送机械根据它所能产生的进、出口压强差和压强比(称为压缩比)进行如下分类,以便于选择。

(1)通风机。出口压强不大于1.47×10^4 Pa(表压),压缩比为$1 \sim 1.15$;

(2)鼓风机。出口压强为$(1.47\sim29.4)\times10^4$Pa(表压),压缩比小于4;

(3)压缩机。出口压强为2.94×10^4Pa(表压)以上,压缩比大于4;

(4)真空泵。用于减压,出口压力为1大气压,其压缩比由真空度决定。

1.离心通风机

离心通风机的工作原理与离心泵完全相同。按所产生的风压不同,可分为:

(1)低压离心通风机。出口风压$<9.807\times10^2$Pa;

(2)中压离心通风机。出口风压为$(9.807\times10^2\sim2.942\times10^3)$Pa;

(3)高压离心通风机。出口风压为$(2.942\times10^3\sim1.47\times10^4)$Pa。

为适应输送量大和压头高的要求,通风机叶轮直径一般是比较大的,叶片的数目比较多且长度较短。低压通风机的叶片常是平直的,与轴心成辐射状安装。中、高压通风机的叶片是弯曲的。它的机壳也是蜗牛形,但机壳断面有方形和圆形两种。一般低、中压通风机多是方形(见图1-8),高压多为圆形。

2.罗茨鼓风机

罗茨鼓风机的工作原理与齿轮泵相似。如图1-9所示,机壳内有两个特殊形状的转子,常为腰形或三星形,两转子之间、转子与机壳之间缝隙很小,使转子能自由转动而无过多的泄漏。两转子的旋转方向相反,可使气体从机壳一侧吸入,而从另一侧排出。如改变转子的旋转方向时,则吸入口与排出口互换。

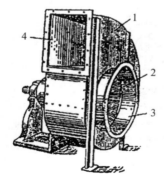

图1-8 低压离心通风机

1—机壳;2—叶轮;3—吸入口;4—排出口

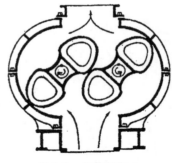

图1-9 罗茨鼓风机

3.真空泵

(1)水环真空泵

该泵如图1-10所示。外壳1内装有偏心叶轮,其上有辐射状的叶片2。泵内约充容积一半的水,当旋转时,形成水环。水环具有液封的作用,与叶片之间形成许多大小不同的密封小室。当小室逐渐增大时,气体从入口3吸入;当小室逐渐减小时,气体由出口4排出。

此类泵结构简单、紧凑,易于制造和维修,由于旋转部分没有机械摩擦,使用寿命长,操作可靠。适用

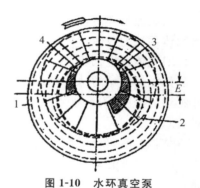

图1-10 水环真空泵

1—外壳;2—叶片;3—吸入口;4—排出口

于抽吸含有液体的气体,尤其在抽吸腐蚀性或爆炸性气体时更为合适。但效率很低,约在30%～50%,所能造成的真空度受泵中水的温度所限制。

（2）喷射泵

喷射泵是利用流体流动的静压能与动能相互转换的原理来吸、送流体的,既可用于吸送气体,也可用于吸送液体。在化工生产中,喷射泵常用于抽真空,故又称为喷射式真空泵。

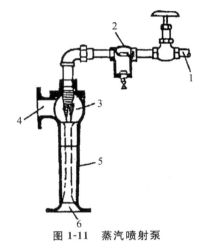

喷射泵的工作流体可以是蒸汽,亦可以是液体。图 1-11 所示为蒸汽喷射泵。工作蒸汽在高压下以很高的流速从喷嘴 3 喷出。在喷射过程中,蒸汽的静压能转变为动能,产生低压,而将气体吸入。吸入的气体与蒸汽混合后进入扩散管 5,速度逐渐降低,压强随之升高,而后从压出口 6 排出。

【主导项目 1-2】 在向水塔内输送水的过程中,可以采用流体输送机械进行输送,因为输送介质为水,腐蚀性小,无毒,清洁,所以输送机械可以选择清水泵。

图 1-11 蒸汽喷射泵
1—工作蒸汽入口;2—过滤器;3—喷嘴;
4—吸入口;5—扩散管;6—压出口

任务三 流体输送流程布置

一、教学目标

1. 知识目标
(1)了解流体输送流程布置的基本原则;
(2)熟悉流体输送中的各种阀门、管件等。

2. 能力目标
能根据任务要求对输送流程进行布置。

3. 素质目标
(1)具有良好的团队协作能力;
(2)具有良好的语言表达和文字表达能力;
(3)培养安全生产和清洁生产的意识。

二、教学任务

在本任务中,通过分组查找资料、小组讨论交流等活动,能够为向水塔输送水的过程进行流程布置。

三、相关知识点

（一）管路布置的工作程序

（1）管径计算与选择；

（2）阀门与管件的选择；

（3）对需要保温的管路，选择合适的保温材料，确定保温层的厚度；

（4）确定管路（包括阀门、管件和仪表等）在空间的具体位置、连接和支撑方式等，并绘制各种管路布置图；

（5）向非工艺专业提供地沟、上下水、冷冻盐水、压缩空气、蒸汽的管路及管路要求的资料；

（6）提供管路的材质、规格和数量；

（7）作管路投资预算，编写施工说明书。

在此任务中，我们仅完成（1）、（2）两部分内容。

（二）管路布置原则

泵的管路布置原则是保证良好的吸入条件与方便检修。泵的吸入管要短而直、阻力小；避免"气袋"，避免产生积液；泵的安装标高要保证足够的吸入压力。

（三）管子规格的确定

1. 流速的选取

管径大，壁厚及质量增加，阀门和管件尺寸也增大，使基建费用增加；管径小，流速增加，流体阻力增加，动力消耗大，运转费用增加。因此，管内流速应限制在一定范围内，不宜太高。

不同流体按其性质、形态和操作要求不同，应选用不同的流速。黏度较大的流体，管内压力降较大，流速应降低；黏度小的流体流速相应增大。为防止流速过高引起管线冲蚀、磨损和噪声等现象，一般情况下，流体流速不超过 3m/s，气体流速不超过 100m/s。根据上述原则，可以参照表 1-1 选取流体流速。

表 1-1　常用流体流速范围

流体类别	使用条件	流速/(m/s)	流体类别	使用条件	流速/(m/s)
一般液体	泵进口	0.5～1	黏性液体	泵出口或管路	0.15～0.6
	泵出口或管路	1.5～3	气体	管路（常压）	10～20
黏性液体	泵进口	0.05～0.25	水蒸气	管路（中低压力）	20～40

2. 管径计算

根据选定的流速，可按下式计算管子直径：

$$d_i = \sqrt{\frac{4Q}{\pi u}}$$

（1-1）

式中，d_i——管子内径，m；

　　Q——流体的体积流量，m^3/s；

　　u——流速，m/s。

3. 连续性方程

连续性方程示意如图1-12所示。

从截面1-1进入的流体质量流量w_{s1}应等于从

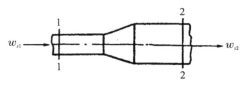

图1-12　连续性方程

2-2截面流出的流体质量流量w_{s2}，$w_{s1}=w_{s2}$即：

$$u_1 A_1 \rho_1 = u_2 A_2 \rho_2 \tag{1-2}$$

此关系可推广到管道的任一截面，即：

$$w_s = u_1 A_1 \rho_1 = u_2 A_2 \rho_2 = \cdots = uA\rho = 常数 \tag{1-3}$$

上式称为连续性方程。若流体不可压缩，$\rho=$常数，则上式可简化为

$$V_s = u_1 A_1 = u_2 A_2 = \cdots = uA = 常数，则 \frac{u_1}{u_2} = \left(\frac{d_2}{d_1}\right)^2 \tag{1-4}$$

4. 管壁厚度的确定

管壁厚度可根据管内工作压力、管材允许应力进行计算。也可以通过管径和压力查找有关书籍和手册获得壁厚。

5. 管子材料与常用管子

常用管子材料有铸铁、硅铁、有色金属、非金属等。要根据输送介质的温度、压力、腐蚀性、价格及供应等情况选择所用管子材料。常用管子材料选用如表1-2所示。

表1-2　常用管子材料选用

管子名称	管子规格/mm	常用材料	温度范围/℃	主要用途
铸铁管	DN50～250	HT150，HT200，HT250	≤250	低压输送酸碱液体
中、低压用无缝钢管	DN10～500	20、10 16Mn 09MnV	－20～475 －40～475 －70～200	输送各种流体
高压无缝钢管	外径15～273	20G 16Mn 10MnWVNb 15CrMo 12Cr2Mo 1Cr5Mo	－20～200 －40～200 －20～400 ≤560 ≤580 ≤600	化肥生产用、输送合成氨原料气、氨、甲醇、尿素等
不锈钢无缝钢管	外径6～159	0Cr13,1Cr13 1Cr18Ni9Ti 0Cr18Ni2Mo2Ti 0Cr18Ni2Mo2Ti	0～400 －196～700 －196～700 －196～700	输送强腐蚀性介质

6.管路连接方式

（1）焊接：是化工厂中应用最广的一种管路连接方式。特点是成本低、方便、可靠，特别适用于直径大的长管路连接，但拆装不方便。

（2）螺纹连接：主要用于直径较小的水、煤气钢管的连接。特点是结构简单、拆装方便；但连接的可靠性差，容易在螺纹连接处发生泄漏。在化工厂中，通常用于上、下水，压缩气体管路的连接，不宜用于易燃、易爆、有毒介质的管路连接。

（3）法兰连接：是化工厂中应用极广的连接方式。特点是强度高、拆装方便、密封可靠，适用于各种温度、压力的管路，但费用较高。

（四）阀门的选择

阀门的作用是控制流体在管内的流动，其功能有启闭、调解、自控和保证安全等。阀门的选用需确定阀门的类型、材质以及规格型号。阀门类型和材质的确定主要依据流体的特性（腐蚀性、固体含量、黏度、温度、压力、相态变化等）、功能要求（切段、调解等）、阻力损失等。阀门选用时，先根据介质的性质、状态和操作要求确定阀门的类型和材质，然后再按管路系统的公称直径、公称压力选择相应的规格型号。阀门的种类很多，用途很广，主要有下述几种。

1.闸阀

闸阀适用于蒸汽、高温油品及油气等介质及开关频繁的部位，不宜用于易结焦的介质。楔式单闸板闸阀适用于易结焦的高温介质。楔式中双闸板闸阀密封性好，适用于蒸汽、油品和对密封面磨损较大的介质，或开关频繁部位，不宜用于易结焦的介质。

2.截止阀

截止阀适用于蒸汽等介质，不宜用于黏度大、含有颗粒、易结焦、易沉淀的介质，也不宜作放空阀及低真空系统的阀门。

3.球阀

球阀适用于低温、高压及黏度大的介质，不能作调节流量用。

4.疏水阀

疏水阀（也称阻汽排水阀，疏水器）的作用是自动排泄蒸汽管道和设备中不断产生的凝结水、空气及其他不可凝性气体，又同时阻止蒸汽的逸出。它是保证各种加热工艺设备所需温度和热量并能正常工作的一种节能产品。疏水阀有热动力型、热静力型和机械型等。

5.安全阀

安全阀用在受压设备、容器或管路上，作为超压保护装置。当设备压力升高超过允许值时，阀门开启全量排放，以防止设备压力继续升高，当压力降低到规定值时，阀门及时关闭，保护设备或管路的安全运行。

（五）管件

化工生产中常用管件如图 1-13 所示。

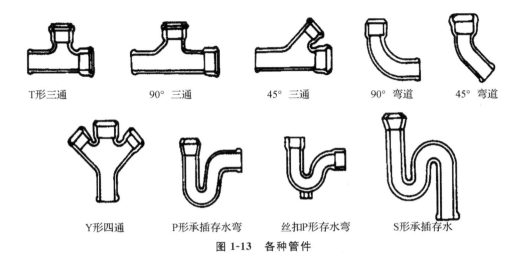

| T形三通 | 90° 三通 | 45° 三通 | 90° 弯道 | 45° 弯道 |

| Y形四通 | P形承插存水弯 | 丝扣P形存水弯 | S形承插存水 |

图 1-13　各种管件

【**主导项目 1-3**】　在向水塔内输送水的过程中,水的流量为 14m³/h,取安全系数为 1.2,所以水的用量为 16.8m³/h,即 0.00467m³/s。因为输送介质为水,所以选择清水泵的进口管和出口管内流速分别为 1m/s 和 2m/s。所以,进出口管的直径分别为:

$$d_{in} = \sqrt{\frac{4Q}{\pi u_{in}}} = \sqrt{\frac{4 \times 0.00467}{\pi}} = 0.077(m)$$

$$d_{out} = \sqrt{\frac{4Q}{\pi u_{out}}} = \sqrt{\frac{4 \times 0.00467}{2\pi}} = 0.055(m)$$

输送介质为水,因此可以选有缝钢管。根据上述计算结果及本书附录 15,进口管选择 $\phi 88.5 \times 4$mm 的有缝钢管,出口管选择 $\phi 60 \times 3.5$mm 的有缝钢管。

为了切断流体和调节流量,应在出口管路上安装一个球阀和一个截止阀,进口管路上安装一个切断流体用的截止阀,阀门的型号与进出口管路一致。在进口管路上有一个 90°弯头,在出口管路上有一个 90°弯头。进出口管路的长度可分别取为 4 米和 15 米。

任务四　流体输送设备性能参数的确定

一、教学目标

1. 知识目标

(1)理解伯努利方程及其应用原则;

(2)理解直管摩擦阻力的计算方法;

(3)理解管路局部阻力的计算方法;

(4)理解离心泵扬程的计算原理。

2. 能力目标

能根据任务要求选择合适型号的输送设备。

3. 素质目标

(1)具有良好的团队协作能力;

(2)具有良好的语言表达和文字表达能力;

(3)培养安全生产和清洁生产的意识。

二、教学任务

在本任务中,通过分组查找资料、小组讨论交流等活动,能够为水塔内水的输送选择合适的输送设备型号。

三、相关知识点

(一)柏努利方程及其应用

1. 静压强及其表示方法

流体垂直作用于单位面积上的力,称为压强,或称为静压强。其表达式为

$$p = \frac{F}{A} \tag{1-5}$$

式中,p——流体的静压强,Pa;

F——垂直作用于流体表面上的力,N;

A——作用面的面积,m^2。

在法定单位中,压强的单位是 Pa,称为帕斯卡。但习惯上还采用其他单位,如 atm(标准大气压)、某流体柱高度、bar(巴)或 kgf/cm^2 等,它们之间的换算关系为:

$$1atm = 1.033 kgf/cm^2 = 760 mmHg = 10.33 mH_2O = 1.0133 bar = 1.0133 \times 10^5 Pa \tag{1-6}$$

压强的大小常用两种不同的基准来表示:一是绝对真空;另一是大气压强。以绝对真空为基准测得的压强称为绝对压强,以大气压强为基准测得的压强称为表压或真空度。表压是指压强表直接测得的读数,按其测量原理往往就是绝对压强与大气压强之差,即

$$表压 = 绝对压强 - 大气压强 \tag{1-7}$$

真空度是真空表直接测量的读数,其数值表示绝对压强比大气压低多少,即

$$真空度 = 大气压强 - 绝对压强 \tag{1-8}$$

绝对压强、表压强与真空度之间的关系可用图 1-14 表示。

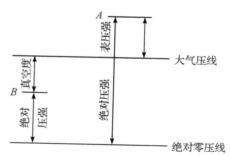

图 1-14 绝对压强、表压强和真空度的关系

2.理想流体的伯努利方程

伯努利方程的原理图如图 1-15 所示。

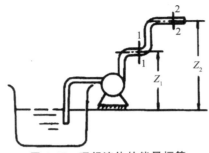

图 1-15 理想流体的能量恒算

假设流体为理想流体,即没有内能和机械能之间转化的可能。在截面 1-1 和 2-2 两处,$m$kg 流体所具有的机械能 E 为当时条件下该流体的位能、动能和静压能的总和,即:

$$E_1 = mgZ_1 + \frac{mu_1^2}{2} + m\frac{p_1}{\rho} \tag{1-9}$$

$$E_2 = mgZ_2 + \frac{mu_2^2}{2} + m\frac{p_2}{\rho} \tag{1-10}$$

截面 1-1 和 2-2 间没有外界能力输入,流体也没有向外界做功,根据能量守恒定律,得:

$$E_1 = E_2 \tag{1-11}$$

$$mgZ_1 + \frac{mu_1^2}{2} + m\frac{p_1}{\rho} = mgZ_2 + \frac{mu_2^2}{2} + m\frac{p_2}{\rho} \tag{1-12}$$

两边除以 m,得:

$$gZ_1 + \frac{u_1^2}{2} + \frac{p_1}{\rho} = gZ_2 + \frac{u_2^2}{2} + \frac{p_2}{\rho} \tag{1-13}$$

式中,gZ——位能,是由于重力作用而具有的能量。

$u^2/2$——动能,是由于流体流动所具有的能量。

p/ρ——静压能,是由于流体的压力所具有的能量。

式(1-9)就是理想流体的柏努利方程。

4.实际应用的伯努利方程

实际应用的伯努利方程如图 1-16 所示。实际流体在管道流动时有黏性并有外加泵供

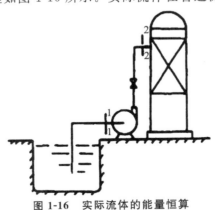

图 1-16 实际流体的能量恒算

应能量。在这种情形下，理想流体柏努利方程就不能直接应用，这时必须在理想流体伯努利方程基础上附加两项能量：一项是在方程的左端加上泵供应的能量；一项是在方程的右端加上流体流经两截面间的能量损失。即：

$$gZ_1 + \frac{u_1^2}{2} + \frac{p_1}{\rho} + W_e = gZ_2 + \frac{u_2^2}{2} + \frac{p_2}{\rho} + \sum w_f \tag{1-14}$$

$$Z_1 + \frac{u_1^2}{2g} + \frac{p_1}{\rho g} + h_e = Z_2 + \frac{u_2^2}{2g} + \frac{p_2}{\rho g} + \sum h_f \tag{1-15}$$

习惯上常把 Z、$p/(\rho g)$、$u^2/2g$、h_e 与 $\sum h_f$ 分别称为位压头、静压头、动压头、外加压头与压头损失。

5.伯努利方程的应用方法

伯努利方程是流体流动的基本方程，结合连续性方程，可用于计算流体流动过程中流体的流速、流量、流体输送所需功率等问题。

应用伯努利方程解题时，需要注意以下几点：

（1）作图与确定衡算范围。根据题意画出流动系统的示意图，并指明流体的流动方向。定出上、下游截面，以明确流动系统的衡算范围。

（2）截面的选取。两截面均应与流动方向相垂直，并且在两截面间的流体必须是连续的。所求的未知量应在截面上或在两截面之间，且截面上的 Z、u、p 等有关物理量，除所需求取的未知量外，都应该是已知的或能通过其他关系计算出来。两截面上的 u、p、Z 与两截面间的 $\sum h_f$ 都应相互对应一致。

（3）基准水平面的选取。选取基准水平面的目的是为了确定流体位能的大小，实际上在柏努利方程式中所反映的是位能差（$\Delta Z = Z_2 - Z_1$）的数值。所以，基准水平面可以任意选取，但必须与地面平行。Z 值是指截面中心点与基准水平面间的垂直距离。为了计算方便，通常取基准水平面通过衡算范围的两个截面中的较低的那个截面。如该截面与地面平行，则基准水平面与较低截面重合，$Z=0$；如该截面与地面垂直，则基准水平面为过较低截面中心点的水平面，$Z=0$。

（4）单位必须一致。在用柏努利方程式之前，应把有关物理量换算成一致的单位。两截面的压强除要求单位一致外，还要求表示方法一致。即只能同时用表压强或同时使用绝对压强，不能混合使用。

（二）直管摩擦阻力的计算

1.管内流体流动的类型

根据管内流体流动特点可以将其分为层流与湍流。

（1）层流。流体在管内做层流流动时，其质点沿管轴做有规则的平行运动，各点互不碰撞，互不混合。这种流型也被称为滞流。

（2）湍流。流体在管内做湍流流动时，流体质点在沿管轴流动的同时还做着随机的脉动，空间任一点的速度（包括方向及大小）都随时变化。这种流型也称为紊流。

层流和湍流的流动特点如图 1-17 所示。

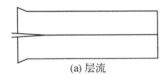 

(a) 层流　　　　　　　　(b) 湍流

图 1-17　层流与湍流状态

实践表明,管内流体的流动类型与流速 u、管径 d、流体的黏度 μ 和密度 ρ 相关。由上述几个因素综合而成的雷诺数 Re 可作为管内流体流动类型的判据:

$$Re = \frac{du\rho}{\mu} \tag{1-16}$$

实验证明:

(1)当 Re≤2000 时,必定出现层流,此为层流区。

(2)当 2000<Re<4000 时,有时出现层流,有时出现湍流,依赖于环境,此为过渡区。

(3)当 Re≥4000 时,一般都出现湍流,此为湍流区。

当 Re≤2000 时,任何扰动只能暂时地使之偏离层流,一旦扰动消失,层流状态必将恢复,因此 Re≤2000 时,层流是稳定的。

当 Re 数超过 2000 时,层流不再是稳定的,但是否出现湍流,决定于外界的扰动。如果扰动很小,不足以使流型转变,则层流仍然能够存在。

Re≥4000 时,则微小的扰动就可以触发流型的转变,因而一般情况下总出现湍流。

2.直管摩擦阻力的计算

直管摩擦阻力损失示意图如图 1-18 所示。

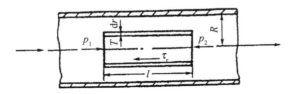

图 1-18　直管摩擦阻力损失

直管摩擦阻力的计算公式为:

$$\Delta p_f = \lambda \cdot \frac{l}{d} \cdot \frac{\rho u^2}{2} = \frac{\lambda l \rho u^2}{2d} \tag{1-17}$$

$$h_f = \lambda \cdot \frac{l}{d} \cdot \frac{u^2}{2g} = \frac{\lambda l u^2}{2dg} \tag{1-18}$$

式中,L——直管长度,单位:m;

　　　D——直管内径,单位:m;

　　　ρ——流体密度,单位:kg/m^3;

　　　u——流体流速,单位:m/s;

　　　λ——管路的摩擦因数,是无因次的。

(1)层流时的摩擦阻力

层流时,$\lambda=\dfrac{64}{Re}$,所以,

$$\Delta p_f=32\,\frac{\mu l u}{d^2} \tag{1-19}$$

$$h_f=32\,\frac{\mu l u}{\rho g d^2} \tag{1-20}$$

上式称为哈根(Hagen)-泊谡叶(Poiseuille)公式。

(2)湍流时的摩擦阻力

湍流时的摩擦因数可以通过关联式来进行计算,也可以通过查莫狄(Moody)摩擦因数图获得。

①对于光滑管,关联式有:

(i)柏拉修斯(Blasius)式:

$$\lambda=0.316/Re^{0.25} \tag{1-21}$$

其适用范围为 $Re=5\times10^3\sim10^5$。

(ii)尼库拉则(Nikuradse)与卡门(Karman)公式:

$$1/\sqrt{\lambda}=2\log(Re)\sqrt{\lambda}-0.8 \tag{1-22}$$

可用于湍流下的各种 Re 值。

(iii)顾毓珍等公式:

$$\lambda=0.0056+0.500/Re^{0.32} \tag{1-23}$$

其适用范围为 $Re=3\times10^3\sim3\times10^6$。

②对于粗糙管,关联式有:

(i)顾毓珍等公式:

$$\lambda=0.01227+0.7543/Re^{0.38} \tag{1-24}$$

其适用范围为 $Re=3\times10^3\sim3\times10^6$。

(ii)尼库拉则(Nikuradse)与卡门(Karman)公式:

$$\frac{1}{\sqrt{\lambda}}=2\lg(\frac{d}{\xi})+1.14 \tag{1-25}$$

适用于 $(\dfrac{d}{\xi})/(Re\sqrt{\lambda})<0.005$ 的情况。

(iii)柯尔布鲁克(Colebrook)公式:

$$\frac{1}{\sqrt{\lambda}}=1.14-2\lg(\frac{e}{d}+\frac{9.35}{Re\sqrt{\lambda}}) \tag{1-26}$$

其适用范围甚广($Re=4\times10^3\sim10^8$,$e/d=0.05\sim10^{-6}$)。

莫狄(Moody)摩擦因数图如图 1-19 所示。

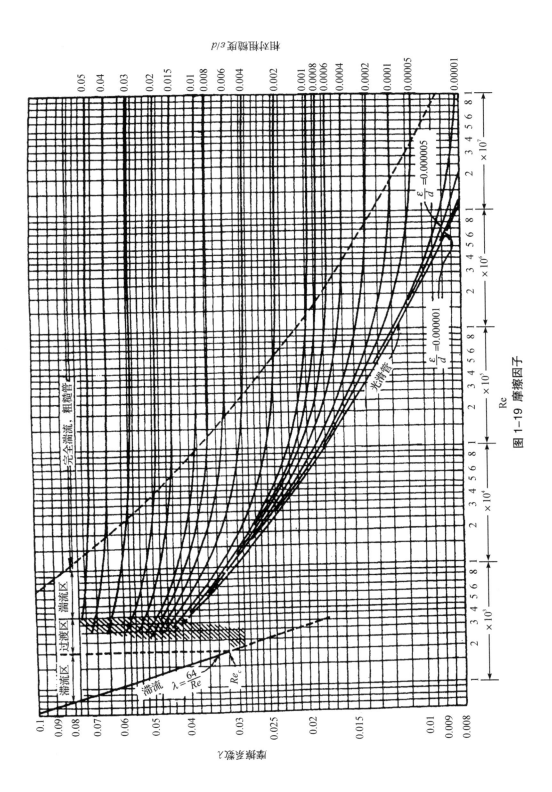

图 1-19 摩擦因子

某些工业管的绝对粗糙度如表 1-3 所示。

表 1-3 工业管的绝对粗糙度

	管道类别	绝对粗糙度 ε/mm
金属管	无缝黄铜管、铜管及铝管	0.01～0.05
	新的无缝钢管或镀锌铁管	0.1～0.2
	新的铸铁管	0.3
	只有轻度腐蚀的无缝钢管	0.2～0.3
	只有显著腐蚀的无缝钢管	0.5 以上
	旧的铸铁管	0.85 以上
非金属管	干净玻璃管	0.0015～0.01
	橡皮软管	0.01～0.03
	木管道	0.25～1.25
	陶土排水管	0.45～6.0
	很好整平的水泥管	0.33
	石棉水泥管	0.03～0.8

(三)管路局部阻力的计算

各种管件都会产生阻力损失。和直管阻力的沿程均匀分布不同,这种阻力损失集中在管件所在处,因而称为局部阻力损失。局部阻力损失是由于流道的急剧变化使流体边界层分离,所产生的大量旋涡消耗了机械能。

管路局部阻力的计算公式为:

$$\Delta p_f = \frac{\rho u^2 \zeta}{2} \tag{1-27}$$

$$h_f = \frac{u^2 \zeta}{2g} \tag{1-28}$$

式中,ζ 称为阻力系数,是无因次的。

1.管路突然扩大与缩小

管路突然扩大与缩小的局部阻力损失如图 1-20 所示。管路突然扩大的阻力系数为

$$\zeta = \left(1 - \frac{A_1}{A_2}\right) \tag{1-29}$$

式中,A_1、A_2 分别为上游小管截面积和下游大管截面积。用 ζ 计算管路突然扩大的损失时,要注意按小管内的速度计算动能项。

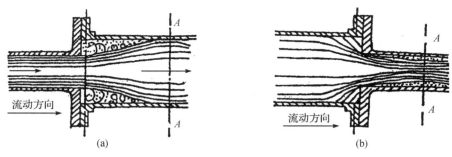

图 1-20 管路突然扩大与缩小局部阻力损失

管路突然缩小时的阻力系数与截面积比的关系如表 1-4 所示。

表 1-4 管路突然缩小时的阻力系数

A_2/A_1	0	0.2	0.4	0.6	0.8	1.0
ζ	0.5	0.45	0.36	0.21	0.07	0

A_1、A_2 分别为上游大管截面积和下游小管截面积。用 ζ 计算管路突然缩小的损失时，要注意按小管内的速度计算动能项。

2.管件与阀门的阻力系数

管路上的配件如弯头、三通以及阀门等的阻力系数如表 1-5 所示。

表 1-5 管件和阀件的局部阻力系数 ζ 值

管件和阀件名称	ζ 值										
标准弯头	$45°,\zeta=0.35$					$90°,\zeta=0.75$					
90°方形变头	1.3										
180°回弯头	1.5										
活管接	0.4										
弯道	φ R/d		30°	45°	60°	75°	90°	105°	120°		
	1.5		0.08	0.11	0.14	0.16	0.175	0.19	0.20		
	2.0		0.07	0.10	0.12	0.14	0.15	0.16	0.17		
突然扩大	$\zeta=(1-A_1/A_2)^2$ $h_f=\zeta \cdot u_1^2/2$										
	A_1/A_2	0	0.1	0.2	0.3	0.4	0.5	0.6	0.7	0.8	0.9	1.0
	ζ	1	0.81	0.64	0.49	0.36	0.25	0.16	0.09	0.04	0.01	0

续表

突然缩小	$\zeta=0.5(1-A_2/A_1)^2 \quad h_f=\zeta \cdot u_2^2/2$										
	A_2/A_1	0	0.1	0.2	0.3	0.4	0.5	0.6	0.7	0.8	0.9	1.0
	ζ	0.5	0.45	0.40	0.35	0.30	0.25	0.20	0.15	0.10	0.05	0

流入大容器的出口	$\zeta=1$(用管中流速)

入管口(容器→管)	$\zeta=0.5$

水泵进口	没有底阀	2～3							
	有底阀	d/mm	40	50	75	100	150	200	250	300
		ζ	12	10	8.5	7.0	6.0	5.2	4.4	3.7

闸阀	全开	3/4 开	1/2 开	1/4 开
	0.17	0.9	4.5	24

标准截止阀(球心阀)	全开 $\zeta=6.4$	1/2 开 $\zeta=9.5$

管件和阀件名称	ζ 值							
蝶阀	α	5°	10°	20°	30°	40°	50°	60°	70°
	ζ	0.24	0.52	1.54	3.91	10.8	30.6	118	751
旋塞	θ	5°	10°	20°	40°	60°
	ζ	0.05	0.29	1.56	17.3	206
角阀(90°)	5					
单向阀	摇板式 $\zeta=2$		球形单向阀 $\zeta=70$			
水表(盘形)	7					

(四)输送设备型号的确定

确定输送设备型号的步骤如下：

(1)根据管径和流体流量确定管内的流体流速；

(2)确定管内流体的流动类型；

(3)根据流动类型确定流体在管内的摩擦阻力和局部阻力；

(4)在流体底部液面和出口之间利用柏努利方程计算所需的输送设备的扬程；

(5)选择合适的输送设备型号以满足流量、扬程的要求,并使输送设备在较高的效率下工作。

【主导项目 1-4】

1. 管内流速的确定

流体输送流量为 $14\mathrm{m^3/h}$，留一定余量，所以流量为 $16.8\mathrm{m^3/h}$。$\phi88.5\times4\mathrm{mm}$ 和 $\phi60\times3.5\mathrm{mm}$ 有缝钢管内径分别为 $80.5\mathrm{mm}$ 和 $53\mathrm{mm}$，所以进出口管内流速分别为：

$$u_{\mathrm{in}}=\frac{4Q}{\pi d_{\mathrm{in}}^2}=\frac{4\times16.8/3600}{0.0805^2\times3.14}=0.92\mathrm{m/s}$$

$$u_{\mathrm{in}}=\frac{4Q}{\pi d_{\mathrm{in}}^2}=\frac{4\times16.8/3600}{0.053^2\times3.14}=2.11\mathrm{m/s}$$

2. 管内摩擦因数的确定

根据附录 5，水在 20℃ 下的密度和黏度分别为 $998\mathrm{kg/m^3}$ 和 $1.005\mathrm{cp}$，进出管内流体流动的雷诺数为：

$$\mathrm{Re}_{\mathrm{in}}=\frac{d_{\mathrm{in}}u_{\mathrm{in}}\rho}{\mu}=\frac{0.0805\times0.92\times998}{1.005\times10^{-3}}=73544$$

$$\mathrm{Re}_{\mathrm{out}}=\frac{d_{\mathrm{out}}u_{\mathrm{out}}\rho}{\mu}=\frac{0.053\times2.11\times998}{1.005\times10^{-3}}=111050$$

因此，在进出管内，流体都以湍流的形式流动，根据表 1-3，管的绝对粗糙度可以取为 $0.15\mathrm{mm}$，所以进出管的相对粗糙度分别为：

$$\text{相对粗糙度（进口）}=\frac{0.15}{80.5}=0.0019$$

$$\text{相对粗糙度（出口）}=\frac{0.15}{53}=0.0028$$

选用尼库拉则与卡门公式对摩擦因数进行计算。

得进出管的摩擦因数为：

$$\frac{1}{\sqrt{\lambda_{\mathrm{in}}}}=2\lg\left(\frac{d_{\mathrm{in}}}{\varepsilon}\right)+1.14=2\lg\left(\frac{80.5}{0.15}\right)+1.14=6.60$$

$$\frac{1}{\sqrt{\lambda_{\mathrm{out}}}}=2\lg\left(\frac{d_{\mathrm{out}}}{\varepsilon}\right)+1.14=2\lg\left(\frac{53}{0.15}\right)+1.14=6.20$$

得：

$$\lambda_{\mathrm{in}}=0.023$$
$$\lambda_{\mathrm{out}}=0.026$$

此时，

$$\left(\frac{d_{\mathrm{in}}}{\varepsilon}\right)\Big/\left(\mathrm{Re}_{\mathrm{in}}\sqrt{\lambda_{\mathrm{in}}}\right)=\left(\frac{80.5}{0.15}\right)\Big/\left(73544\times\sqrt{0.023}\right)=0.0481>0.005$$

$$\left(\frac{d_{\mathrm{out}}}{\varepsilon}\right)\Big/\left(\mathrm{Re}_{\mathrm{out}}\sqrt{\lambda_{\mathrm{out}}}\right)=\left(\frac{53}{0.15}\right)\Big/\left(111050\times\sqrt{0.026}\right)=0.0197>0.005,$$

均符合该公式的适用条件。

3. 摩擦阻力、局部阻力的计算

进口管长度为 4 米，出口管长度为 15 米。

进口管：入管口阻力损失（$\zeta=0.5$），一个单向阀（$\zeta=2$），90°弯头一个（$\zeta=0.75$）。

出口管：出口管阻力损失（$\zeta=1$），一个截止阀（$\zeta=6.4$），一个单向阀（$\zeta=2$），90°弯头一个（$\zeta=0.75$）。

阻力损失为：

$$h_f = \left(\sum \zeta\right)_{\text{in}} \frac{u_{\text{in}}^2}{2g} + \lambda_{\text{in}} \frac{l_{\text{in}}}{d_{\text{in}}} \frac{u_{\text{in}}^2}{2g} + \left(\sum \zeta\right)_{\text{out}} \frac{u_{\text{out}}^2}{2g} + \lambda_{\text{out}} \frac{l_{\text{out}}}{d_{\text{out}}} \frac{u_{\text{out}}^2}{2g}$$

$$= (0.5 + 2 + 0.75) \times \frac{0.92^2}{2 \times 9.81} + 0.023 \times \frac{4}{0.0805} \times \frac{0.92^2}{2 \times 9.81}$$

$$+ (2 + 1 + 6.4 + 0.75) \times \frac{2.11^2}{2 \times 9.81} + 0.026 \times \frac{15}{0.053} \times \frac{2.11^2}{2 \times 9.81}$$

$$= 4.16\text{m}$$

4. 输送设备性能参数的确定

输送设备提供的外加压头为：

$$h_e = \frac{(u_2^2 - u_1^2)}{2g} + \frac{p_2 - p_1}{\rho g} + \Delta Z + h_f$$

$$= \frac{(2.11^2 - 0.92^2)}{2 \times 9.81} + 10 + 4.16 = 14.34\text{m}$$

根据附录 16,可以选择 2B31B 型号的水泵,其主要参数如下表 1-6 所示。

表 1-6　水泵参数

型号	流量 /(m³/h)	扬程 /m	转速 /rpm	轴功率 /kw	电机功率 /kw	效率 /%	允许吸上真空度/m	叶轮直径 /mm
2B31B	20	18.8	2900	1.56	2.2	65	7.2	132

任务五　输送设备特性曲线的测定

一、教学目标

1. 知识目标

理解离心泵特性曲线的组成。

2. 能力目标

(1)能正确测定离心泵的特性曲线;

(2)能根据测定结果正确书写离心泵的说明书。

3. 素质目标

(1)具有良好的团队协作能力;

(2)具有良好的语言表达和文字表达能力;

(3)培养安全生产和清洁生产的意识。

二、教学任务

在本任务中,通过分组查找资料、小组讨论交流等活动,能够测定给定离心泵的特性曲线。

三、相关知识点

(一)离心泵的特性曲线

(1)$H-Q$ 曲线,表示泵的压头与流量的关系。离心泵的压头一般是随流量的增大而降低。

(2)$N-Q$ 曲线,表示泵的轴功率与流量的关系。离心泵的轴功率随流量增大而上升,流量为零时轴功率最小。所以离心泵启动时,应关闭泵的出口阀门,使启动电流减小,保护电机。

(3)$\eta-Q$ 曲线,表示泵的效率与流量的关系。从图 1-21 的特性曲线看出,当 $Q=0$ 时,$\eta=0$;随着流量的增大,泵的效率随之上升,并达到一最大值。以后流量再增大,效率就下降。说明离心泵在一定转速下有一最高效率点,称为设计点。泵在与最高效率相对应的流量及压头下工作最经济,所以与最高效率点对应的 Q、H、N 值称为最佳工况参数。离心泵的铭牌上标出的性能参数就是指该泵在运行时效率最高点的状况参数。根据输送条件的要求,离心泵往往不可能正好在最佳工况点运转,因此一般只能规定一个工作范围,称为泵的高效率区,通常为最高效率的 92% 左右,如图中波折号所示范围,选用离心泵时,应尽可能使泵在此范围内工作。典型的离心泵特性曲线如图 1-21 所示。

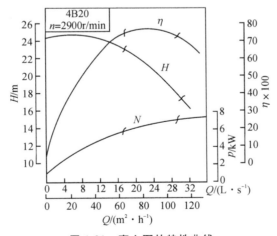

图 1-21　离心泵的特性曲线

(二)离心泵特性曲线的测定

离心泵特性曲线测定的简易装置如图 1-22 所示,泵入口管线上的截面 b 处装真空表,出口管线上的截面 c 处装压力表。b 与 c 间的垂直距离为 h_0。在某个固定转速 n 下进行测定。先在出口阀关闭时启动泵,测得流量为零时的压头即封闭压头;以后开启出口阀,维持某一流量 Q,测定其响应的压头 H,同时可以测得输入泵的轴功率 N。改变流量进行多次测定即可得到转速 n 下一系列 Q、H 和 N 值。

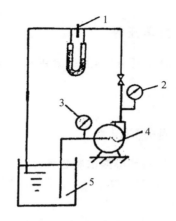

扬程 H 的计算可根据 b、c 两截面间的柏努利方程:

$$H=h_0+\frac{P_c-P_b}{\rho g}+\frac{u_c^2+u_b^2}{2g}+(h_f)_{bc} \tag{1-30}$$

离心泵效率的计算公式为:

$$\eta=\frac{HQ\rho g}{N} \tag{1-31}$$

式中,H——离心泵的扬程,单位,m

$\quad\quad Q$——流体的体积流速,单位,m^3/s

$\quad\quad g$——重力加速度,m/s^2

$\quad\quad N$——离心泵的轴功率,W

图 1-22 离心泵特性曲线测定装置
1—流量计;2—压力表;3—真空度表;4—离心泵;5—水槽

(三)离心泵的转数对特性曲线的影响

离心泵的特性曲线是在一定转速下测定的,当转速由 n_1 改变为 n_2 时,与流量、压头及功率的近似关系为

$$\frac{Q_2}{Q_1}=\frac{n_2}{n_1},\frac{H_2}{H_1}=\left(\frac{n_2}{n_1}\right)^2,\frac{N_2}{N_1}=\left(\frac{n_2}{n_1}\right)^3 \tag{1-32}$$

上式称为离心泵的比例定律。

当转速变化小于 20% 时,可认为效率不变,用上式计算误差不大。

【主导项目 1-5】

1. 实验装置

装置如图 1-23 所示,整个装置由离心泵、进口真空表、出口压力表、流量计、温度计等组成。流体流量通过控制出口阀开度进行控制。流量计的示数、泵的轴功率、泵效率通过仪表进行在线测量,在控制柜仪表显示器上显示。

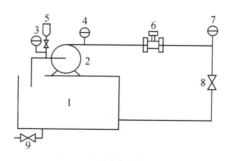

图 1-23 实验装置
1—水槽;2—离心泵;3—温度表;4—压力表;5—灌水口;
6—流量计;7—压力表;8—流量控制阀;9—排水阀

2. 实验步骤

(1)给离心泵灌水,排出泵内气体。

(2)关闭离心泵出口阀,启动离心泵。

(3)实验时,逐渐打开调节阀以增大流量,待各仪表读数显示稳定后,读取相应数据。(离心泵特性实验主要获取实验数据为:流量 Q、泵进口压力 p_1、泵出口压力 p_2、电机功率 N、泵转速 n,及流体温度 t 和两测压点间高度差 H_0。)

(4)测取 10 组左右数据。

(5)关闭出口阀,停泵。

3. 注意事项

(1)一般每次实验前,均需对泵进行灌泵操作,以防止离心泵发生气缚现象。同时注意定期对泵进行保养,防止叶轮被固体颗粒损坏。

(2)泵运转过程中,勿触碰泵主轴部分,因其高速转动,可能会缠绕并伤害身体接触部位。

(3)不要在出口阀关闭状态下长时间使泵运转,一般不超过三分钟。否则,泵中液体循环温度升高,易生气泡,使泵抽空。

4. 数据记录

(1)记录实验原始数据如表 1-7 所示。

离心泵型号:_____;额定流量 Q:_____;额定扬程 H:_____;

额定功率 P:_____;

泵进出口测压点高度差 H_0:_____;流体温度 t:_____。

表 1-7 离心泵特性曲线的测定实验数据记录

实验次序	流量 Q /(m³/h)	泵进口压力 p_1 /kPa	泵出口压力 p_2 /kPa	电机功率 N /kW	泵转速 n /(r/m)

(2)根据原理部分的公式,按比例定律校合转速后,计算各流量下的泵扬程、轴功率和效率,如表 1-8。

表 1-8 离心泵特性曲线的测定实验数据处理结果

实验次序	流量 Q /(m³/h)	扬程 H /m	轴功率 N /kW	泵效率 η /%

任务六　典型工艺流程操作

一、教学目标

1. 知识目标
(1)理解离心泵的开停泵原则；

(2)熟悉离心泵的常见故障及其处理方法；

(3)了解离心泵的日常维护原则。

2. 能力目标
能根据要求完成流体输送任务。

3. 素质目标
(1)具有良好的团队协作能力；

(2)具有良好的语言表达和文字表达能力；

(3)培养安全生产和清洁生产的意识。

二、教学任务

在本任务中，通过分组查找资料、小组讨论交流等活动，按要求完成流体输送任务。

三、相关知识点

(一)离心泵的操作

离心泵的操作方法与其结构形式、用途、驱动机的类型、工艺过程及输送流体的性质等有关。具体的操作方法应按泵制造厂提供的产品说明书中的规定及生产单位制订的操作规程进行。现以电动机驱动的离心泵为例说明其操作的大致过程。

1. 启动前的检查和准备

离心泵在启动前应对机组进行检查，包括查看轴承中润滑油是否充足，油质是否清洁；轴封装置中的填料是否松紧适度、泵轴是否转动灵活，如果是首次使用或重新安装的泵，应卸掉联轴器用手转动泵的转子，看泵的旋转方向是否正确，然后单独启动电动机试车，检查其旋转方向是否与泵一致；泵内机件有无摩擦现象，各部分连接螺栓有无松动；排液阀关闭是否严密，底阀是否有效等。

如果以上检查未发现问题，就可关闭排液阀、压力表和真空表阀门及各个排液孔，再打开放气旋塞向泵内灌注液体，并用手转动联轴器使叶轮内残存的空气尽可能排出，直至放气旋塞有水溢出时再将其关闭。对大型泵也可用真空泵把泵内和吸液管中的空气抽出，使吸液罐内的液体进入泵内。

2. 启动

完成灌泵以后,打开轴承冷却水给水阀门、启动电动机,再打开压力表阀门;待出口压力正常后打开真空表阀门,最后再打开排液阀,直至管路流量正常。离心泵启动后空运转的时间一般控制在2～4min之内,如果时间过长,液体的温度升高,有可能导致气蚀现象或其他不良后果。如果泵填料函带有冷却水夹套或泵上装有液封装置时,在启动电动机前也应打开其相应的阀门。

3. 运行和维护

离心泵在运行过程中,要定期检查轴承的温度和润滑情况、轴封的泄漏情况及是否过热;压力表及真空表的读数是否正常;机械振动是否过大,各部分的连接螺栓是否松动。应定期更换润滑油,轴承温度控制在75℃以内,填料密封的泄漏量一般要求不能流成线,泵运转一定时间后(一般2000h)应更换磨损件。

对备用泵应定期进行盘车并切换使用,对热油泵停车后应每半小时盘车一次,直到泵体的温度降到80℃以下为止,在冬季停车的泵停车后应注意防冻。

4. 停车

离心泵停车时应先关闭压力表和真空表阀门,再关闭排液阀,这样在减少振动的同时,可防止管路液体倒灌。然后停转电动机,在停泵后再关闭轴封及其他部位的冷却系统。若停车时间较长,还应将泵内液体排放干净以防内部零件锈蚀或在冬季结冰冻裂泵体。

(二)离心泵的常见故障及排除方法

1. 气缚

离心泵若在启动前未充满液体,则泵内存在空气,由于空气密度很小,所产生的离心力也很小。吸入口处所形成的真空不足以将液体吸入泵内,虽启动离心泵,但不能输送液体,此现象称为"气缚"。所以离心泵启动前必须向壳体内灌满液体,在吸入管底部安装带滤网的底阀。底阀为止逆阀(单向阀),防止启动前灌入的液体从泵内漏失。

2. 气蚀

(1)气蚀的产生

离心泵在工作时,当叶轮的叶片进口处的压力低于工作温度下液体的饱和蒸气压时,液体汽化产生气泡,当这些气泡随液体流到叶轮内的高压区时,由于气泡周围的压力大于液体的饱和蒸气压,使形成气泡的蒸气重新凝结为液体,气泡破灭。由于这种气泡的产生和破灭过程是非常短暂的,气泡破灭后原先所占据的空间形成了真空,周围压力较高的液体以极高的速度向真空区域冲击,造成液体的相互撞击使局部压力骤然剧增。这不仅影响液体的正常流动,更为严重的是,如果这些气泡在叶轮壁面附近破灭,则周围液体就像无数小弹头一样,以极高的频率连续撞击金属表面,使金属产生疲劳。若气泡中含有一些活性气体(如氧气等),则借助气泡凝结时放出的热量对金属起电化学腐蚀的作用。这种由于液体汽化、凝结而使叶轮遭受破坏及影响泵正常运行的现象称为离心泵的"气蚀现象"。

(2)气蚀的危害

离心泵发生气蚀时会使泵产生振动和噪声、过流元件点蚀、泵性能下降。泵发生气蚀时,泵内发出各种频率的噪声、严重时可听到泵内有"噼啪"的爆炸声,同时引起泵体的振动。气蚀使液体在叶轮中的流动受到严重干扰,使泵的扬程、功率和效率明显下降,性能曲线也出现急剧下降的情况,如图 1-24 中的虚线。

（3）防止气蚀的措施

①降低泵的安装高度。泵的安装高度越高其入口处的压力就越低,因此降低泵的安装高度可提高泵入口处的压力,避免气蚀现象的发生。

②减少吸液管的阻力损失。在泵吸液管路中设置的弯头、阀门等管件越多,管路阻力越大,泵入口处的压力就越低。因此要尽量减少一些不必要的管件,尽可能缩短吸液管的长度和增大管径,以减少管路阻力,防止气蚀现象的发生。

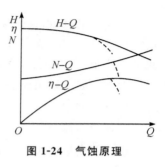

图 1-24　气蚀原理

③降低输送液体的温度。液体的饱和蒸气压是随其温度的升高而升高的,在泵的入口压力不变的情况下,当被输送液体的温度较高时,液体的饱和蒸气压也较高,有可能接近或超过泵的入口压力,使泵发生气蚀现象。

其他常见的离心泵故障如表 1-9 所示。

表 1-9　常见故障及其处理方法

故障现象	产生故障的原因	排除方法
泵灌不满	1.底阀已坏 2.吸液管路泄露	1.维修或更换底阀 2.检察吸液管路的连接,消除泄露
泵吸不上液体	1.底阀未开或滤网淤塞 2.吸液管阻力大或泵安装高度过高	1.打开底阀,清洗滤网 2.清洗吸液管,降低泵的安装高度
虽有压力,但排液管不出液	1.排液管未打开或排液管阻力大 2.排液罐内压力过高或叶轮转向不对	1.打开排液阀,清洗排液阀 2.调整排液罐内压力,检查电动机接线方式
流量不足	1.叶轮流道部分堵塞或密封环径向间隙过大 2.底阀太小或排液阀开度不够 3.吸液管内空气排不出或输送液体温度过高,泵发生气蚀	1.清洗叶轮,更换密封环 2.更换底阀,开大排液阀 3.重新安装吸液管,降低液体温度,消除气蚀
泵体振动	1.叶轮不对称磨损 2.泵轴弯曲 3.联轴器结合不良或地脚螺栓松动	1.对叶轮作平衡校正 2.校直或更换泵轴 3.调整并拧紧螺栓

(三)离心泵的流量调节

1.出口调节阀调节流量

在泵的排出管上安装调节阀,通过改变调节阀的开度来改变管路特性曲线,是最简单、最常用的方法。采用调小出口调节阀的方法调节流量时,管路中局部阻力损失增加,需要泵提供更多的能量来克服这个附加的阻力损失,使泵的运行效率降低。所以长期采用这种方法调节流量是不经济的,但由于其方法简单,操作方便,可调节流量的范围大,故在生产中还是得到了广泛的使用。

2.改变泵的转速调节流量

离心泵的性能曲线是在一定的转速下得到的,改变泵的转速可以改变其性能曲线,使工作点发生变化,从而达到调节流量的目的。因为泵设计时不仅要考虑运行特性,而且还要考虑叶轮、泵壳等零件的强度问题,所以一般都是降低转速而不是增加转速。采用改变转速调节流量,不存在调节损失,比较经济,但是改变泵的转速受到原动机类型的限制。当用汽轮机、内燃机及直流电动机等易改变转速的原动机驱动时,可直接采用改变转速的方法进行流量调节;对广泛使用的交流电动机,近年来开始采用变频调速器,可任意调节转速且节能、可靠。

(四)流速和流量的测量

1.测速管

测速管又名皮托管,其结构如图 1-25 所示。皮托管由两根同心圆管组成,内管前端敞开,管口截面(A 点截面)垂直于流动方向并正对流体流动方向。外管前端封闭,但管侧壁在距前端一定距离处四周开有一些小孔,流体在小孔旁流过(B)。内、外管的另一端分别与 U 型压差计的接口相连,并引至被测管路的管外。

2.孔板流量计

在管路里垂直插入一片中央开有圆孔的板,圆孔中心位于管路中心线上,如图 1-26 所示,即构成孔板流量计。板上圆孔经精致加工,其侧边与管轴成 45°角,称锐孔,板称为孔板。

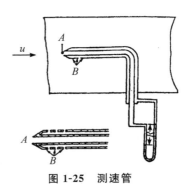

图 1-25 测速管

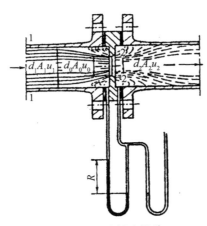

图 1-26 孔板流量计

由图 1-26 可见,流体流到锐孔时,流动截面收缩,流过孔口后,由于惯性作用,流动截面还继续收缩一定距离后才逐渐扩大到整个管截面。流动截面最小处(图中 2-2 截面)称为缩脉。流体在缩脉处的流速最大,即动能最大,而相应的静压能就最低。

因此,当流体以一定流量流过小孔时,就产生一定的压强差,流量愈大,所产生的压强差也就愈大,所以可利用压强差的方法来度量流体的流量。

3.转子流量计

转子流量计的构造如图 1-27 所示,在一根截面积自下而上逐渐扩大的垂直锥形玻璃管内,装有一个能够旋转自如的由金属或其他材质制成的转子(或称浮子)。被测流体从玻璃管底部进入,从顶部流出。

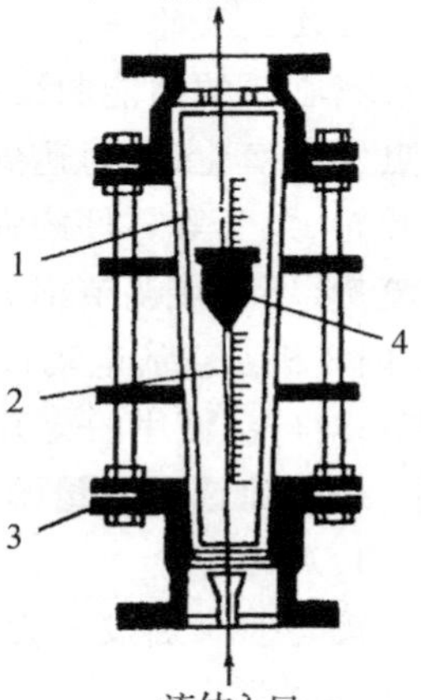

当流体自下而上流过垂直的锥形管时,转子受到两个力的作用:一是垂直向上的推动力,它等于流体流经转子与锥管间的环形截面所产生的压力差;另一是垂直向下的净重力,它等于转子所受的重力减去流体对转子的浮力。当流量加大使压力差大于转子的净重力时,转子就上升;当流量减小使压力差小于转子的净重力时,转子就下沉;当压力差与转子的净重力相等时,转子处于平衡状态,即停留在一定位置上。在玻璃管外表面上刻有读数,根据转子的停留位置,即可读出被测流体的流量。

图 1-27　转子流量计
1—锥形玻璃管;2—刻度;
3—固定装置;4—转子

【主导项目 1-6】

1.装置流程

流体阻力测定装置如图 1-28 所示。水泵将储水槽中的水抽出,送入操作系统。首先经过转子流量计测量流量,然后进入被测量的直管段后回到储水槽,水槽内水循环使用。被测直管段流体的流动阻力可根据其数值大小分别采用压力传感器传送至数字电压表显示读数或者用倒 U 形压强计来测量。

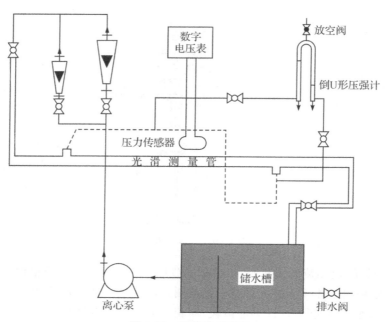

图 1-28　流体输送装置

2. 设备参数

(1)被测光滑直管段。管径 $d=0.0081m$；管长 $l=1.60m$；材料为不锈钢管。

(2)压力传感器。型号为 LXWY；测量范围 $0\sim20kPa$。

(3)直流数字电压表。

(4)单相离心清水泵。型号 DB-80；流量 $8m^3/h$；扬程 $12m$；电机功率 $550W$；电流 $4.65A$；电压 $220V$。

(5)玻璃转子流量计。

3. 操作训练

(1)开车前准备工作

①检查储水槽内是否保持有一定体积的水(水槽体积的 $2/3$)。

②检查所用仪表是否完好。

③关闭离心泵出口流量调节阀。

④数字仪表预热。按下电源的绿色按钮，使数字显示仪表通电预热。在大流量状态下的压差测量系统，先接电预热 $10\sim15min$，调好数字表的零点，方可启动泵。若流量为零时，仪表显示不为零，则应记录下初始值备用。

(2)离心泵的开车操作

①按下离心泵的绿色按钮，启动离心泵。

②测试系统排气。打开离心泵出口流量调节阀调至一适当流量，打开系统的所有阀门，运转一定时间，以排净测量管道及测试系统内的空气为止。

③测试系统检查。关闭流量调节阀使流量为零，慢慢旋开倒 U 形压强计上部的放空阀，当两边液柱降至中间时马上关闭，使管内形成空气—水柱并存情况，并检查两边液柱是否水平。若两边液柱的高度差不为零，说明系统内仍有气泡存在，应重复以上步骤进行排气，直至赶净气泡、液柱水平后方可测量数据。

④分配测试点进行测试。

(i)在最小流量到最大流量间，分配 $15\sim20$ 个测试点，根据分配的测试点可由大到小或由小到大分别测量在不同流量下的压差值；

(ii)在测量小流量压差时，能用倒 U 形压强计测量压差时就不用压力传感器进行测量；建议流量读数在 $50L/h$ 之内不少于 4 组数据；建议流量在 $300L/h$ 以下时使用倒 U 形压强计；

(iii)在测量大流量压差时，采用压力传感器进行测压时，应关闭倒 U 形压强计后面的两个阀门，使其与测试系统断开，否则会影响测量数值。

⑤用温度计测取水箱里的水温。

(3)离心泵的停车操作

①关闭离心泵出口流量调节阀。

②关闭离心泵电源开关。

③切断总电源。

④若离心泵不经常使用，需排净水槽及泵内液体。

(4)注意事项

①启动离心泵前，离心泵出口流量调节阀必须处于关闭状态，否则将损坏转子流量计和

电机。

②操作完毕后也要先关闭离心泵出口流量调节阀再停泵,以防液体倒流、叶轮倒转损坏离心泵。

③当倒 U 形压强计达到最大量程后,必须关闭例 U 形压强计后面的两个阀门,使其与测试系统断开,方可采用压力传感器进行测压。

④在操作过程中,每调节一个流量后.待流量及压差数值稳定后再记录数据。

(5)数据处理

①基础数据

实训日期:＿＿＿＿＿＿＿＿＿＿＿＿＿＿＿; 水温:＿＿＿＿＿＿＿＿＿＿＿＿＿＿＿;

管内径:＿＿＿＿＿＿＿＿＿＿＿＿＿＿＿; 管长:＿＿＿＿＿＿＿＿＿＿＿＿＿＿＿;

水黏度:＿＿＿＿＿＿＿＿＿＿＿＿＿＿＿; 水密度＿＿＿＿＿＿＿＿＿＿＿＿＿＿＿。

②实训结果

表 1-10 流体阻力测定实验数据记录

序号	流量 Q /(L/h)	压强差		倒 U 形压强计读数/mmH$_2$O	
		p/kPa	p/mmH$_2$O	左	右
1					
2					
3					
4					
5					
6					
7					
8					

思 考 题

1.什么叫绝对压力、表压和真空度? 它们之间有什么关系?

2.什么叫体积流量、质量流量、流速和质量流速? 它们之间有什么关系?

3.伯努利方程的适用条件是什么? 其中两个截面如何正确选取?

4.流体阻力产生的原因是什么? 流体阻力包括哪几类? 如何计算?

5.生产中常用的几种阀门一般用在什么场合?

6.知道流体输送任务? 如何确定管径?

7.在计算直管阻力时,当流速增大时,Re 也增大,但反而引起管子的摩擦系数减小,这是否说明管道阻力也减小?

习　题

1. 在大气压为 $101.33 \times 10^3 Pa$ 的地区，某真空蒸馏塔塔顶真空表读数为 $9.84 \times 10^4 Pa$。若在大气压为 $8.73 \times 10^4 Pa$ 的地区使塔内绝对压强维持相同的数值，则真空表读数应为多少？

2. 为了放大所测气体压差的读数，采用如图所示的斜管式压差计，一臂垂直，一臂与水平成 $20°$ 角。若 U 形管内装密度为 $804 kg/m^3$ 的 95% 乙醇溶液，求读数 R 为 $29mm$ 时的压强差。

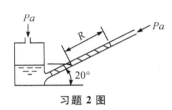

习题 2 图

3. 高位槽内的水面高于地面 $8m$，水从 $\phi 108 \times 4mm$ 的管路中流出，管路出口高于地面 $2m$。在本题中，水流经系统的能量损失可按 $h_f = 6.5 u^2$ 计算，其中 u 为水在管内的流速，试计算：

(1) A-A 截面处水的流速；

(2) 出口水的流量，以 m^3/h 计。

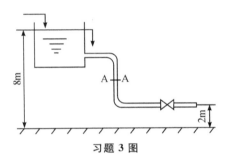

习题 3 图

4. 在图示装置中，水管直径为 $\phi 57 \times 3.5mm$。当阀门全闭时，压力表读数为 $3.04 \times 10^4 Pa$。当阀门开启后，压力表读数降至 $2.03 \times 10^4 Pa$，设总压头损失为 $0.5m$。求水的流量为若干 m^3/h？水密度 $\rho = 1000 kg/m^3$。

习题 4 图

5. 用离心泵把 $20℃$ 的水从贮槽送至水洗塔顶部，槽内水位维持恒定。各部分相对位置如图所示。管路的直径均为 $\phi 76 \times 2.5mm$，在操作条件下，泵入口处真空表读数为 $24.66 \times 10^3 Pa$，水流经吸入管与排出管（不包括喷头）的阻力损失可分别按 $h_{f1} = 2u^2$ 与 $h_{f2} = 10u^2$ 计算，式中 u 为吸入管或排出管的流速。排出管与喷头连接处的压强为 $98.07 \times 10^3 Pa$（表压）。试求泵的有效功率。

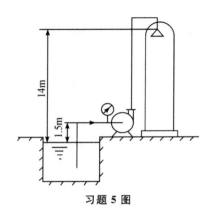

习题 5 图

6. 图示一冷冻盐水的循环系统。盐水的循环量为 45m³/h,管径相同。流体流经管路的压头损失自 A 至 B 的一段为 9m,自 B 至 A 的一段为 12m。盐水的密度为 1100kg/m³,试求:

(1)泵的功率,设其效率为 0.65;

(2)若 A 的压力表读数为 14.7×10⁴Pa,则 B 处的压力表读数应为多少(Pa)?

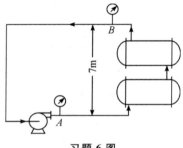

习题 6 图

项目二　非均相分离技术

项目说明　某矿石焙烧炉送出气体中含有一定量的氧化铁粉尘,氧化铁粉尘对人体健康有影响,因此,必须将此混合气体中的氧化铁粉尘去除,才能将其排入大气,从而实现清洁生产的目的。

通过本项目的学习,了解非均相分离技术的基本理论知识,熟悉非均相分离技术工艺流程及设备,能够解决氧化铁粉尘去除过程中工艺设备的选择及其参数的确定、流程的布置、分离条件的确定等问题,并能够对典型设备进行实际操作。

主导项目　矿石焙烧炉送出的气体中含有粉尘。在操作条件下炉气流量为 $25000\text{m}^3/\text{h}$,密度为 0.6kg/m^3,黏度为 $2\times10^{-5}\text{Pa}\cdot\text{s}$,其中氧化铁粉尘的密度为 4500kg/m^3,要求将粉尘中直径大于 $10\mu\text{m}$ 的尘粒去除掉,试选择合适的分离设备并确定其参数。

任务一　非均相分离技术的应用检索

一、教学目标

1. 知识目标

掌握非均相分离设备基础知识。

2. 能力目标

会利用图书馆、网络资源查阅分离技术的相关资料。

3. 素质目标

(1)具有良好的团队协作能力;

(2)具有良好的语言表达和文字表达能力。

二、教学任务

在本任务中,通过分组查找资料、小组交流讨论等活动,能够利用文献资料为矿石焙烧炉送出的气体中粉尘的去除选择合适的方法。

三、相关知识点

(一)非均相分离技术概念

自然界中的大多数物质是混合物,例如空气、石油和岩石。化工生产过程中也经常遇到不同类型的混合物。混合物按相数可以分为两类:均相混合物和非均相混合物。前者在物系内部不存在相界面,各处物料性质均匀一致,如溶液、气体混合物等;后者在物系内有相界面存在,且相界面两侧物料是截然不同的,如含尘气体、雾、悬浮液、乳浊液和泡沫液等。

非均相混合物中处于分散状态的物质,如悬浮液中的固体,乳浊液中的微滴,泡沫液中的气泡,含尘气体中的粉尘等,统称为分散相或分散物质;以连续状态存在,包围在分散物质周围的物质,如悬浮液中的液体,含尘气体中的气体,统称为连续相或分散介质。

非均相物系分离技术就是利用连续相和分散相之间物理性质的差异,借助外界力的作用使两相产生相对运动而实现分离的方法。

(二)非均相分离技术的分类

按照分离操作的依据和作用力的不同,非均相物系分离技术主要有以下几种:

1.沉降分离技术

在外力作用下,利用分散相和连续相之间的密度差,使分散相相对于连续相发生运动而实现分离的操作称为沉降。根据外力的不同,沉降可分为重力沉降和离心沉降,如果沉降是在重力场中进行,则称为重力沉降。主要有沉降室、沉降槽等。如果沉降是由于离心力的作用发生的则称为离心沉降,如旋风分离器、旋液分离器等。

2.过滤分离技术

过滤是以某种多孔物质作为介质来处理悬浮液的操作。在外力的作用下,悬浮液中的液体通过介质的孔道而使固体颗粒被截留下来,从而实现固、液分离。过滤操作所处理的悬浮液称为滤浆,所用的多孔物质称为过滤介质,通过介质孔道的液体称为滤液,被截留的物质称为滤渣或滤饼。实现过滤操作的外力,可以是重力或惯性离心力,在化工生产中最常用的还是多孔物质上、下游两侧的压力差。

(1)过滤介质

过滤介质是滤渣的支承物,它具有足够的机械强度和尽可能小的流体阻力。过滤介质中微细孔道的直径,往往稍大于一部分悬浮液颗粒的直径。所以,过滤之初会有一些细小颗粒穿过介质而使滤液浑浊。过滤开始后颗粒会在孔道中迅速地发生"架桥现象",因而使得直径小于孔道的细小颗粒也能被拦住,滤渣开始形成,滤液也变得澄清,此后过滤才能有效地进行。可见,在过滤时,发挥分离作用的主要是滤渣层。

工业上常用的过滤介质主要有织物状介质、粒状介质和多孔性固体介质。

(2)滤渣

滤渣是由被截留下来的颗粒堆积而成的固定床层,随着操作的进行,滤渣的厚度和流体阻力都逐渐增加。若滤渣是由不变形的坚硬固体颗粒组成,当过滤操作中滤渣两侧的压差增大时,其粒子大小和形状,以及滤渣中孔道的大小均保持不变,即单位厚度滤渣层的流体阻力保持不变,则这种滤渣称为不可压缩的滤渣。如淀粉、砂糖、硅藻土、硅胶、碳酸钙等颗粒形成的滤渣,可近似认为是不可压缩的滤渣。反之,如果滤渣中的颗粒的大小、形状和滤渣中的孔道的大小随压差的增大而变化,即单位厚度滤渣层的流体阻力会随压差的增加而增大,则这种滤渣称为可压缩的滤渣,如酱油、干酪、豆浆等过滤而形成的滤渣。

【**主导项目 2-1**】 本任务中,除掉矿石焙烧炉送出气体中的粉尘,采用沉降分离技术。

任务二 非均相分离设备

一、教学目标

1. **知识目标**

(1)掌握非均相分离设备类型、结构、特点及应用场合;

(2)了解非均相分离设备的选择依据。

2. **能力目标**

能根据任务要求选择合适的分离设备。

3. **素质目标**

(1)具有良好的团队协作能力;

(2)具有良好的语言表达和文字表达能力;

(3)培养安全生产和清洁生产的意识。

二、教学任务

在本任务中,通过分组查找资料、小组讨论交流等活动,选择合适的非均相分离设备。

三、相关知识点

(一)沉降设备

1. **降尘室**

降尘室(如图 2-1 所示)是应用最早的重力沉降设备,常用于含尘气体的预分离。降尘室的生产能力只与降尘室的底面积和颗粒的沉降速度有关,而与降尘室高度无关,所以降尘室一般采用扁平的几何形状。降尘室结构简单,但设备庞大、效率低下,只适用于分离 $50\mu m$ 以上粗颗粒,或作为预分离设备。

2. **沉降槽**

沉降槽(如图 2-2 所示)是利用重力沉降来分离悬浮液并得到澄清液体的设备,又称增稠器。可间歇操作,也可连续操作。连续式沉降槽结构简单,操作连续,处理量大,沉淀物浓度均匀;但设备庞大,占地面积大,分离效果不高。它一般用于大流量、低浓度悬浮液的处理。

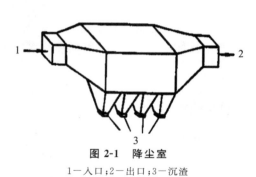

图 2-1　降尘室
1—入口；2—出口；3—沉渣

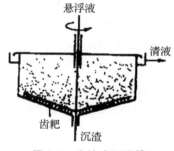

图 2-2　连续式沉降槽

（二）过滤设备

过滤是分离悬浮液最常用和最有效的单元操作。典型的过滤机有板框压滤机、加压叶滤机和回转真空过滤机。

1.板框压滤机

板框压滤机是广泛应用的一种间歇操作的加压过滤设备，主要由机架、滤框、滤板、压紧装置等组成，如图 2-3 所示。

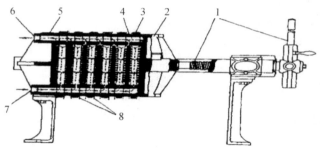

图 2-3　板框压滤机
1—压紧装置；2—可动头；3—滤框；4—滤板；5—固定头；
6—滤液出口；7—滤浆进口；8—滤布

板框大多做成正方形，四角开有小孔，当板、框叠合时就形成滤浆、滤液及洗涤液的进出通道。滤板两侧表面做成纵横交错的沟槽，形成凹凸不平的表面，凸部用来支撑滤布，凹槽是滤液的通道。滤板右上角的小孔是滤浆通道，左上角的小孔是洗水通道。滤板有两种：一种是左上角的洗水通道与两侧表面的凹槽连通，使洗水流进凹槽，这种滤板称为洗涤板；而另一种是洗水板与两侧表面的凹槽不相通，称为过滤板，如图 2-4 所示。三者的排列顺序为

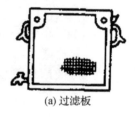

(a) 过滤板

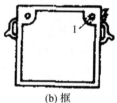

(b) 框

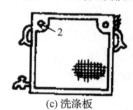

(c) 洗涤板

图 2-4　滤板和滤框
1—滤浆进口；2—洗水进口

过滤板→框→洗涤板→框→过滤板,一般两端为过滤板,通常也就是两端机头。

过滤时,滤浆在指定的压力下经过滤浆通道,由滤框角端的暗孔进入框内,滤液分别穿过两侧滤布,再经邻板板面流到滤液出口排走,固体则被截留于框内,待滤饼充满滤框后,即停止过滤。

若滤饼需要洗涤,可将洗水压入洗水通道,经洗涤板角端的暗孔进入板面与滤布之间。此时,应关闭洗涤板下部的滤液出口,洗水便在压力差推动下穿过一层滤布及整个厚度的滤饼,然后再横穿另一层滤布,最后由过滤板下部的滤液出口排出,这种操作方式称为横穿洗涤法。洗涤结束后,旋开压紧装置并将板框拉开,卸出滤饼,清洗滤布,重新组合,进入下一个操作循环。

板框压滤机优点是构造简单,制造方便、价格低;过滤面积大,可根据需要增减滤板调节过滤能力;推动力大,对物料的适应能力强,对颗粒细小而液体量较大的滤浆也能适用。缺点是间歇操作,生产效率低;卸渣、清洗和组装需要时间、人力,劳动强度大。

2.加压叶滤机

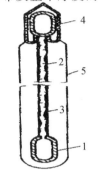

图 2-5 滤叶剖面
1—滤饼;2—滤布;
3—拔出装置;4—橡胶圈

加压叶滤机是间歇式过滤机。它由许多不同的长方形或圆形滤叶组成,滤叶是由金属丝网组成,外罩滤布,如图 2-5 所示。过滤时,滤浆用泵压送到机壳内,滤液穿过滤布进入叶内,汇集至总管后排出机外,颗粒积于滤布外侧形成滤饼。根据滤饼的性质和操作压强的大小,滤饼层厚度可达 5～35mm。过滤完毕后,若要洗涤,可通入洗涤水,洗涤结束后打开机壳上盖,拔出滤叶,卸下滤饼。叶滤机密闭操作,过滤面积较大,劳动条件较好。但其结构比较复杂,造价较高。

3.回转真空过滤机

回转真空过滤机是连续操作的过滤机,已广泛应用于各工业部门。如图 2-6 所示,设备的主体是一个水平转鼓,表面有一层金属网,上面覆盖滤布,转鼓的下面浸入滤浆中。转鼓的内部空间被径向分隔成若干扇形格,每室都有单独的孔道通至分配头。转鼓转动时,借助分配头的作用使这些孔道依次分别与真空管及压缩空气管想通。因而在回转一周的过程中,每个扇形格表面即可一次进行过滤、洗涤、吹松、再生等操作。各个扇格的操作是周期性的,而整个转鼓的操作则是连续的。转鼓的过滤面积一般为 5～40m²,浸没部分约为总面积的 30%～40%,转速约为 0.1～3r/min,滤饼厚度一般保持在 40mm 以

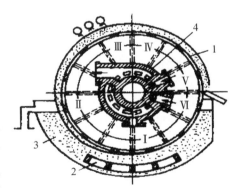

图 2-6 回转真空过滤机
1—转鼓;2—搅拌器;3—滤浆槽;4—分配头

内。回转真空过滤机优点是连续自动操作,节省人力,生产能力大,滤饼厚度可自由调节,适用于量大而容易过滤的物料。缺点是附属设备多,投资费用高,过滤面积不大,滤饼含液量高。此外,由于它是真空操作,因而过滤推动力有限,尤其不能过滤温度较高的滤浆。

(三)离心设备

1.旋风分离器

旋风分离器的构造简单,体积小,操作不受温度和压力限制,分离效率高(一般为70%～90%),一般可分离出小到5μm的微粒,因此,它在轻工行业中得到广泛的应用。但其缺点是流阻大,微粒对器壁有较严重的磨损,对气体流量的变化较敏感。

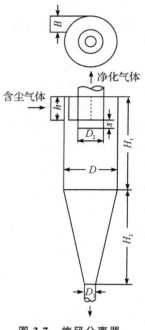

图 2-7　旋风分离器

其构造如图2-7所示,主要由一个圆筒形上部和圆锥形下部等组成。含尘气体从圆筒上侧的矩形进气管以15～20m/s的速度沿切线方向进入,进行旋转运动。由于离心力的作用,悬浮在气体中的微粒沿着切线方向向外侧飞去,当碰到器壁时,失去动能而从气体中沉降下来,并沿器壁向下汇集于锥形底部的集尘斗中。而气体按螺旋形曲线向器底旋转,到达锥形底的底部后转折向上,成为内层的上旋气流,然后从顶部的中央排气管排出。

由实验测得可知,旋风分离器内的压力在器壁附近最高,仅稍低于进口处,往中心逐渐降低,到达中心处可降至负压,低压一直延伸到器底的出灰口。因此,操作时,出灰口必须严格密封,以免漏入空气,致使收集于锥形底的尘粒被重新卷起,甚至从灰斗中吸进大量粉尘,从而破坏了旋风分离器的操作。

2.三足式离心机

三足式离心机是工业上采用最早的间歇操作、人工卸料的立式离心机(如图2-8所示)。三足式离心机的优点是结构简单、操作平稳、占地面积小、适应性强和滤渣颗粒不易磨损。适用于过滤周期长、处理量不大、要求滤渣含液量较低的场合。它的缺点是卸料时的劳动条件较差,转动部位位于机座底部,检修不方便。

3.卧式刮刀卸料离心机

卧式刮刀卸料离心机是一种间歇式操作的过滤式离心机(如图2-9所示)。其主要优点是整个过程连续化、自动化。对物料适应性较强,可分离含固相颗粒大于0.01mm的悬浮液,滤渣也可得到较好的脱水和洗涤,对悬浮液的浓度变化和进料量也不敏感。其主要缺点是:刮刀寿命短,部分晶粒破碎较多。

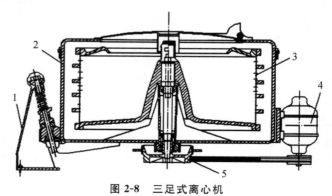

图 2-8　三足式离心机

1—支脚,2—外壳,3—转鼓,4—马达,5—皮带轮

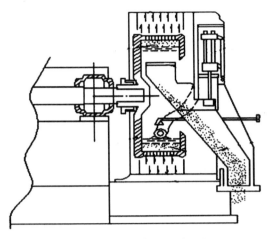

图 2-9 刀片卸料式离心机

4.管式离心机

管式离心机的优点是结构简单紧凑、运转平稳、密封性能好、分离强度高,故常用于油类的脱水,果汁、糖浆等的澄清。其缺点是生产能力小,对悬浮液的澄清处理是间歇操作,要拆下转鼓才能除去滤渣。

(四)气体的其他净化设备

从气体或蒸汽中除去所含的固体或液体微粒而使其净化的方法,除可用前面所述的重力沉降与离心沉降外,还可以利用过滤、静电作用以及用液体对气体进行洗涤的方法。

1.袋滤器

使含尘气体穿过袋状滤布,以除去其中的尘粒的设备为袋滤器。袋滤器的优点是分离效率高、连续操作、处理量大。袋滤器属于精制的除尘设备,故常用于除尘要求较高的场合。其缺点是滤布的磨损或堵塞较快,投资费较高,清灰麻烦,结构较庞大;不适于温度高、潮湿的气体的净制。

2.静电除尘器

利用直流高压电源使尘粒沉降的设备为静电除尘器。当气体中含有某些极小的尘粒或雾滴以及温度较高或腐蚀性较大的粉尘时,则可用静电除尘器予以分离。静电除尘器能有效地捕集 $0.1\mu m$ 或更小的尘粒或雾滴。其优点是分离效率高,阻力较小、气体处理量大、低温操作性能好,操作条件可达全自动化。其缺点是设备体积庞大、设备费用和操作费用都比较高、维护及管理等均要求严格,所以限制其使用范围。

3.文丘里除尘器

文丘里除尘器由文丘里管和除沫器组成。文丘里除尘器的优点是结构简单紧凑、价格低廉、操作简单、除尘效率高。其缺点是流体阻力较大,用水量大。

【主导项目 2-2】 该项目的任务是处理矿石焙烧炉送出气体中的氧化铁粉尘。由于降尘室结构简单,但设备庞大、效率低下,只适用于分离 $50\mu m$ 以上粗颗粒,或作为预分离设备。而旋风分离器的构造简单,体积小,分离效率高(一般为 $70\%\sim90\%$),一般可分离出小到 $5\mu m$ 的微粒。所以先采用降尘室预分离,然后用旋风分离器处理的方案。

任务三　非均相分离技术工艺参数的确定

一、教学目标

1.知识目标
掌握自由沉降速率、过滤参数、离心沉降速度的计算。

2.能力目标
能根据任务要求进行简单计算。

3.素质目标
(1)具有良好的团队协作能力；
(2)具有良好的语言表达和计算能力；
(3)培养安全生产和清洁生产的意识。

二、教学任务

在本任务中,通过分组查找资料、小组讨论交流等活动,计算非均相分离技术的主要工艺参数。

三、相关知识点

(一)球形颗粒自由沉降的计算

如果颗粒在重力沉降过程中不受周围颗粒和器壁的影响,称为自由沉降。颗粒的重力沉降速度是指颗粒相对于周围流体的沉降运动速度。影响重力沉降速度的因素有很多,包括颗粒的形状、大小、密度,流体的种类、密度、黏度等。

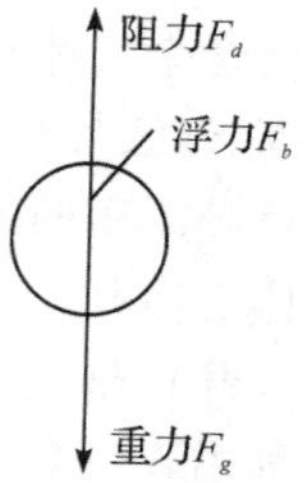

一个直径为 d_p 表面光滑的刚性球形颗粒置于流体中,当颗粒密度 ρ_p 大于流体密度 ρ 时,颗粒下沉,沉降速度为 u_t。如图 2-10 所示,沉降过程中颗粒受到三个力,重力 F_g、浮力 F_b 和阻力 F_d,其大小分别为

图 2-10　静止流体中颗粒的受力

$$F_g = \frac{\pi}{6} d_p^3 \rho_p g \qquad (2\text{-}1)$$

$$F_b = \frac{\pi}{6} d_p^3 \rho g \qquad (2\text{-}2)$$

$$F_d = \xi \frac{\pi}{4} d_p^2 \frac{u_t^2}{2} \rho \qquad (2\text{-}3)$$

当颗粒处于平衡时

$$F_g = F_b + F_d \qquad (2\text{-}4)$$

将式(2-1)、式(2-2)和式(2-3)代入式(2-4),整理得

$$u_t = \sqrt{\frac{4d_p(\rho_p - \rho)g}{3\xi\rho}} \qquad (2\text{-}5)$$

式中，u_t——沉降速度，m/s；

F_g、F_b、F_d——重力、浮力和阻力，N；

d_p——为颗粒直径，m；

ρ_p、ρ——分别为颗粒和流体的密度，kg/m³；

g——重力加速度，m²/s；

ξ——阻力系数。

颗粒的沉降过程分为两个阶段：第一阶段为加速阶段；第二阶段为匀速阶段。在匀速阶段中，颗粒相对于流体的运动速度称为沉降速度 u_t。化工生产中，小颗粒沉降最为常见，其沉降的加速阶段时间很短，可以忽略不计。因此整个沉降过程可以视为匀速沉降过程，可以认为颗粒在流体中始终以速度 u_t 下降。

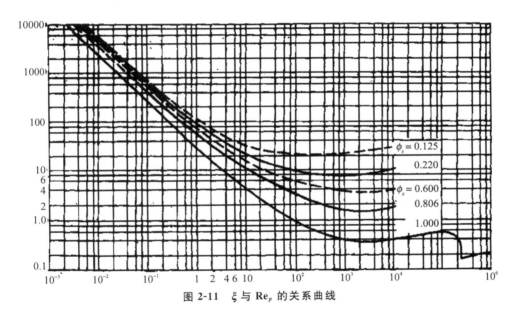

图 2-11　ξ 与 $\mathbf{Re}_p$ 的关系曲线

用式(2-5)计算沉降速度 u_t 时，必须确定沉降阻力系数 ξ，ξ 是颗粒与流体相对运动时，以颗粒形状及尺寸为特征量的雷诺数 $\mathrm{Re}_p = d_p u_t \rho/\mu$，一般由实验测定。图 2-11 为通过实验测定并综合绘制的 ξ—Re_p 关系曲线。曲线分为层流、过渡流和湍流等几个区域。各区中 ξ 与 Re_p 的函数关系为：

层流区，$\mathrm{Re}_p < 1$，

$$u_t = \frac{d_p^2(\rho_p - \rho)g}{18\mu} \qquad (2\text{-}6)$$

过渡区，$1 < \mathrm{Re}_p < 10^3$，

$$u_t = 0.104\left[\frac{(\rho_p - \rho)}{\rho}g\right]^{0.73}\frac{d_p^{1.18}}{\left(\frac{\mu}{\rho}\right)^{0.45}} \qquad (2\text{-}7)$$

湍流区,$10^3 < Re_p < 10^5$,

$$u_t = 1.74 \sqrt{\frac{d_P(\rho_P - \rho)g}{\rho}} \qquad (2\text{-}8)$$

式中,μ——黏度,Pa·s。

球形颗粒在流体中的沉降速度可根据不同流型,分别选用上述三个公式计算。由于沉降操作涉及的颗粒直径都很小,操作通常处于层流区,所以斯托克斯公式应用最多。

【主导项目 2-3】 该项目采用降尘室除去矿石焙烧炉送出气体中的氧化铁粉尘。在操作条件下炉气流量为 25000m³/h,密度为 0.6kg/m³,黏度为 2×10^{-5} Pa·s,其中氧化铁粉尘的密度为 4500kg/m³,试计算直径 100μm 和 40μm 尘粒的沉降速度。

解 (1)计算 100μm 尘粒的沉降速度。

先假设 100μm 尘粒沉降处于层流区,则

$$u_t = \frac{d_p^2(\rho_p - \rho)g}{18\mu} = \frac{(100 \times 10^{-6})^2(4500 - 0.6) \times 9.81}{18 \times 2 \times 10^{-5}} = 1.23(\text{m/s})$$

校核 Re_p

$$Re_p = \frac{\rho d_p u_t}{\mu} = \frac{0.6 \times 100 \times 10^{-6} \times 1.23}{2 \times 10^{-5}} = 3.69 > 1$$

假设不成立,再假设沉降属于过渡区,则

$$u_t = 0.104 \left[\frac{(\rho_p - \rho)}{\rho}g \right]^{0.73} \frac{d_p^{1.18}}{\left(\frac{\mu}{\rho}\right)^{0.45}} = 0.104 \left[\frac{(4500 - 0.6)}{0.6} \times 9.81 \right]^{0.73} \frac{(100 \times 10^{-6})^{1.18}}{\left(\frac{2 \times 10^{-5}}{0.6}\right)^{0.45}}$$

$$= 0.731$$

校核 Re_p

$$Re_p = \frac{\rho d_p u_t}{\mu} = \frac{0.6 \times 100 \times 10^{-6} \times 0.731}{2 \times 10^{-5}} = 2.10 > 1$$

所以假设成立,直径 100μm 沉降速度为 0.731m/s

(2)计算 40μm 尘粒的沉降速度。

先假设 40μm 尘粒沉降处于层流区,则

$$u_t = \frac{d_p^2(\rho_p - \rho)g}{18\mu} = \frac{(40 \times 10^{-6})^2(4500 - 0.6) \times 9.81}{18 \times 2 \times 10^{-5}} = 0.196(\text{m/s})$$

校核 Re_p

$$Re_p = \frac{\rho d_p u_t}{\mu} = \frac{0.6 \times 40 \times 10^{-6} \times 0.196}{2 \times 10^{-5}} = 0.235 < 1$$

所以假设成立,则 40μm 尘粒沉降速度为 0.196m/s。

【拓展项目 2-1】 某烧碱厂拟采用重力沉降净化粗盐水。粗盐水的密度为 1200kg/m³,黏度为 2.3mPa·s,其中固体颗粒可视为球形,密度取 2640kg/m³。求:(1)直径为 0.1mm 的颗粒的沉降速度;(2)沉降速度为 0.02m/s 的颗粒直径。

解 (1)先假设沉降处于层流区,应用斯托克斯公式:

$$u_t = \frac{d_P^2(\rho_P - \rho)g}{18\mu} = \frac{(0.1 \times 10^{-3})^2(2640 - 1200) \times 9.81}{18 \times 2.3 \times 10^{-3}} = 3.41 \times 10^{-3}(\text{m/s})$$

校核流型

$$\text{Re}_p = \frac{\rho d_p u_t}{\mu} = \frac{1200 \times 0.1 \times 10^{-3} \times 3.41 \times 10^{-3}}{2.3 \times 10^{-3}} = 0.178 < 1$$

层流区假设成立，所以沉降速度为 $3.41 \times 10^{-3}\,\text{m/s}$。

（2）先假设沉降处于层流区，应用斯托克斯公式：

$$d = \sqrt{\frac{18\mu u_t}{g(\rho_p - \rho)}} = \sqrt{\frac{18 \times 2.3 \times 10^{-3} \times 0.02}{9.81 \times (2640 - 1200)}} = 2.42 \times 10^{-4}\,(\text{m})$$

校核流型

$$\text{Re}_p = \frac{\rho d_p u_t}{\mu} = \frac{1200 \times 2.42 \times 10^{-4} \times 0.02}{2.3 \times 10^{-3}} = 2.53 > 1$$

假设不成立，再假设沉降属于过渡区

$$d_p = \left[\frac{u_t \left(\frac{\mu}{\rho}\right)^{0.45}}{0.104 \left(\frac{\rho_p - \rho}{\rho} g\right)^{0.73}}\right]^{\frac{1}{1.18}} = \left[\frac{0.02 \times \left(\frac{2.3 \times 10^{-3}}{1200}\right)^{0.45}}{0.104 \times \left(\frac{2640 - 1200}{1200} \times 9.81\right)^{0.73}}\right]^{\frac{1}{1.18}} = 3.55 \times 10^{-4}$$

校核流型

$$\text{Re}_p = \frac{\rho d_p u_t}{\mu} = \frac{1200 \times 3.55 \times 10^{-4} \times 0.02}{2.3 \times 10^{-3}} = 3.7 > 1$$

假设成立，所以颗粒直径为 $3.55 \times 10^{-4}\,\text{m}$。

（二）过滤的计算

1.过滤基本方程

（1）过滤速度与滤饼阻力

过滤速度是指单位时间内通过单位过滤面积的滤液体积。如果过滤过程中操作因素维持不变，则由于滤渣厚度不断增加而使过滤速度逐渐变小。任一瞬时的过滤速率为

$$U = \frac{\text{d}V}{A\text{d}\tau} = \frac{\Delta p}{r\mu L} \tag{2-9}$$

式中，U——过滤速率，m/s；

$\quad V$——滤液体积，m^3；

$\quad A$——过滤面积，m^2；

$\quad \tau$——过滤时间，s；

$\quad \Delta p$——滤饼两侧的压差，Pa；

$\quad \mu$——滤液黏度，$\text{Pa} \cdot \text{s}$；

$\quad L$——滤饼厚度，m；

$\quad r$——比例常数，称为滤饼的比阻，$1/\text{m}^2$，其大小随着滤浆的性质、操作条件而变化，反

　　　映了滤饼的结构，一般由实验测定。

由式（2-9）可见，过滤速度的大小由两个彼此抗衡的因素决定：一为促使滤液流动的因素，即压力差 Δp，称为过滤推动力；另一为阻碍滤液流动的因素，即 μrL，称为过滤阻力。过滤速度等于推动力与阻力之比。

（2）过滤速度与介质阻力

除了滤饼阻力之外，还要考虑过滤介质阻力。过滤介质阻力的确定可仿照流体动力学中的当量长度法，将过滤介质产生的阻力折合成厚度为 L_e 的滤饼层所产生的过滤阻力，称

为当量滤饼厚度,单位 m。

$$U = \frac{dV}{A d\tau} = \frac{\Delta p}{r\mu L_e} \qquad (2\text{-}10)$$

式中,L_e——当量滤饼厚度,m。

3.过滤基本方程

过滤阻力是滤渣层和过滤介质两项阻力之和,而过滤推动力是滤渣层和过滤介质前后两侧的压力差,所以

$$U = \frac{dV}{A d\tau} = \frac{\Delta p}{r\mu(L+L_e)} \qquad (2\text{-}11)$$

设获得 1m³ 滤液所形成的滤饼体积为 v,则滤饼厚度 L 与滤液体积 V 之间的关系为

$$L = \frac{vV}{A} \qquad (2\text{-}12)$$

又令 $K = \frac{2\Delta p}{\mu r v}$(考虑滤饼不可压缩),可以得到

$$\frac{dV}{d\tau} = \frac{KA^2}{2(V+V_e)} \qquad (2\text{-}13)$$

令 $q = \frac{V}{A}$,$q_e = \frac{V_e}{A}$,则上式改为

$$\frac{dq}{d\tau} = \frac{K}{2(q+q_e)} \qquad (2\text{-}14)$$

式中,V_e——过滤介质当量滤液体积,m³。

式(2-13)、式(2-14)称为过滤基本方程,是过滤计算的基本依据。

(4)恒压过滤

过滤操作可在恒压、恒速、先恒速后恒压等不同条件下进行,通常多数是恒压过滤。恒压过滤是在整个过程中维持压力不变的操作。

在恒压条件下,过滤基本方程可改写为

$$V^2 + 2V_e V = KA^2\tau \qquad (2\text{-}15)$$

$$v_e^2 = KA^2\tau_e \qquad (2\text{-}16)$$

将上两式相加得

$$(V+V_e)^2 = KA^2(\tau+\tau_e) \qquad (2\text{-}17)$$

进一步得到

$$(q+q_e)^2 = K(\tau+\tau_e) \qquad (2\text{-}18)$$

$$q^2 + 2q_e q = K\tau \qquad (2\text{-}19)$$

式(2-17)、式(2-18)称为恒压过滤方程。它表明恒压过滤时滤液体积与过滤时间的关系为抛物线。

【拓展项目 2-2】 采用过滤面积为 0.2m² 的过滤机,测定某悬浮液的过滤常数,操作压力差为 0.15MPa,温度为 20℃。过滤进行到 5min 时,共得滤液 0.034m³;过滤到 10min 时,共得滤液 0.050m³。试求:(1)过滤常数 K 和 q_e;(2)过滤进行到 1h 时,总共得到的滤液量是多少?

解 (1)$\tau_1 = 300s$ 时,$q_1 = \frac{V_1}{A} = \frac{0.034}{0.2} = 0.17(\text{m}^3/\text{m}^2)$

$\tau_2 = 600s$ 时 $,q_2 = \dfrac{V_2}{A} = \dfrac{0.050}{0.2} = 0.25(\text{m}^3/\text{m}^2)$

根据式(2-19),有

$$0.17^2 + 2 \times 0.17 q_e = 300K$$
$$0.25^2 + 2 \times 0.25 q_e = 600K$$

解得　$K = 1.26 \times 10^{-4}(\text{m}^2/\text{s}), q_e = 2.61 \times 10^{-2}(\text{m}^3/\text{m}^2)$

(2)$V_e = q_e A = 2.61 \times 10^{-2} \times 0.2 = 5.22 \times 10^{-3}(\text{m}^3)$

由式(2-15),有　$V^2 + 2 \times 5.22 \times 10^{-3}V = 1.26 \times 10^{-4} \times 0.2^2 \times 3600$

解得　$V = 0.130(\text{m}^3)$

2. 滤饼的洗涤

洗涤滤饼的目的在于回收滞留在颗粒缝隙间的滤液,或净化构成滤渣的颗粒。单位时间内消耗的洗涤水称为洗涤速率,以 $\left(\dfrac{\text{d}V}{\text{d}\tau}\right)_W$ 表示。由于洗涤过程中滤饼不再增厚,过滤阻力不变,因而,在恒定压力差推动力下洗涤速率基本为常数。若每次过滤后以体积为 V_w 的洗涤水洗涤滤饼,则所需的洗涤时间为

$$\tau_w = \frac{V_w}{\left(\dfrac{\text{d}V}{\text{d}\tau}\right)_w} \tag{2-20}$$

对于连续式过滤机及叶滤机等所采用的是置换洗涤法,洗涤水所通过的路径与过滤时滤液路径相同,而且洗涤液的流通面积与过滤面积也相同,所以洗涤速率 $\left(\dfrac{\text{d}V}{\text{d}\tau}\right)_W$ 与过滤速率 $\left(\dfrac{\text{d}V}{\text{d}\tau}\right)_E$ 应大致相同。

板框压滤机采用的是横穿洗涤法,洗涤水将穿过两次滤布及整个滤框厚度的滤饼,故流经长度约为过滤终了时滤液路径的两倍,而洗涤水流通面积是过滤面积的一半,因此板框压滤机的洗涤速率 $\left(\dfrac{\text{d}V}{\text{d}\tau}\right)_W$ 约为过滤终了时过滤速率 $\left(\dfrac{\text{d}V}{\text{d}\tau}\right)_E$ 的 $1/4$。

3. 过滤机的生产能力

过滤机的生产能力是指单位时间内获得的滤液体积。少数情况下也有按滤饼的产量或滤饼中固相物质的产量来计算。

(1)间歇式过滤机的生产能力

间歇式过滤机的特点是在整个过滤机上依次进行过滤、洗涤、卸渣、整理、装合等操作步骤。在每一个操作循环中,只有过滤阶段才有滤液获得,但计算生产能力时,其他阶段所消耗的时间也应计入生产时间内。若以一个操作循环为基准,则操作循环所需的时间 $\sum\tau$ 为

$$\sum\tau = \tau + \tau_w + \tau_D \tag{2-21}$$

$$Q = \frac{V}{\sum\tau} = \frac{V}{\tau + \tau_w + \tau_D} \tag{2-22}$$

式中,Q——生产能力,m^3/s;

V——一个操作循环内所获得的滤液体积,m^3。

τ、τ_w、τ_D——分别为一个操作循环内的过滤时间、洗涤时间和卸渣清洗装合等辅助操作时间，s。

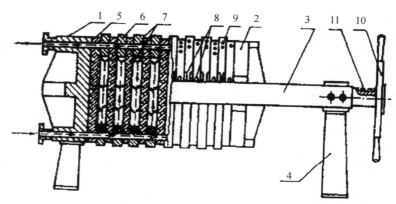

图 2-12　板框压滤机(暗流式)
1—固定机头；2—活动机头；3—横梁；4—支座；5—滤板；
6—滤框；7—滤布；8—板框把手；9—按钮；10—手轮；11—螺轩(压杆)

【拓展项目 2-3】　现有一台板框压滤机在恒压下过滤含硅藻土的悬浮液。过滤机的滤框尺寸为 810mm×810mm×25mm，共有滤框 46 块。已测定过滤常数 $K=10^{-5}\mathrm{m}^2/\mathrm{s}$，$q_e=0.01\mathrm{m}^3/\mathrm{m}^2$，$\tau=2\mathrm{s}$。经过滤 30min 后，用相当于滤液量 1/10 的清水采用横穿法洗涤滤渣，洗水的黏度和压差与悬浮液相同。每一操作循环中辅助时间为 40min，试求其生产能力？

解　(1)求滤液体积 V。已知 $K=10^{-5}\mathrm{m}^2/\mathrm{s}$，$q_e=0.01\mathrm{m}^3/\mathrm{m}^2$，$\tau=2\mathrm{s}$，

又 $A=0.81\times0.81\times46\times2=60.24\mathrm{m}^2$，代入下式得

$$(q_e+q)^2=K(\tau_e+\tau)$$
$$(0.01+q)^2=10^{-5}\times(2+1800)$$
$$q=0.1242(\mathrm{m}^3/\mathrm{m}^2)$$

所以　　　$V=qA=0.1242\times60.4=7.5(\mathrm{m}^3)$

(2)求洗涤时间 τ_w。

已知 $V_w=\dfrac{V}{10}=0.75\mathrm{m}^3$，$q_e=0.01\mathrm{m}^3/\mathrm{m}^2$，$K=10^{-5}\mathrm{m}^2/\mathrm{s}$。由下式可以得到

$$\left(\frac{\mathrm{d}V}{\mathrm{d}\tau}\right)_w=\frac{1}{4}\left(\frac{\mathrm{d}V}{\mathrm{d}\tau}\right)_E=\frac{AK}{8\times(q+q_e)}$$

$$\tau_w=\frac{8(q+q_e)V_w}{AK}=\frac{8\times(0.1242+0.01)\times0.75}{60.4\times10^{-5}}=1333(\mathrm{s})$$

所以生产能力 $Q=\dfrac{V}{\sum\tau}=\dfrac{V}{\tau+\tau_w+\tau_D}=\dfrac{7.5}{1800+1333+2400}=1.356\times10^{-3}(\mathrm{m}^3/\mathrm{s})$

(2)连续式过滤机的生产能力

以回转真空过滤机为例，连续过滤机的特点是过滤、洗涤、卸渣等操作在转鼓表面的不同区域内同时进行。

连续式过滤机计算也应以一个操作周期为基准。若转鼓转速为 n，单位 r/s，转鼓浸入

面积占全部转鼓面积的百分数为 φ。转鼓真空过滤机是在恒压下操作的,根据恒压过滤方程式(2-17)可知转鼓每一周的滤液体积为

$$V = \sqrt{KA^2(\tau + \tau_e)} - V_e = \sqrt{KA^2\left(\frac{\varphi}{n} + \tau_e\right)} - V_e \qquad (2\text{-}23)$$

则生产能力为

$$Q = nV = n\left(\sqrt{KA^2\left(\frac{\varphi}{n} + \tau_e\right)} - V\right) \qquad (2\text{-}24)$$

若过滤介质忽略不计,则可化简为

$$Q = \sqrt{KA^2\varphi n} \qquad (2\text{-}25)$$

式中,n——转鼓转速,r/s;

φ——转鼓浸入面积占全部转鼓面积的百分数;

τ_e——虚拟的过滤时间,s。

【拓展项目 2-4】 用回转真空过滤机在恒定真空度下过滤某种悬浮液,已知转鼓长度为 0.8m,直径 1m,转速为 0.18r/min,浸没角度为 130°,悬浮液中每送出 1m³ 的滤液可获得 0.4m³ 的滤饼。液相为水,测得过滤常数 $K = 8.30 \times 10^{-6}\,\text{m}^2/\text{s}$,过滤介质阻力忽略不计。试求:(1)过滤机生产能力;(2)转鼓表面的滤饼厚度。

解 (1)转鼓过滤面积 $\qquad A = \pi dl = 3.14 \times 1.0 \times 0.8 = 2.51(\text{m}^2)$

浸没率 $\qquad\qquad\qquad \varphi = \frac{130°}{360°} = 0.36$

转速 $\qquad\qquad\qquad n = \frac{0.18}{60} = 0.003(\text{r/s})$

所以 $Q = \sqrt{KA^2\varphi n} = \sqrt{8.30 \times 10^{-6} \times 2.51^2 \times 0.36 \times 0.003} = 2.38 \times 10^{-4}(\text{m}^3/\text{s})$

(2)一周内获得的滤液量 $\qquad V = \frac{Q}{n} = \frac{2.38 \times 10^{-4}}{0.003} = 0.079(\text{m}^3)$

滤饼的厚度 $\qquad\qquad L = \frac{0.4V}{A} = \frac{0.4 \times 0.079}{2.51} = 0.0127(\text{m})$

(三)离心沉降的计算

与重力沉降一样,当颗粒在沉降方向上所受力(离心力、浮力、阻力)相互平衡时,颗粒即做等速沉降,此时对应的速度称为离心沉降速度,以 u_c 表示,单位 m/s。与重力沉降速度推导方式相同,可得

$$u_c = \sqrt{\frac{4d_p(\rho_p - \rho)a_c}{3\xi\rho}} \qquad (2\text{-}26)$$

式中,u_c——离心沉降速度,m/s;

a_c——离心加速度,m/s,$a_c = \omega^2 r = u_T^2/R$,其中 u_T 为切向速度。

ω——旋转角速度,rad/s;

R——旋转半径,m。

工程上,常将离心加速度与重力加速度之比称为离心分离因数,即

$$K_c = \frac{a_c}{g} = \frac{\omega^2 r}{g} \qquad (2\text{-}27)$$

离心沉降时,若颗粒与流体的相对运动处于层流区则式(2-27)应用斯托克斯方程得到

$$u_c = \frac{d_p^2(\rho_p - \rho)u_T^2}{18\mu r}$$ (2-28)

根据离心分离因数的大小,又可将离心机分为三类:常速离心机 $K_c < 3000$;高速离心机 $3000 < K_c < 50000$;超速离心机 $K_c > 50000$。离心分离因数的上限取决于主轴和转鼓等部件的材料长度和机器结构的稳定度等。

任务四　非均相分离技术设备参数的确定

一、教学目标

1. 知识目标
掌握降尘室的尺寸计算、旋风分离器的尺寸及分离效率计算。

2. 能力目标
能根据任务要求选择合适设备并确定其参数。

3. 素质目标
(1)具有良好的团队协作能力;
(2)具有良好的语言表达和文字表达能力;
(3)培养安全生产和清洁生产的意识。

二、教学任务

在本任务中,通过分组查找资料、小组讨论交流等活动,计算非均相分离技术设备的主要参数。

三、相关知识点

(一)沉降器
现以水平式降尘室为例来说明其有关的计算问题。图 2-12 所示含尘气体中的固体微粒在降尘室内的沉降情况。设有流量 $V(\text{m}^3/\text{s})$ 的含尘气体以一定的流速 $u(\text{m/s})$ 水平通过降尘室,气体流过降尘室的时间为

$$\theta = \frac{L}{u}$$ (2-29)

由于流体在水平方向上的微粒速度与流体速度相同,故微粒在室内的停留时间也与流体相同;在垂直方向上,微粒在重力作用下向下沉降,其沉降速度为 $u_t(\text{m/s})$,则位于降尘室最高点的颗粒沉降至室底所需的时间 θ_t(称为沉降时间,s)为

$$\theta_t = \frac{H}{u_t}$$ (2-30)

一般地说,只要微粒在室内的停留时间 θ 大于或等于它的沉降时间 θ_t,则微粒就可以从

气流中分离出来,所以微粒被除去的条件为

$$\theta \geqslant \theta_t \tag{2-31}$$

即
$$\frac{L}{u} \geqslant \frac{H}{u_t} \tag{2-32}$$

气体在降尘室内的水平通过速度为

$$u = \frac{V}{BH} \tag{2-33}$$

由此可得
$$V \leqslant BLu_t \tag{2-34}$$

或
$$V \leqslant Au_t \tag{2-35}$$

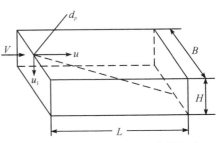

图 2-13   固体微粒在降尘室内的沉降

式中,θ——气体流过降尘室的时间(即停留时间),s;

$\quad\quad\theta_t$——位于降尘室最高点的颗粒沉降至室底所

需的时间(沉降时间),s;

$\quad\quad L$、H、B——分别为降尘室的长、高、宽,m;

$\quad\quad u$——颗粒通过降尘室的流速,m/s;

$\quad\quad u_t$——沉降速度,m/s;

$\quad\quad A$——沉降室的底面积,m²。

式(2-35)表明,通过降尘室的流量 V(又称生产能力或处理能力,m³/s),仅与降尘室的底面积 A 和微粒的沉降速度 u_t 有关,而与降尘室的高度无关,故降尘室应设计成扁平形状,并在室内设置多层水平隔板,隔板间距一般为 40~100mm。

另外,式(2-35)中的沉降速度 u_t 应根据需要分离的最小微粒计算;气体速度 u 不应过高,以免使已沉降的微粒重新飞扬。例如,对较易扬起的炭黑或淀粉等,可取 $u<1.5$m/s。

(二)离心沉降设备

现以旋风分离器为例,其结构如图 2-7 所示,主要性能参数如下。

1. 临界粒径 d_c

它是指含尘气体通过旋风分离器能够完全分离出来的最小颗粒直径,用 d_c 表示。

由于旋风分离器中气流运动情况非常复杂,为推导临界粒径的计算式,现作如下几个假设:

①进入旋风分离器的气流严格按螺旋形曲线做等速运动,且其切向速度 u_T 等于进口气速 u_i;

②颗粒向器壁沉降时,必须穿过厚度等于进气口宽度 B 的气流层,才能达到壁面而被分离;

③颗粒在层流下作自由沉降。

由于颗粒在层流下作自由沉降,故其离心沉降速度为

$$u_c = \frac{d_p^2(\rho_p - \rho)u_T^2}{18\mu R} \tag{2-36}$$

因颗粒密度远大于空气密度,所以

$$\rho_p - \rho \approx \rho_p \tag{2-37}$$

又旋转半径 R 用平均旋转半径 R_m 代替,而切向速度 u_T 用进口气速 u_i 代替,故上式简化为

$$u_c = \frac{d_p^2 \rho_p u_i^2}{18\mu R_m} \tag{2-38}$$

则颗粒到达器壁所需的沉降时间 θ_t 为

$$\theta_t = \frac{B}{u_c} = \frac{18\mu R_m B}{d_p^2 \rho_p u_i^2} \tag{2-39}$$

令气体在器内旋转的圈数为 N，则它在器内的距离为 $2\pi R_m N$，故停留时间 θ 为

$$\theta = \frac{2\pi R_m N}{u_i} \tag{2-40}$$

式中，u_c——临界直径，m；

d_p——为颗粒直径，m；

ρ_p、ρ——分别为颗粒和流体的密度，kg/m^3；

u_T——切向速度，m/s；

u_i——气体进口速度，m/s；

R、R_m——分别为旋风分离器旋转半径和平均旋转半径，m；

μ——滤液黏度，Pa·s；

θ_t——沉降时间，s；

N——气体在器内旋转的圈数。

与重力沉降式所表示的一样，颗粒到达器壁所需的时间只要不大于停留时间，它便可以从气流中分离出来。因此，沉降时间正好等于停留时间的颗粒，就是能分离出来的最小颗粒，此时颗粒的粒径即为临界粒径。令上述两时间的表达式相等，并将其中的 d_p 用临界粒径 d_c 代替，得

$$d_c = \sqrt{\frac{9\mu B}{\pi N u_i \rho_p}} \tag{2-41}$$

上式称为旋风分离器的计算式。选定 u_i，并已知 N 值后，根据含尘气体的性质（气体黏度 μ 和颗粒密度 ρ_p）以及要完全除去的粒子的最小直径 d_c，就可以确定旋风分离器的主要尺寸。

从上式可知，临界粒径 d_c 随分离器尺寸的增大而增大，因此，分离效率随分离器的增大而减小。所以，当气体处理量很大时，常将若干个小尺寸的旋风分离器并联使用，以维持较高的除尘效率。

导出上述计算式的假设并无事实根据，但只要给出合适的 N 值，尚属可用。N 值一般为 0.5～3，对于标准式旋风分离器，可取 $N=5$。

2. 分离效率

分离效率是指含尘气流通过旋风分离器被除去的颗粒占气体进口总的颗粒的质量分率。即

$$\eta_0 = \frac{c_1 - c_2}{c_1} \tag{2-42}$$

式中，c_1，c_2 分别表示旋风分离器进、出口气体的含尘浓度（g/Nm^3）。

3. 压力降 Δp

旋风分离器的压力降的大小是评价其性能好坏的重要指标。气体通过旋风分离器的压力降应尽可能小，这是因为气体流过整个工艺过程的总压力降有一定的限制。因此，旋风分离器压力降的大小不但影响动力消耗，而且也往往为工艺条件所限制。

气体通过旋风分离器的压力降 Δp 包括气体与进、出气管，主体器壁间所引起的摩擦阻力和流动过程中的局部阻力损失（N/m²），可用下式求出：

$$\Delta p = \xi \frac{u_i^2}{2} \rho \qquad\qquad (2-43)$$

式中，ζ 为阻力系数，标准型旋风分离器的阻力系数为 8。

【主导项目 2-4】 该项目采用降尘室除去矿石焙烧炉送出气体中的氧化铁粉尘。在操作条件下炉气流量为 25000m³/h，密度为 0.6kg/m³，黏度为 2×10^{-5} Pa·s，其中氧化铁粉尘的密度为 4500kg/m³，试计算：

（1）要求全部除去直径大于 $100\mu m$ 的粉尘所需降尘室的尺寸。

（2）炉气中直径 $40\mu m$ 以上的粉尘能否除掉？并估算能被除去的百分率。

（3）用上述计算确定的降尘室，要将炉气中 $40\mu m$ 以上的尘粒完全去掉，降尘室最少隔成几层？

解　（1）计算降尘室尺寸。

根据分离要求，u_t 按全部除掉颗粒中的最小颗粒 $100\mu m$ 计算，根据主导项目 2-1 可知，直径 $100\mu m$ 尘粒的沉降速度为 0.731m/s。

降尘室底面积

$$L \cdot B = \frac{25000}{3600 \times 0.731} = 9.50 (\text{m}^2)$$

取宽 $B = 2.5$m，则长 $L = 3.8$m，取气体在降尘室内的流速为 2m/s，则降尘室高

$$H = \frac{V}{Bu} —— = \frac{25000}{3600 \times 2.5 \times 2} = 1.39 (\text{m})$$

（2）直径 $40\mu m$ 以上尘粒的除尘效果。

在图 2-13 中，降尘室模型入口端处于顶部及其附近的直径 $40\mu m$ 的尘粒，因其沉降速度小于 $100\mu m$ 尘粒的速度，在出口前不能沉至室底而被气流带出，故不能除掉。但在入口端处于较低位置的 $40\mu m$ 尘粒是可以在出口前沉至室底的。假设在入口端处于高度 h 的 $40\mu m$ 尘粒正好在气体流到出口时沉到室底，则尘粒的沉降时间为

$$\tau_t = \frac{h}{u_t} = \frac{L}{u} = \frac{3.8}{2} = 1.9 (\text{s})$$

由主导项目 2-3 可知，$40\mu m$ 尘粒沉降速度为 0.196m/s。

$$h = \tau_t u_c = 1.9 \times 0.196 = 0.372 (\text{m})$$

即入口端 0.372m 高度以下的 $40\mu m$ 尘粒均能除去。若假定颗粒在入口处是均匀分布的，则 h 与降尘室高度 H 之比约等于被分离下来的百分率（除尘效率）。因此直径 $40\mu m$ 的尘粒被除去的百分率为

$$\frac{h}{H} = \frac{0.372}{1.39} = 26.8\%$$

（3）要求除去直径 $40\mu m$ 以上尘粒的降尘室最小层数 n。

$$n = \frac{H}{h} = \frac{1.39}{0.372} = 3.74$$

取 4 层。

【主导项目 2-5】 该项目中矿石焙烧炉送出气体中含有的氧化铁粉尘经过降尘室的处

理,40μm 以上的颗粒已经被除去,拟采用标准型旋风分离器进一步处理,要求分离效率大于 90%,已知相应的临界粒径不大于 10μm,并要求压降不超过 660Pa,试确定旋风分离器的尺寸和台数。在操作条件下炉气流量为 25000m³/h,密度为 0.6kg/m³,黏度为 2×10^{-5}Pa·s,其中氧化铁粉尘的密度为 4500kg/m³。

解 (1)确定 u_i。

已知标准型 $\xi=8$,由 $\Delta p=\xi\dfrac{u_i^2}{2}\rho$ 可得

$$u_i=\sqrt{\frac{2\Delta p}{\xi\rho}}=\sqrt{\frac{2\times660}{8\times0.6}}=16.58(\text{m/s})$$

(2)计算筒体直径和尺寸。

先按一台计算。因为标准型的 $h=D/2,B=D/4$,所以

$$V=hBu_i=\frac{D^2}{8}u_i$$

解得

$$D=\sqrt{\frac{8V}{u_i}}=\sqrt{\frac{8\times25000}{3600\times16.58}}=1.83(\text{m})$$

(3)估算分离性能是否达到要求。

$$d_c=\sqrt{\frac{9\mu B}{\pi N u_i\rho_p}}=\sqrt{\frac{9\times2\times10^{-5}\times1.83/4}{3.14\times5\times16.58\times4500}}=8.4(\mu\text{m})<10\mu\text{m}$$

所以能够满足分离要求,根据标准型的尺寸比例可以得到

$$h=\frac{D}{2}=0.915,B=\frac{D}{4}=0.458,D_1=\frac{D}{2}=0.915,D_2=\frac{D}{4}=0.458$$

$$H_1=2D=3.66,H_2=2D=3.66,S=\frac{D}{8}=0.229$$

任务五 典型工艺流程操作

一、教学目标

1.知识目标

掌握非均相分离技术的分离方法和分离设备的选择。

2.能力目标

能根据任务要求掌握过滤技术的操作和旋风分离器的实际操作。

3.素质目标

(1)具有良好的团队协作能力;

(2)具有良好的语言表达和文字表达能力;

(3)培养安全生产和清洁生产的意识。

二、教学任务

在本任务中,通过分组查找资料、小组讨论交流等活动,能进行板框压滤机、回转真空过滤机、三足式离心机、旋风分离器的实际操作,分析处理常见故障。

三、相关知识点

(一)分离方法和分离设备的选择

非均相物系的分离是化工生产中常见的单元操作,既要能够满足生产工艺提出的分离要求,又要考虑经济合理性,选择适宜的分离方法和分离设备是达到较高分离效率的关键。分离方法和分离设备的选择主要取决于分离要求、分离物系的特点及经济性。下面从物系角度进行分析。

1.气—固混合物系的分离

气—固分离需要处理的固体颗粒直径通常有一个分布,一般可采用如下分离方法和设备。

(1)利用降尘室除去 $50\mu m$ 以上的粗大颗粒

降尘室投资及操作费用较低,颗粒浓度越大,除尘效率越高。常用含尘气体的预分离,以降低颗粒浓度,以利于后续分离过程。

(2)利用旋风分离器除去 $5\mu m$ 以上的颗粒

旋风分离器结构简单、操作容易、价格低廉,设计适当时,除尘效率在 90% 以上,但对 $5\mu m$ 以下颗粒效率仍很低,适用于中等捕集要求以及非黏性、非纤维状固体的除尘操作。

(3) $5\mu m$ 以下颗粒的分离可选用湿式除尘器、袋式过滤器及电除尘

湿式除尘器利用尘粒的润湿性,通过水或其他液体的惯性碰撞、黏附等作用除去颗粒,以文氏管洗涤器最为典型。湿式除尘器可除去 $1\mu m$ 以上的颗粒,结构简单,操作及维修方便,适用于各种非黏性、非水硬性的粉尘。主要缺点是需要处理产生的污水,回收固体比较困难,并需采用捕沫器清除净化气中夹带的雾沫,对气体阻力大,操作费用高。

袋式过滤器利用纤维织物织成的透气布袋截留颗粒,可除去 $0.1\mu m$ 以上的颗粒,用于气体的高度净化和回收干粉,造价低于电除尘器,维修方便。主要缺点是不适用于粘附性强及吸湿性强的粉尘,设备尺寸及占地面积大,操作成本比较高。

电除尘器利用高压电场使含尘气体分离,荷电后的粉尘在电场力的作用下沉降到电极表面,从而实现分离。电除尘器可除去 $0.01\mu m$ 以上的颗粒,效率高,处理能力大,可用于高温,气体的流动阻力小,操作费用低,但初期投资大,要求粉尘比电阻率在 $10^{5}\sim10^{11}\Omega\cdot cm$ 之间。

2.液—固混合物系的分离

液—固分离的目的主要是:获得固体颗粒产品;澄清液体。对液—固混合物系,要同时考虑分离目的、颗粒粒径分布、固体浓度等因素。

(1)以获得固体颗粒产品为分离目的,可采用的方法

①固体颗粒的粒径大于 $50\mu m$,可采用过滤离心机,分离效果好,滤饼含液量低;粒径小

于 50μm 的宜采用压差过滤设备。

②固体体积分数小于 1% 时，可采用连续沉降槽、旋液分离器、沉降离心机浓缩。

③固体体积分数为 1%～10% 时，可采用板框压滤机。

④固体体积分数大于 10% 时，可采用离心机。

⑤固体体积分数大于 50% 时，可采用真空过滤机。

（2）以澄清液体为分离目的时，可采用的方法

利用连续沉降槽、过滤机、过滤离心机或沉降离心机分离不同粒径的颗粒，还可以加入絮凝剂或助凝剂。如获选沉降离心机可除去 10μm 以上的颗粒；预涂层的板框式压滤机可除去 5μm 以上的颗粒；管式分离机可除去 1μm 左右的颗粒。

当澄清度要求非常高时，可在以上分离操作后采用深层过滤。

以上提高的各类数据仅是一种参考值，由于生产过程中分离的影响因素的复杂性，通常要根据工程经验或通过中间实验，判断一个新系统的使用设备与适宜的分离操作方法。

（二）过滤操作

1. 板框压滤机的操作

（1）开车前的准备工作

①在滤框两侧先铺好滤布，将滤布上的孔对准滤框角上的进料孔，滤布如有折叠，操作时容易产生泄露。

②板框装好后，压紧活动机头上的螺栓。

③检查滤浆进口阀及洗涤水进口阀是否关闭。

④开启空气压缩机，将压缩空气送入贮浆罐，注意压缩空气压力表的读书，待压力达到规定值，准备开始过滤。

（2）过滤操作

①开启过滤压力调节阀，注意观察过滤压力表读数，过滤压力达到规定数值后，调节维持过滤压力的稳定。

②开启滤液贮槽出口阀，接着开启过滤机滤浆进口阀，将滤浆送入压滤机，过滤开始。

③观察滤液，若滤液为清夜时，表明过滤正常。发现滤液有浑浊或带有滤渣，说明过滤中出现问题，应停止过滤，检查滤布及安装情况，滤板、滤框是否变形，有无裂纹，管路有无泄漏等。

④定时记录过滤压力，检查板与框的接触面是否有泄漏。

⑤当出口处滤液量变很小时，说明板框中已充满滤渣，过滤阻力增大使过滤速度减慢，这时可以关闭滤浆进口阀，停止过滤。

⑥洗涤。开启洗水出口阀，再开启过滤机洗涤水进口阀，向过滤机内送入洗涤水，在相同压力下洗涤滤渣，直至洗涤符合要求。

（3）停车

关闭过滤压力表前的调节阀及洗水进口阀，松开活动机头上的螺栓，将滤板、滤框拉开，卸出滤饼，并将滤板和滤框清洗干净，以备下一循环使用。

2. 回转真空过滤机的操作

（1）开车前的准备

①检查滤布。滤布应清洁无缺损，不能有干浆。

②检查滤浆。滤浆槽内不能有沉淀物或杂物。

③检查转鼓与刮刀之间的距离,一般为 1～2mm。

④检查真空系统真空度和压缩空气系统压力是否符合标准。

⑤给分配头、主轴瓦、压辊系统、搅拌器和齿轮等传动机构加润滑脂和润滑油,检查和补充减速机的润滑油。

(2)开车

①开车启动。观察各传动机构运转情况,如平稳、无震动、无碰撞声,可试空车和洗车 15min。

②开启进滤浆阀门,向滤槽内注入滤浆,当液面上升到滤槽高度的 1/2 时,再打开真空、洗涤、压缩空气等阀门,开始正常生产。

③经常检查滤槽内的液面高低,保持液面高度,高度不够将会影响滤饼的厚度。

④经常检查各种管路、阀门是否有渗漏,如有渗漏应停车修理。

⑤定期检查真空度、压缩空气压力是否达到规定值,洗涤水是否均匀。

⑥定时分析过滤效果,如滤饼的厚度、洗涤水是否符合要求。

(3)停车

①关闭滤浆入口阀门,再依次关闭洗涤水阀门、真空和压缩空气阀门。

②洗车。除去转鼓和滤槽内的物料。

3.三足式离心机的操作

(1)开车前检查准备

①检查机内外有无异物,主轴螺母有无松动,制动装置是否灵敏可靠,滤液出口是否通畅。

②试空车 3～5min,检查转动是否均匀正常,转鼓转动方向是否正确,转动的声音有无异常,不能有冲击声和摩擦声。

③检查确无问题,将洗净备用的滤布均匀铺在转鼓内壁上。

(2)开车

①物料要放置均匀,不能超过额定体积和质量。

②启动前盘车,检查制动是否拉开。

③接通电源启动,要站在侧面,不要面对离心机。

④密切注意电流变化,待电流稳定在正常参数范围内,转鼓转动正常时,进入正常运行。

⑤注意转动是否正常,有无杂音和振动,注意电流是否正常。

⑥保持滤液出口通畅。

⑦严禁用手接触外壳或脚踏外壳,外壳上不能放置任何杂物。

⑧当滤液停止排出 3～5min 后,可进行洗涤。洗涤时,加洗涤水要缓慢均匀,取滤液分析合格后,停止洗涤。待洗涤水出口停止排液 3～5min 后方可停机。

(3)停车

①停机,先切断电源,待转鼓减速后再使用制动装置,经多次制动,到转鼓转动缓慢时,再拉紧制动装置,完全停车,使用制动装置时不可面对离心机。

②完全停车后,方可卸料,卸料时注意保护滤布。

③卸料后,将机内外检查、清理,准备下一步操作。

(三)旋风分离器操作

1. 实训装置

旋风分离器操作装置如图 2-14 所示。空气由鼓风机输送到系统,进料漏斗中的粉末形固体物料通过进料管与空气混合,形成气固混合物。气固混合物沿切线方向进入旋风分离器。被分离的固体粉末被收集在集尘器内,被分离的洁净气体由中心管从旋风分离器上部排出。

除进气管外,此实训设备形式和尺寸比例基本上与标准型旋风分离器相同,圆筒部分的直径 $d=80\text{mm}$。为同时兼顾便于加工、流动阻力小和分离效果好三方面的要求,本装置旋风分离器进气管为圆管,其直径为:

$$d_i = \frac{1}{3}d \qquad\qquad (2\text{-}44)$$

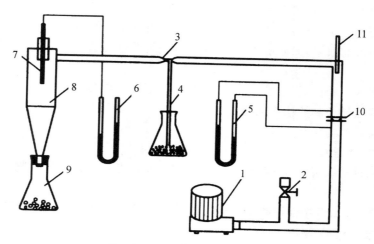

图 2-14　旋风分离器操作装置

1—鼓风机;2—流量调节阀;3—文立里管;4—吸尘管;5,6—U 形管压强计;
7—静压测量探头;8—旋风分离器;9—集尘器;10—孔板流量计;11—温度计

2. 操作训练

(1)开车前准备工作

①调节流量调节阀处于全开状态。

②检查 U 形管压强计中指示液是否水平。

(2)开车操作

①接通鼓风机的电源开关,启动鼓风机。

②逐渐关小流量调节阀,增大通过旋风分离器的风量,同时观察孔板流量计处 U 形管压强计读数的变化,了解气体流量的变化趋势。

③将空气流量调节至指定压降(读数为 $60\sim80\text{mmH}_2\text{O}$)。

④将粉末形固体物料(如玉米面、洗衣粉等)倒入进料漏斗中,观察并分析含尘气体及其中的尘粒和气体在旋风分离器中的运动情况。

⑤考察静压强在分离器内的分布情况。此时可维持压降测量用 U 形管压强计读数为

40～60mm,但不必向文丘里管内加入固体物料,操作如下:

(i)在分离器圆筒部分的中部,用静压测量探头考察静压强在径向上的分布情况;

(ii)让静压测量探头紧贴器壁,从圆筒部分的上部至圆锥部分的下面端面,考察沿器壁表面从上到下静压强的分布情况;

(iii)在分离器的轴线上,从气体出口管的上端面至出灰管的上端面。用静压测量探头考察静压强在轴线上的分布情况。

(3)停车操作

①将流量调节阀全开。

②切断鼓风机的电源开关。

③停车后从集尘室内取出固体粉粒。

3.注意事项

(1)开车和停车时,均应先让流量调节阀处于全开状态,然后接通或切断鼓风机的电源开关,以免 U 形管压强计内的水被冲出。

(2)分离器的排灰管与集尘室的连接应比较严密,以免因内部负压漏入空气而将已分离下来的尘粒重新吹起被带走。

(3)操作时,若气体流量足够小,且固体粉粒比较潮湿,则固体粉粒会沿着向下螺旋运动的轨迹黏附在器壁上。若想去掉黏附在器壁上的粉粒,可在大流量下向文丘里管内加入固体粉粒,用从含尘气体中分离出来的高速旋转的新粉粒,将原来黏附在器壁上的粉粒冲刷掉。

4.数据处理

实训日期:＿＿＿＿＿＿＿＿＿;室温:＿＿＿＿＿＿＿＿＿;设备型号:＿＿＿＿＿＿＿＿＿;
空气温度:＿＿＿＿＿＿＿＿＿;空气密度:＿＿＿＿＿＿＿＿＿。

表 2-1 静压强在轴线上的分布

探针水平位置/mm					
压力表读数/mmH$_2$O					

表 2-2 静压强沿器壁表面的分布

探针水平位置/mm					
压力表读数/mmH$_2$O					

表 2-3 静压强在径向上的分布

探针水平位置/mm					
压力表读数/mmH$_2$O					

主要符号说明

符　号	意　义	单　位
d_p	颗粒直径	m
ρ_p	颗粒密度	kg/m³
F	力	N
u_t	沉降速度	m/s
Re_p	雷诺数	—
ξ	沉降阻力系数	—
μ	黏度	Pa·s
g	重力加速度	m/s²
U	过滤速度	m/s
V	滤液体积	m³
V_e	当量滤液体积	m³
A	过滤面积	m²
τ	过滤时间	s
Δp	压差	Pa
r	滤饼的比阻	1/m²
L	滤饼厚度	m
L_e	当量滤饼厚度	m
q	通过单位面积的滤液体积	m³/m²
q_e	通过单位面积的当量滤液体积	m³/m²
u_r	离心沉降速度	m/s
u_T	离心切向速度	m/s
a_c	离心加速度	m/s²
R	旋转半径	m
K_c	离心分离因数	—

思 考 题

1. 什么叫非均相物系？分离非均相物系的操作通常有哪些？

2. 什么是颗粒的沉降速度或终端速度？

3. 为满足除尘要求，气体的停留时间与颗粒的沉降时间应满足什么要求？

4.影响沉降速度的因素有哪些？如何提高其生产能力？

5.什么是离心沉降速度？与重力沉降速度相比有何不同？

6.什么叫离心分离因素？其值大小说明什么？

7.过滤开始时，滤液为什么会浑浊，然后又会变清？

8.在板框压滤机过滤完毕后采用横穿洗涤法时，当洗涤与过滤时的压差、黏度保持不变，为什么说洗涤速率近似等于最终的过滤速度的1/4？而对转鼓真空过滤机和叶滤机来说，为什么两者又相等呢？

习　　题

1.计算直径为 50μm 及 3mm 的水滴在 30℃常压空气中的自由沉降速度。

2.某谷物的颗粒直径为 4mm，密度为 1400kg/m³，求其在 20℃水中的沉降速度。若同样在水中测得该谷物淀粉粒沉降速度，试求其颗粒的直径。

3.过滤面积为 0.093m² 的小型板框压滤机，恒压过滤含有碳酸钙颗粒的水悬浮液。过滤时间为 50s 时，获得 2.27×10^{-3} m³ 滤液；过滤时间为 100s 时，获得 3.35×10^{-3} m³ 滤液。问过滤时间为 200s 时共获得多少滤液？

4.某板框压滤机进行恒压过滤，1h 后获得滤液 10m³，停止过滤后用相当滤液量 1/10 的清水（洗涤与过滤时的压差、黏度不变）对滤渣进行横穿洗涤。设滤布阻力不计，求洗涤时间。

5.有一直径为 1.75m、长为 0.9m 的转鼓真空过滤机。操作条件下浸没角度为 125°，转速为 1r/min，滤布阻力可忽略不计，过滤常数 $K=2.72\times10^{-5}$ m²/s，$q_e=3.45$ m³/m²，求其生产能力。

项目三　传热技术

　　某一化工企业内一腐蚀性的有机液体,流量为 21600kg/h,需将温度由 102℃冷却到 40℃。有机液体的热容为 4.174kJ/(kg・K),密度为 986kg/m³,黏度为 0.728cP,导热系数为 0.626W/(m・K)。

　　通过本项目的学习,掌握传热技术的基本理论,熟悉传热设备,能够完成传热过程中传热设备的选择、传热介质的选择及用量的确定、传热设备参数的确定等问题,并能够对典型传热工艺流程进行操作。

任务一　传热技术应用检索

一、教学目标

　　1.知识目标
　　(1)熟悉传热的基本方式;
　　(2)了解各种传热方式的基本原理。
　　2.能力目标
　　能根据任务要求选择合适的传热方式。
　　3.素质目标
　　(1)具有良好的团队协作能力;
　　(2)具有良好的语言表达和文字表达能力;
　　(3)培养安全生产和清洁生产的意识。

二、教学任务

　　在本任务中,通过分组查找资料、小组讨论交流等活动,能够选择合适的传热方式。

三、相关知识点

传热是指由于温度差引起的能量转移,又称热量传递过程。根据热力学第二定律,凡是存在温度差就必然导致热量自发地从高温处向低温处传递,因此传热是自然界和工程技术领域中普遍存在的一种传递现象。在化工生产中,传热过程的应用更是十分广泛。在化学工业中几乎所有的化工生产过程均伴有传热操作,例如,化学反应通常在一定的温度下进行,需要及时的移出反应热或向系统提供热量;化工设备的保温,以减少热量或冷量的损失;热能的合理利用和废热的回收。可见传热过程对化工生产的正常运行具有极其重要的作用。

化工生产中对传热的要求通常有以下两种情况:一种是强化传热过程,如各种换热设备中的传热;另一种是削弱传热过程,如设备和管道的保温。学习传热的目的主要是能够分析影响传热速率的因素,掌握控制热量传递速率的一般规律,以便根据生产的要求来强化或削弱热量的传递,正确的计算和选择适宜的传热设备和保温措施。

(一)传热的基本方式

任何热量的传递只能通过传导、对流和辐射三种方式进行,这三种传热方式的基本原理已在物理学中讨论。对于间壁换热过程,热量传递往往同时包含了热传导和热对流,对于高温流体则还包含热辐射。

(1)热传导。热传导是由物质内部分子、原子和自由电子等微观粒子的热运动而产生的热量传递现象。热传导的机理非常复杂,简而言之,非金属固体内部的热传导是通过相邻分子在碰撞时传递振动能实现的;金属固体的导热主要通过自由电子的迁移传递热量;在流体特别是气体中,热传导则是由于分子不规则的热运动引起的。

(2)对流传热。对流传热是指流体各部分发生相对位移而引起的传热现象,它在化工传热过程(如间壁式换热器)中占有重要地位。流体流动有强制对流和自然对流两种。强制对流是流体在泵、风机等外力作用下产生的流动,其流速 u 的改变对对流传热系数 α 有较大影响;自然对流是流体内部冷(温度 t_1)、热(温度 t_2)各部分的密度 ρ 不同所引起的流动。

通常,强制对流的流速比自然对流的高,因而 α 也高。例如空气自然对流时的 α 值约为 $5\sim25\,W/(m^2\cdot℃)$,而强制对流时的 α 值可达 $10\sim250\,W/(m^2\cdot℃)$。

(3)热辐射。物体以电磁波的形式传递能量的过程称为辐射,被传递的能量为辐射能。当物体因热的原因而引起电磁波的辐射即称热辐射。电磁波的波长范围很广,但能被物体吸收转变成热能的辐射线主要是可见光线和红外光线,也即波长在 $0.4\sim20\mu m$ 的部分,此部分称为热射线。波长在 $0.4\sim0.8\mu m$ 的可见光线的辐射能仅占很小一部分,对热辐射起决定作用的是红外光线。

(二)传热方法

在化工生产中,通常采用以下方法进行冷、热流体之间的热交换:一种如图 3-1 所示的冷热流体直接混合交换热量;另一种如图 3-2 所示的蓄热式热交换,将冷、热流体交替通过蓄热体实现热量交换;第三种方法为间壁换热,即冷、热流体通过管壁或器壁等固体壁面进行换热。

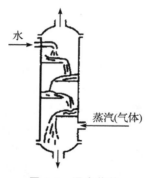

图 3-1 混合传热

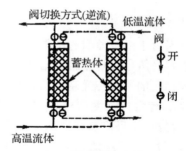

3-2 蓄热式热交换

【主导项目3-1】 在此项目中,为了达到将塔釜残液冷却的目的,可以采用间壁换热的方法,即冷却介质和塔釜残液分别流经不同的通道,两流体在流动过程中通过壁面进行换热,从而达到将有机液体冷却的目的。

任务二 传热设备与流体流通通道的选择

一、教学目标

1. 知识目标
(1)熟悉各种传热设备的构成及主要应用场合;
(2)了解各种传热设备的换热原理。
2. 能力目标
能根据任务要求选择合适的传热设备及流体流通通道。
3. 素质目标
(1)具有良好的团队协作能力;
(2)具有良好的语言表达和文字表达能力;
(3)培养安全生产和清洁生产的意识。

二、教学任务

在本任务中,通过分组查找资料、小组讨论交流等活动,能够选择合适的传热设备及流体流通通道。

三、相关知识点

换热器是化工、石油、动力、食品及其他许多工业部门的通用设备,在生产中占有重要地位。根据冷、热流体热量交换的原理和方式换热器基本上可分为三大类,即间壁式、混和式和蓄热式。其中间壁式换热器应用最多,以下仅讨论此类换热器。

(一)换热设备

1. 管式换热器

(1)蛇管换热器

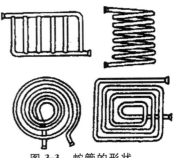

蛇管换热器分为两种,一种是沉浸式,另一种是喷淋式。

①沉浸式蛇管换热器:这种换热器是将金属管弯绕成各种与容器相适应的形状(如图3-3)并沉浸在容器内的液体中。蛇管换热器的优点是结构简单,能承受高压,可用耐腐蚀材料制造;其缺点是容器内液体湍动程度低,管外对流传热系数小。为提高总传热系数,容器内可安装搅拌器。

图3-3 蛇管的形状

②喷淋式蛇管换热器:这种换热器是将换热管成排地固定在钢架上,如图3-4,热流体在管内流动,冷却水从上方喷淋装置均匀淋下,故也称喷淋式冷却器。喷淋式换热器的管外是一层湍动程度较高的液膜,管外对流传热系数较沉浸式增大很多。另外,这种换热器大多放置在空气流通之处,冷却水的蒸发亦可带走一部分热量,可起到降低冷却水温度、增大传热推动力的作用。因此,和沉浸式相比,喷淋式换热器的传热效果大为改善。

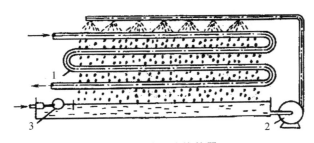

图3-4 喷淋式换热器

1—金属管;2—循环泵;3—浮子

(2)套管式换热器

套管式换热器系用管件将两种尺寸不同的标准管连接成为同心圆的套管,然后用180°的回弯管将多段套管串联而成,如图3-5所示。每一段套管称为一程,程数可根据传热要求而增减。每程的有效长度为4~6m,若管子太长,管中间会向下弯曲,使环形中的流体分布不均匀。

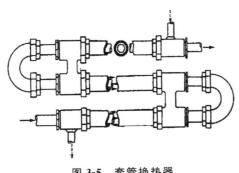

图3-5 套管换热器

套管换热器结构简单,能承受高压,应用方便(可根据需要增减管段数目)。特别是由于套管换热器同时具备总传热系数大、传热推动力大及能够承受高压强的优点,在超高压生产过程(例如操作压力为 300MPa 的高压聚乙烯生产过程)中所用的换热器几乎全部是套管式。

(3)列管式换热器

列管式(又称管壳式)换热器是最典型的间壁式换热器,它在工业上的应用有着悠久的历史,而且至今仍在所有换热器中占据主导地位。

列管式换热器主要由壳体、管束、管板和封头等部分组成,流体在管内每通过管束一次称为一个管程,每通过壳体一次称为一个壳程。为提高管外流体对流传热系数,通常在壳体内安装一定数量的横向折流挡板。折流挡板不仅可防止流体短路、使流体速度增加,还迫使流体按规定路径多次错流通过管束,使湍动程度大为增加。

列管换热器中,由于两流体的温度不同,使管束和壳体的温度也不相同,因此它们的热膨胀程度也有差别。若两流体的温度差较大(50℃以上)时,就可能由于热应力而引起设备的变形,甚至弯曲或破裂,因此必须考虑这种热膨胀的影响。根据热补偿方法的不同,列管换热器有下面几种型式。

①固定管板式

固定管板式换热器如图 3-6 所示。所谓固定管板式即两端管板和壳体连接成一体,因此它具有结构简单和造价低廉的优点。但是由于壳程不易检修和清洗,因此壳方流体应是较洁净且不易结垢的物料。当两流体的温度差较大时,应考虑热补偿。图 3-6 为具有补偿圈(或称膨胀节)的固定板式换热器,即在外壳的适当部位焊上一个补偿圈,当外壳和管束热膨胀不同时,补偿圈发生弹性变形(拉伸或压缩),以适应外壳和管束的不同的热膨胀程度。这种热补偿方法简单,但不宜用于两流体的温度差太大(不大于 70℃)和壳方流体压强过高(一般不高于 600kPa)的场合。

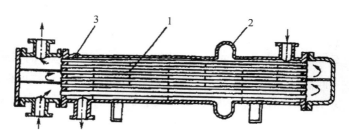

图 3-6 具有补偿圈的固定管板式换热器
1—挡板;2—补偿圈;3—放气嘴

②U 型管换热器

U 型管换热器如图 3-7 所示。U 型管式换热器的每根换热管都弯成 U 型,进出口分别安装在同一管板的两侧,每根管子皆可自由伸缩,而与外壳及其他管子无关。

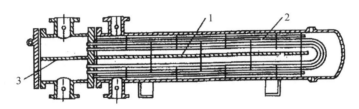

图 3-7　U 型管换热器

1—U 型管；2—壳程隔板；3—管程隔板

这种型式的换热器的结构比较简单，重量轻，适用于高温和高压的场合。其主要缺点是管内清洗比较困难，因此管内流体必须洁净；且因管子需一定的弯曲半径，故管板的利用率较差。

③浮头式换热器

浮头式换热器如图 3-8 所示，两端管板之一不与外壳固定连接，该端称为浮头。当管子受热（或受冷）时，管束连同浮头可以自由伸缩，而与外壳的膨胀无关。浮头式换热器不但可以补偿热膨胀，而且由于固定端的管板是以法兰与壳体相连接的，因此管束可从壳体中抽出，便于清洗和检修，故浮头式换热器应用较为普遍。但该种热换器结构较复杂，金属耗量较多，造价也较高。

以上几种类型的列管换热器都有系列标准，可供选用。规格型号中通常标明型式、壳体直径、传热面积、承受的压强和管程数等。例如

FA600-130-16-2 的换热器，FA 表示浮头式 A 型，换热管为 $\phi 19 \times 2mm$，正三角形排列（FB 表示浮头 B 型，其换热管为 $\phi 25 \times 2.5mm$，正方形排列），壳体公称直径为 600mm，公称传热面积为 130m²，公称压强为 16at，管程数 2。

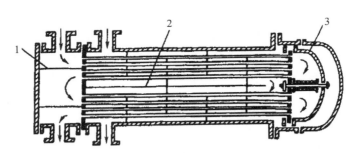

图 3-8　浮头式换热器

1—管程隔板；2—壳程隔板；3—浮头

2. 板式换热器

(1)夹套式换热器

这种换热器是在容器外壁安装夹套制成，结构简单，但其加热面受容器壁面限制，总传热系数也不高，为提高总传热系数且使釜内液体受热均匀，可在釜内安装搅拌器。当夹套中通入冷却水或无相变的加热剂时，亦可在夹套中设置螺旋板或其他增加湍动的措施，以提高夹套一侧的对流传热系数。为补充传热面的不足，也可在釜内部安装蛇管。夹套式换热器

广泛用于反应过程的加热和冷却。

（2）板式换热器

最初用于食品工业，50年代逐渐推广到化工等其他工业部门，现已发展成为高效紧凑的换热设备。板式换热器是由一组金属薄板、相邻薄板之间衬以垫片并用框架夹紧组装而成。如图3-9所示为矩形板片，其四角开有圆孔，形成流体通道。冷热流体交替地在板片两侧流过，通过板片进行换热。板片厚度为0.5～3mm，通常压制成各种波纹形状，既增加刚度，又使流体分布均匀，加强湍动，提高总传热系数。

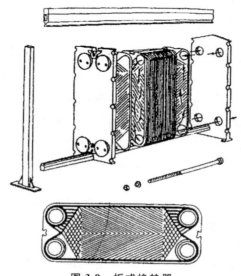

图 3-9　板式换热器

板式换热器的主要优点是：

（1）由于流体在板片间流动湍动程度高，而且板片又薄，故总传热系数 K 大。例如，在板式换热器内，水对水的总传热系数可达 1500～4700W/(m² · ℃)。

（2）板片间隙小（一般为46mm），结构紧凑，单位容积所提供的传热面为 250～1000m²/m³；而列管式换热器只有 40～150m²/m³。板式换热器的金属耗量可减少一半以上。

（3）具有可拆结构，可根据需要调整板片数目以增减传热面积。操作灵活性大，检修清洗也方便。板式换热器的主要缺点是允许的操作压强和温度比较低。通常操作压强不超过2MPa，压强过高容易渗漏。操作温度受垫片材料的耐热性限制，一般不超过250℃。

（3）螺旋板式换热器如图3-10所示，螺旋板式换热器是由两块薄金属板焊接在一块分隔挡板（图中心的短板）上并卷成螺旋形而制成的。两块薄金属板在器内形成两条螺旋形通道，在顶、底部上分别焊有盖板或封头。进行换热时，冷、热流体分别进入两条通道，在器内作严格的逆流流动。

因用途不同，螺旋板式换热器的流道布置和封盖形式，有下面几种型式：

①"Ⅰ"型结构。两个螺旋流道的两侧完全为焊接密封的"Ⅰ"型结构，是不可拆结构，如图3-10（a）所示。两流体均作螺旋流动，通常冷流体由外周流向中心，热流体从中心流向外周，即完全逆流流动。这种型式主要应用于液体与液体间传热。

②"Ⅱ"型结构。Ⅱ型结构如图 3-10(b)所示。一个螺旋流道的两侧为焊接密封,另一流道的两侧是敞开的,因而一流体在螺旋流道中作螺旋流动,另一流体则在另一流道中作轴向运动。这种型式适用于两流体流量差别很大的场合,常用作冷凝器、气体冷却器等。

③"Ⅲ"型结构。"Ⅲ"型结构如图 3-10(c)所示。一种流体作螺旋流动,另一流体是轴向流动和螺旋流动的组合。适用于蒸气的冷凝冷却。

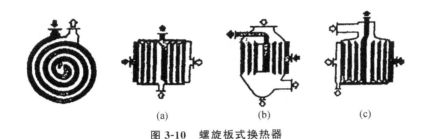

(a)　　　　　　　　　(b)　　　　　　　　　(c)

图 3-10　螺旋板式换热器

螺旋板换热器的直径一般在 1.6m 以内,板宽 200～1200mm,板厚 2～4mm,两板间的距离为 5～25mm。常用材料为碳钢和不锈钢。

螺旋板换热器的优点:

①总传热系数高。由于流体在螺旋通道中流动,在较低的雷诺值(一般 Re＝1400～1800,有时低到 500)下即可达到湍流,并且可选用较高的流速(对液体为 2m/s,气体为 20m/s),故总传热系数较大。

②不易堵塞。由于流体的流速较高,流体中悬浮物不易沉积下来,并且任何沉积物将减小单流道的横断面,因而使速度增大,对堵塞区域又起到冲刷作用,故螺旋板换热器不易被堵塞。

③能利用低温热源和精密控制温度。这是由于流体流动的流道长及两流体完全逆流的缘故。

④结构紧凑。单位体积的传热面积为列管换热器的 3 倍。

螺旋板换热器的缺点:

⑤操作压强和温度不宜太高,目前最高操作压强为 2000kPa,温度约在 400℃ 以下。

⑥不易检修。因整个换热器为卷制而成,一旦发生泄漏,修理内部很困难。

3. 翅片式换热器

(1)翅片管换热器

如图 3-11 所示,翅片管式换热器的构造特点是在管子表面上装有径向或轴向翅片。常见的翅片如图 3-12 所示。

当两种流体的对流传热系数相差很大时,例如用水蒸气加热空气,此传热过程的热阻主要在气体一侧。若气体在管外流动,则在管外装置翅片,既可扩大传热面积,又可增加流体的湍动程度,从而提高换热器的传热效果。一般来说,当两种流体的对流传热系数之比为3∶1或更大时,宜采用翅片式换热器。

翅片的种类很多,按翅片高度的不同,可分为高翅片和低翅片两种,低翅片一般为螺纹管。高翅片适用于管内、外对流传热系数相差较大的场合,现已广泛地应用于空气冷却器上。低翅片适用于两流体的对流传热系数相差不太大的场合,如对黏度较大液体的加热或冷却。

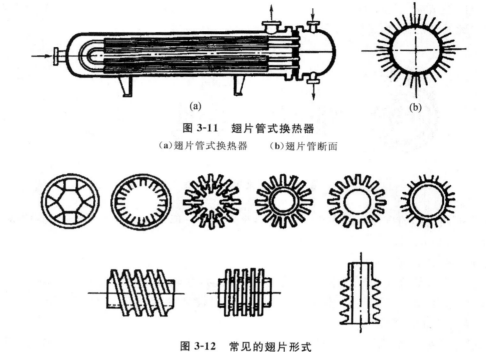

图 3-11 翅片管式换热器

(a)翅片管式换热器 (b)翅片管断面

图 3-12 常见的翅片形式

(2)板翅式换热器

板翅式换热器的结构型式很多,但其基本结构元件相同,即在两块平行的薄金属板(平隔板)间,夹入波纹状的金属翅片,两边以侧条密封,组成一个单元体。将各单元体进行不同的叠积和适当地排列,再用钎焊给予固定,即可得到常用的逆、并流和错流的板翅式换热器的组装件,称为芯部或板束,如图 3-13 所示。将带有流体进、出口的集流箱焊到板束上,就成为板翅式换热器。目前常用的翅片形式有光直型翅片、锯齿形翅片和多孔型翅片,如图 3-14 所示。

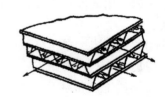

图 3-13 板翅式换热器的板束

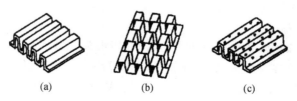

图 3-14 板翅式换热器的翅片形式

(a)光直翅片 (b)锯齿翅片 (c)多孔翅片

板翅式换热器的主要优点有：

①总传热系数高，传热效果好。由于翅片在不同程度上促进了流体的湍动程度，故总传热系数高。同时冷、热流体间换热不仅以平隔板为传热面，而且大部分热量通过翅片传递，因此提高了传热效果。

②结构紧凑。单位体积设备提供的传热面积一般能达到 $2500m^2$，最高可达 $4300m^2$，而列管式换热器一般仅有 $160m^2$。

③轻巧牢固。因结构紧凑，一般用铝合金制造，故重量轻。在相同的传热面积下，其质量约为列管式换热器的十分之一。波纹形翅片不仅是传热面的支撑，而且是两板间的支撑，故其强度很高。

④适应性强、操作范围广。由于铝合金的导热系数高，且在零度以下操作时，其延性和抗拉强度都可提高，故操作范围广，可在热力学零度至 200℃ 的范围内使用，适用于低温和超低温的场合。适应性也较强，既可用于各种情况下的热交换，也可用于蒸发或冷凝。操作方式可以是逆流、并流、错流或错逆流同时并进等。此外还可用于多种不同介质在同一设备内进行换热。

板翅式换热器的缺点有：

①由于设备流道很小，故易堵塞，压降增加；换热器一旦结垢，清洗和检修很困难，所以处理的物料应较洁净或预先进行净制。

②由于隔板和翅片都由薄铝片制成，故要求介质对铝不发生腐蚀。

(二)列管换热器流体流动通道的选择

在列管式换热器内，冷、热流体流动通道可根据以下原则进行选择。

(1)不洁净和易结垢的液体宜走管程，因管内清洗方便；

(2)腐蚀性流体宜走管程，以免管束和壳体同时受腐蚀；

(3)压强高的流体宜走管内，以免壳体承受压力；

(4)饱和蒸气宜走壳程，因饱和蒸汽比较清净，对流传热系数与流速无关而且冷凝液容易排出；

(5)被冷却的流体宜走壳程，便于散热；

(6)若两流体温差较大，对于刚性结构的换热器，宜将对流传热系数大的流体通入壳程，可减少热应力；

(7)流量小而黏度大的流体一般以走壳程为宜，因在壳程 $Re > 100$ 即可达到湍流。但这不是绝对的，如流动阻力损失允许，将这种流体通入管内并采用多管程结构，反而能得到更高的对流传热系数。

【主导项目3-2】 在此任务中，有机液体的冷却设备可以选用列管换热器。其中由于有机液体具有腐蚀性，为了防止泄漏，有机残液走管程，冷却介质走壳程。

任务三　传热介质的选择及用量的确定

一、教学目标

　　1.知识目标
　　(1)掌握传热介质的选择原则;
　　(2)掌握传热介质用量的计算方法;
　　(3)掌握换热器热负荷的计算方法。
　　2.能力目标
　　能根据任务要求选择合适传热介质并确定其用量。
　　3.素质目标
　　(1)具有良好的团队协作能力;
　　(2)具有良好的语言表达和文字表达能力;
　　(3)培养安全生产和清洁生产的意识。

二、教学任务

　　在本任务中,通过分组查找资料、小组讨论交流等活动,能够为换热器选择合适的冷却介质并确定其用量。

三、相关知识点

(一)加热剂、冷却剂的选择

　　物料在换热器内加热和冷却时,除采用两股工艺流体进行热交换外,常要用另一种流体来给出或带走热量,此流体就称为热载体。起加热作用的载热体叫作加热剂,起冷却作用的载热体称为冷却剂。载热体质量的多少和本身的价格,涉及投资费用的问题,所以用一种合适的载热体,也是传热过程中的一个重要问题。在选择时应考虑以下几个原则:
　　(1)载热体能满足工艺上的要求达到的加热(冷却)温度;
　　(2)载热体的温度要易于调剂;
　　(3)载热体的饱和蒸气压小,加热过程不会分解;
　　(4)载热体的毒性小,对设备的腐蚀性小;
　　(5)载热体不易爆炸;
　　(6)载热体的价格低廉,来源充分。
　　常用的加热剂有饱和水蒸气、烟道气、导热油等。水和空气是最常用的冷却剂,冷却水温度一般为 $10\sim25℃$。如需冷却到较低温度,则需采用低温介质,如冷冻盐水、氟利昂等。

(二)流体进出口温度的确定

在列管换热器中进行换热的冷却或加热介质,往往已知它们的进口温度,而出口温度则由设计者确定。如用冷却水冷却某种热流体,水的进口温度可以根据当地气候条件作出估计,而冷却水自换热器出口的温度,则需通过经济权衡作出决定。为了节省用水,可使水的出口温度高些,同时也可节约动力消耗费用,但提高水的出口温度,会使传热温差下降,即所需传热面积加大;反之,为了减小传热面积,就需要增大水量,两者相互矛盾。据一般的经验,冷却水的温差可取 5~15℃。缺水地区可选用较大温差,水源丰富地区,选用较小温差。如果是用加热介质加热冷流体,可按同样的原则选择加热介质的出口温度。

(三)流体特性温度的确定

用以确定流体物性的温度,一般可取流体进出口温度的平均值。

(四)列管换热器的总热量衡算

根据能量守恒原则,冷流体吸收的热量与热流体放出的热量相等,即:

$$m_1 C_{p1}(T_1 - T_2) = m_2 C_{p2}(t_2 - t_1) \tag{3-1}$$

下标 1 代表热流体,下标 2 代表冷流体,C_p 为冷热流体的热容,单位为 kJ/(kg·K)。式(3-1)可以用来进行换热介质用量的计算。

【主导项目 3-3】 在对有机液体进行冷却时,可以选择井水作为冷却介质,同时,井水走壳程,有机液体走管程。

(1)冷却水进出口温度的确定

根据本地区特点,井水进口温度为 30℃,出口温度可设定为 40℃。

(2)冷热流体的定性温度及物性

表 3-1　流体的温度及物性

流体	定性温度/℃	热容/(kJ/(kg·K))	密度/kg/m³	粘度/cp	导热系数/(W/(m·K))
有机液体	71	4.174	986	0.728	0.626
水	35	4.19	994	0.54	0.662

(3)换热器热负荷及井水用量

换热器热负荷为:

$$Q = m_{\text{釜残液}} C_{p\text{釜残液}}(T_1 - T_2) = \frac{21600}{3600} \times 4.174 \times (102 - 40) \text{kJ/s} = 1558.7 \text{kJ/s}$$

则井水用量为:

$$m_{\text{井水}} = \frac{Q}{C_{p\text{井水}}(T_1 - T_2)} = \frac{1558.7}{4.19 \times 10} = 37.34 \text{kg/s} = 134440 \text{kg/h}$$

任务四　换热器型号的确定

一、试算并初选设备规格

(1)确定流体在换热器进出口的温度,选择列管式换热器的类型;

(2)计算流体的定性温度,以确定流体的物性数据;

(3)根据传热任务计算热负荷;

(4)计算平均温差,并根据温度校正系数不应小于0.8的原则,决定壳程数;

(5)依据总传热系数的经验值范围,或按生产实际情况,选定总传热系数的值;

(6)由总传热速率方程 $Q=KA\Delta T_m$,初步算出传热面积 A,并确定换热器的基本尺寸(如 d、L、n 及管子的排列方式等),或按系列标准选择设备规格。

二、核算总传热系数

计算管程、壳程对流传热系数 α_i 和 α_0,确定污垢热阻 R_{Si} 和 R_{S0},再计算总传热系数 $K_{计}$,比较 $K_{计}$ 和 $K_{选}$,若 $\dfrac{K_{计}-K_{选}}{K_{选}}\times100\%=10\%\sim25\%$,则初选设备合格,否则重复以上计算步骤。

子任务一　换热器的初步选择

一、教学目标

1. 知识目标

(1)掌握列管式换热器平均温差的计算;

(2)理解总传热系数的计算方法;

(3)理解传热速率的计算方法。

2. 能力目标

能根据任务要求对换热器型号进行初步选择。

3. 素质目标

(1)具有良好的团队协作能力;

(2)具有良好的语言表达和文字表达能力;

(3)培养安全生产和清洁生产的意识。

二、教学任务

在本任务中,通过分组查找资料、小组讨论交流等活动,能够为换热器的型号进行初步选择。

三、相关知识点

(一)换热器平均温差的计算

1.恒温差传热平均温差的计算

恒温差传热是指传热温度差不随位置而变的情况。此时的传热温差是均一不变的。

$$\Delta t_m = T - t \tag{3-2}$$

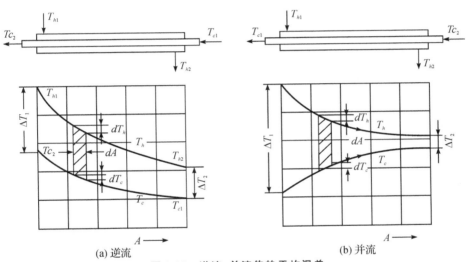

(a)逆流　　　　　　　**(b)并流**

图 3-15　逆流、并流传热平均温差

2.逆流、并流传热平均温差的计算

$$\Delta T_m = \frac{\Delta T_1 - \Delta T_2}{\ln(\dfrac{\Delta T_1}{\Delta T_2})} \tag{3-3}$$

当 $\dfrac{\Delta T_1}{\Delta T_2} < 2$ 时,对数平均温差可用算术平均值 $\Delta T_m = \dfrac{\Delta T_1 + \Delta T_2}{2}$ 代替。

在换热器中,只有一种流体有温度变化时其并流和逆流时的平均温度差是相同的。当两种流体的温度都变化时,由于流向的不同,逆流和并流时的 Δt_m 不相同。

在工业生产中一般采用逆流操作,因为逆流操作有以下优点:

首先,在换热器的传热速率 Q 及总传热系数 K 相同的条件下,因为逆流时的 Δt_m 大于并流时的 Δt_m,采用逆流操作可节省传热面积。例如,热流体的进出口温度分别为 90℃ 和 70℃,冷流体进出口温度分别为 20℃ 和 60℃,则逆流和并流的 Δt_m 分别为:

$$\Delta t_{m逆} = \frac{(90-60) - (70-20)}{\ln \dfrac{90-60}{70-20}} = 39.2\ ℃,\ \Delta t_{m并} = \frac{(90-20) - (70-60)}{\ln \dfrac{90-20}{70-60}} = 30.8\ ℃$$

其次,逆流操作可节省加热介质或冷却介质的用量。对于上例,若热流体的出口温度不作规定,那么逆流时热流体出口温度极限可降至20℃,而并流时的极限为60℃,所以逆流比并流更能释放热、冷流体的能量。

3. 错流和折流平均温差的计算

在大多数列管换热器中,两流体并非只作简单的并流和逆流,而是作比较复杂的多程流动,或是互相垂直的交叉流动,如图3-16所示。

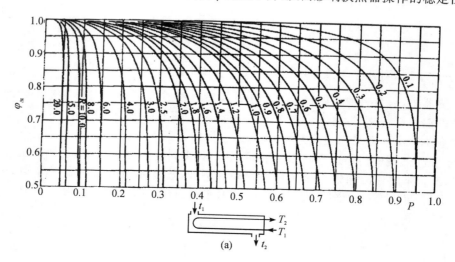

图 3-16 错流和折流
(a)错流 (b)折流

在图3-16(a)中,两流体的流向互相垂直,称为错流;在图3-16(b)中,一流体只沿一个方向流动,而另一流体反复折流,称为简单折流。若两流体均作折流,或既有折流又有错流,则称为复杂折流。

对于错流和折流时的平均温度差,先按逆流操作计算对数平均温度差,再乘以考虑流动方向的校正因素。即

$$\Delta T_m = \varphi \Delta T_{m,逆} \tag{3-4}$$

式中,$\Delta T_{m,逆}$——按逆流计算的对数平均温度差,℃;

φ——温度差校正系数,无因次。

温度差校正系数φ与冷、热流体的温度变化有关,是P和R两因数的函数,即

$$\varphi = f(P, R) \tag{3-5}$$

式中,$P = \dfrac{t_2 - t_1}{T_1 - t_1} = \dfrac{冷流体的温升}{两流体的最初温度差}$

$R = \dfrac{T_1 - T_2}{t_2 - t_1} = \dfrac{热流体的温降}{冷流体的温升}$

温度差校正系数φ值可根据P和R两因数从图3-17中相应的图中查得。图3-17(a)、(b)、(c)及(d)分别适用于一、二、四及六壳程,每个单壳程内的管程可以是2、4、6或8程。图3-18适用于错流换热器。对于其他流向的φ值,可通过手册或其他传热书籍查得。

由图3-17及图3-18可见,φ值恒小于1,这是由于各种复杂流动中同时存在逆流和并流的缘故。因此它们的Δt_m比纯逆流时小。通常在换热器的设计中规定φ值不应小于0.8,否则经济上不合理,而且操作温度略有变化就会使φ急剧下降,从而影响换热器操作的稳定性。

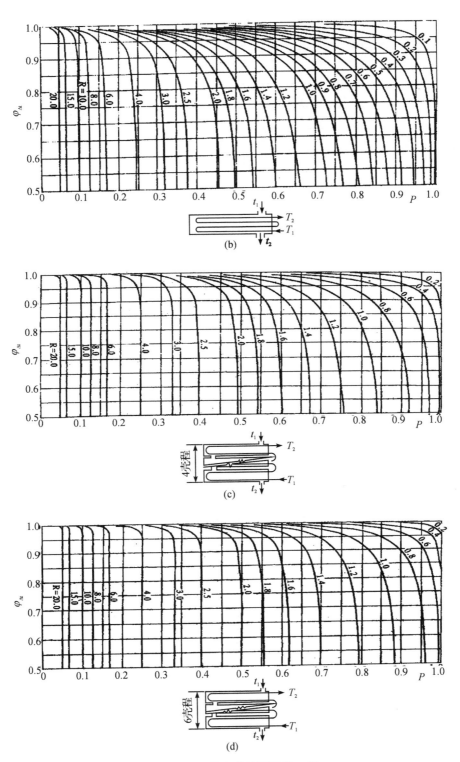

图 3-17　温度差校正系数 φ 值

(a)单壳程；(b)二壳程；(c)四壳程；(d)六壳程

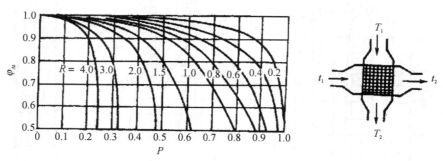

图 3-18 错流时对数平均温度差校正系数值

(二)传热速率的计算

1.热传导传热速率的计算

(1)单层平壁热传导

如图 3-19 所示,设有一宽度和高度均很大的平壁,壁边缘处的热损失可以忽略;平壁内的温度只沿垂直于壁面的 x 方向变化,而且温度分布不随时间而变化;平壁材料均匀,导热系数 λ 可视为常数(或取平均值)。对于此种稳定的一维平壁热传导,导热速率 Q 和传热面积 S 都为常量,

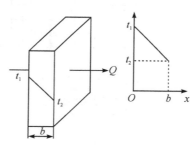

图 3-19 单层平壁的热传导

$$Q=\frac{\lambda}{b}S(t_1-t_2) \tag{3-6}$$

或

$$Q=\frac{t_1-t_2}{\dfrac{b}{\lambda S}}=\frac{\Delta t}{R} \tag{3-7}$$

式中,b——平壁厚度,m;

Δt——温度差,导热推动力,℃;

R——导热热阻,℃/W。

(2)多层平壁的热传导

以三层平壁为例,如图 3-20 所示。各层的壁厚分别为 b_1、b_2 和 b_3,导热系数分别为 λ_1、λ_2 和 λ_3。假设层与层之间接触良好,即相接触的两表面温度相同。各表面温度分别为 t_1、t_2、t_3 和 t_4,且 $t_1>t_2>t_3>t_4$。

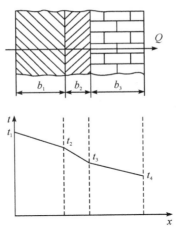

图 3-20　三层平壁的热传导

在稳定导热时,通过各层的导热速率必相等,即 $Q=Q_1=Q_2=Q_3$。

$$Q=\frac{\lambda_1 S(t_1-t_2)}{b_1}=\frac{\lambda_2 S(t_2-t_3)}{b_2}=\frac{\lambda_3 S(t_3-t_4)}{b_3}$$

由上式可得

$$\Delta t_1 = t_1-t_2 = Q\frac{b_1}{\lambda_1 S} \tag{3-8}$$

$$\Delta t_2 = t_2-t_3 = Q\frac{b_2}{\lambda_2 S} \tag{3-9}$$

$$\Delta t_3 = t_3-t_4 = Q\frac{b_3}{\lambda_3 S} \tag{3-10}$$

$$\Delta t_1 : \Delta t_2 : \Delta t_3 = \frac{b_1}{\lambda_1 S} : \frac{b_2}{\lambda_2 S} : \frac{b_3}{\lambda_3 S} = R_1 : R_2 : R_3 \tag{3-11}$$

可见,各层的温差与热阻成正比。

将式(3-8)、(3-9)、(3-10)相加,并整理得

$$Q=\frac{\Delta t_1 + \Delta t_2 + \Delta t_3}{\frac{b_1}{\lambda_1 S}+\frac{b_2}{\lambda_2 S}+\frac{b_3}{\lambda_3 S}}=\frac{t_1-t_4}{\frac{b_1}{\lambda_1 S}+\frac{b_2}{\lambda_2 S}+\frac{b_3}{\lambda_3 S}} \tag{3-12}$$

式 3-12 即为三层平壁的热传导速率方程式。

对 n 层平壁,热传导速率方程式为

$$Q = \frac{t_1 - t_{n+1}}{\sum\limits_{i=1}^{n}\frac{b_i}{\lambda_i S}} = \frac{\sum \Delta t}{\sum R} = \frac{总推动力}{总热阻} \tag{3-13}$$

可见,多层平壁热传导的总推动力为各层温度差之和,即总温度差,总热阻为各层热阻之和。

（3）圆筒壁的热传导

如图 3-21 所示,设圆筒的内、外半径分别为 r_1 和 r_2,内外表面分别维持恒定的温度 t_1 和 t_2,管长 L 足够长,则圆筒壁内的传热属一维稳定导热。

$$Q = \frac{2\pi L \lambda (t_1 - t_2)}{\ln \frac{r_2}{r_1}} \tag{3-14}$$

或

$$Q = \frac{2\pi L \lambda (t_1 - t_2) \cdot (r_2 - r_1)}{\ln \frac{r_2}{r_1} \cdot (r_2 - r_1)} = \frac{2\pi L \lambda r_m (t_1 - t_2)}{b} \tag{3-15}$$

式中，$b = r_2 - r_1$——圆筒壁厚度，m;

$r_m = \dfrac{r_2 - r_1}{\ln \dfrac{r_2}{r_1}}$——对数平均半径，m。

当 $r_2/r_1 < 2$ 时，可采用算术平均值 $r_m = \dfrac{r_1 + r_2}{2}$ 代替对数平均值进行计算。

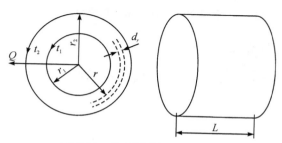

图 3-21 单层圆筒壁的热传导

2. 对流传热速率的计算

对于热流体向冷壁传热，传热速率为：

$$Q = \alpha S (T - T_w) \tag{3-16}$$

式中，T、T_w——分别为热流体和冷壁温度，℃;

α——对流传热系数，W/(m² · ℃),

同理对于热壁向冷流体传热，有

$$Q = \alpha S (t_w - t) \tag{3-17}$$

式中，t_w、t——分别为热壁和冷流体温度，℃。

3. 总传热系数的计算

总传热系数必须和所选择的传热面积相对应，选择的传热面积不同，总传热系数的数值也不同。

(1)传热面为平壁，总传热系数为：

$$\frac{1}{K} = \frac{1}{\alpha_i} + \frac{b}{\lambda} + \frac{1}{\alpha_o} \tag{3-18}$$

(2)传热面为圆筒壁，总传热系数为：

$$1/K_o = \frac{d_o}{\alpha_i d_i} + \frac{b d_o}{\lambda d_m} + \frac{1}{\alpha_o} \tag{3-19}$$

同理可得

$$\frac{1}{K_i} = \frac{1}{\alpha_i} + \frac{bd_i}{\lambda d_m} + \frac{d_i}{\alpha_o d_o} \tag{3-20a}$$

$$\frac{1}{K_m} = \frac{d_m}{\alpha_i d_i} + \frac{b}{\lambda} + \frac{d_m}{\alpha_o d_o} \tag{3-20b}$$

式中，d_i，d_o，d_m——管内径、管外径和管内、外径的平均直径，m。

K_o、K_i、K_m——分别为基于管外表面、管内表面积和管平均表面积的总传热系数。

（3）污垢热阻（又称污垢系数）

换热器的实际操作中，传热表面上常有污垢积存，对传热产生附加热阻，使总传热系数降低。由于污垢层的厚度及其导热系数难以测量，因此通常选用污垢热阻的经验值作为计算 K 值的依据。若管壁内、外侧表面上的污垢热阻分别用 R_{si} 及 R_{so} 表示，则式 4-20 变为

$$\frac{1}{K_o} = \frac{d_o}{\alpha_1 d_i} + R_{si}\frac{d_o}{d_i} + \frac{bd_o}{\lambda d_m} + R_{so} + \frac{1}{\alpha_2} \tag{3-21}$$

式中，R_{si}，R_{so}——分别为管内和管外的污垢热阻，又称污垢系数，$m^2 \cdot \text{℃}/W$。

当采用总传热系数计算传热速率时，计算公式为：

$$Q = KA\Delta T_m \tag{3-22}$$

式中，K——为总传热系数，$W/m^2 \cdot \text{℃}$。

A——为相应的传热面积，m^2。

(三)总传热系数 K 的范围

在设计换热器时，常需预知总传热系数 K 值，此时往往先要作一估计。总传热系数 K 值主要受流体的性质、传热的操作条件及换热器类型的影响。K 的变化范围也较大。表3-2 中列有几种常见换热情况下的总传热系数。

表 3-2　常见列管换热器传热情况下的总传热系数 K

冷 流 体	热 流 体	$K/(W \cdot m^{-2} \cdot \text{℃}^{-1})$
水	水	850～1700
水	气体	17～280
水	有机溶剂	280～850
水	轻油	340～910
水	重油	60～280
有机溶剂	有机溶剂	115～340
水	水蒸气冷凝	1420～4250
气体	水蒸气冷凝	30～300
水	低沸点烃类冷凝	455～1140
水沸腾	水蒸气冷凝	2000～4250
轻油沸腾	水蒸气冷凝	455～1020

【主导项目 3-4】

（1）平均温差的计算

逆流平均温差为：

$$\Delta T_{m,逆} = \frac{\Delta T_1 - \Delta T_2}{\ln\left(\frac{\Delta T_1}{\Delta T_2}\right)} = \frac{62-10}{\ln\left(\frac{82}{10}\right)} = 28.5K$$

暂时选取换热器为单壳程：

$$P = \frac{t_2 - t_1}{T_1 - t_1} = \frac{10}{72} = 0.139$$

$$R = \frac{T_1 - T_2}{t_2 - t_1} = \frac{62}{10} = 6.2$$

查表得：$\varphi = 0.82 > 0.8$，所以可以采用单壳程列管换热器。

所以，$\Delta T_m = \varphi \Delta T_{m,逆} = 0.82 \times 28.5 = 23.4K$

（2）列管换热器的初步选择

根据管内为有机液体，管外为水，K 值范围为 $280 \sim 850 W/(m^2 \cdot K)$，取传热系数

$$K \approx 600 W/(m^2 \cdot K)$$

所需的大致传热面积为：

$$A = \frac{Q}{K \Delta T_m} = \frac{1558.7 \times 10^3}{600 \times 23.4} = 111.02 m^2$$

因为冷热流体的平均温差为 36℃，小于 50℃，所以可以选择固定管板式列管换热器。初选固定管板式换热器的规格尺寸如下：

壳径 D：600mm；

公称面积 S：110m²；

管程数 N_p：4；

管数 n：242；

管长 L：6m；

管子直径：$\phi 25 \times 2.5mm$；

管子排列方式：正三角形

换热器的实际换热面积：

$$S_0 = n\pi d_0 (L - 0.1) = 242\pi \times 0.025 \times 5.9 m^2 = 112.14 m^2$$

该换热器要求的总传热系数为：

$$K_选 = \frac{Q}{S_0 \Delta T_m} = \frac{1558.7 \times 10^3}{112.14 \times 23.4} W/(m^2 \cdot K) = 594 W/(m^2 \cdot K)$$

子任务二 　换热器的参数核算

一、教学目标

1. 知识目标

（1）理解列管换热器管程对流传热系数的计算方法；

（2）理解列管换热器壳程对流传热系数的计算方法；

(3)理解列管换热器总传热系数的计算方法;

(4)理解列管换热器的核算方法。

2.能力目标

能根据任务要求对换热器进行核算。

3.素质目标

(1)具有良好的团队协作能力;

(2)具有良好的语言表达和文字表达能力;

(3)培养安全生产和清洁生产的意识。

二、教学任务

在本任务中,通过分组查找资料、小组讨论交流等活动,能够对换热器进行核算。

三、相关知识点

(一)无相变时流体在管内强制对流

1.流体在圆形直管内作强制湍流

此时自然对流的影响不计,准数关系式可表示为:

$$N_u = C Re^m P_r{}^n \tag{3-23a}$$

许多研究者对不同的流体在光滑管内传热进行大量的实验,发现在下列条件下:

(1)Re>10000,即流动是充分湍流的;

(2)0.7<P_r<160;

(3)流体黏度较低(不大于水的黏度的 2 倍);

(4)L/d>60,即进口段只占总长的一小部分,管内流动是充分发展的。

式 3-19 中的系数 C 为 0.023,指数 m 为 0.8,指数 n 与热流方向有关:当流体被加热时,$n=0.4$;当流体被冷却时,$n=0.3$。即:

$$N_u = 0.023 Re^{0.8} P_r{}^n \tag{3-23b}$$

或

$$\alpha = 0.023 \frac{\lambda}{d_i} \left(\frac{d_i u \rho}{\mu}\right)^{0.8} \left(\frac{c_p \mu}{\lambda}\right)^n \tag{3-24}$$

上式的定性温度为流体主体温度在进、出口的算术平均值,特征尺寸为管内径 d_i。

n 取不同数值,是为了校正热流方向的影响。由于热流方向的不同,层流底层的厚度及温度也各不相同。液体被加热时,层流底层的温度比液体平均温度高,因液体黏度随温度升高而降低,所以层流底层减薄,从而使对流传热系数增大。液体被冷却时,则情况相反。对大多数液体,P_r>1,故液体被加热时 n 取 0.4,冷却时 n 取 0.3。当气体被加热时,由于气体的黏度随温度升高而增大,所以层流底层因黏度升高而加厚,使对流传热系数减小;气体被冷却时,情况相反。对大多数气体,因 P_r<1,所以加热气体时 n 仍取 0.4,而冷却时 n 仍取 0.3。因此利用 n 取值不同使 α 计算值与实际值保持一致。

如上述条件得不到满足,则对按式(3-24)计算所得的结果,应适当加以修正。

(1)对于高黏度液体,因黏度 μ 的绝对值较大,固体表面与流体之间的温度差对黏度的影响更为显著。此时利用指数 n 取值不同加以修正的方法已得不到满意的关联式,需引入无因次的黏度比加以修正,式(3-24)变为:

$$\alpha=0.027\mathrm{Re}^{0.8}P_r^{0.33}\left(\frac{\mu}{\mu_w}\right)^{0.14} \tag{3-25}$$

式中:μ——液体在主体平均温度下的黏度;

μ_w——液体在壁温下的黏度。

一般说,壁温是未知的,近似取 $\left(\frac{\mu}{\mu_w}\right)^{0.14}$ 为以下数值能满足工程要求:

液体被加热时:$\left(\frac{\mu}{\mu_w}\right)^{0.14}=1.05$

液体被冷却时:$\left(\frac{\mu}{\mu_w}\right)^{0.14}=0.95$

式(3-25)适用于 $\mathrm{Re}>10^4$、$P_r=0.5\sim100$ 的各种液体,但不适用于液体金属。

(2)对于 $l/d_i<60$ 的短管,因管内流动尚未充分发展,层流底层较薄,热阻小。因此将式(3-24)或(3-25)计算得的 α 再乘以大于1的系数 $[1+(d_i/l)^{0.7}]$ 加以校正。

2. 流体在圆形直管中作过渡流

对 $\mathrm{Re}=2000\sim10000$ 的过渡流,因湍流不充分,层流底层较厚,热阻大而 α 小。此时需将式(3-24)或(3-25)计算得的 α 乘以小于1的系数 f:

$$f=1-\frac{6\times10^5}{\mathrm{Re}^{1.8}} \tag{3-26}$$

3. 流体在圆形弯管内作强制湍流

式(3-24)只适用于圆形直管。流体在弯管内流动时,由于离心力的作用扰动加剧,使对流传热系数增加。实验结果表明,弯管中的 α 可将式(3-24)或(3-25)计算结果乘以大于1的修正系数 f':

$$f'=1+1.77\frac{d_i}{R} \tag{3-27}$$

式中,d_i——管内径,m;

R——弯管的曲率半径,m。

4. 流体在圆形直管内作强制层流

流体作强制层流流动时,一般应考虑自然对流对传热的影响。只有当管径、流体与壁面间的温度差较小时,自然对流对对流传热系数的影响可以忽略,这种情况的经验关联式为:

$$N_u=1.86\mathrm{Re}^{1/3}P_r^{1/3}\left(\frac{d_i}{L}\right)^{1/3}\left(\frac{\mu}{\mu_w}\right)^{0.14} \tag{3-28}$$

应用范围:$\mathrm{Re}<2300,0.6<P_r<6700,\left(\mathrm{Re}P_r\dfrac{d_i}{L}\right)>100$。

特征尺寸:管内径 d_i。

定性温度:除 μ_w 取壁温外,均取流体进、出口温度的算术平均值。

应指出,通常在换热器的设计中,为了提高总传热系数,流体多呈湍流流动。

(二)无相变时流体在管外强制对流

1. 流体垂直管束流动

管子的排列方式分为直列和错列两种。错列中又有正方形和等边三角形两种,如图 3-22 所示。

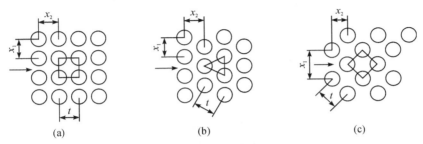

图 3-22 管子的排列
(a)直列;(b)正三角形错列;(c)正方形错列

流体在错列管束外流过时,平均对流传热系数可用下式计算,即

$$N_u = 0.33 Re^{0.6} P_r^{0.33} \tag{3-29}$$

流体在直列管束外流过时,平均对流传热系数可用下式计算,即

$$N_u = 0.26 Re^{0.6} P_r^{0.33} \tag{3-30}$$

应用范围:

(1)$Re > 3000$。

(2)特征尺寸:管外径 d_o,流速取流体通过每排管子中最狭窄通道处的速度。其中错列管距最狭处的距离应在$(x_1 - d_o)$和$2(t - d_o)$。两者中取小者。

(3)管束排数应为 10,若不是 10 时,上述公式的计算结果应乘以下表的系数。

表 3-3 管束排数与修正系数

排数	1	2	3	4	5	6	7	8	9	10	12	15	18	25	35	75
错列	0.48	0.75	0.83	0.89	0.92	0.95	0.97	0.98	0.99	1.0	1.01	1.02	1.03	1.04	1.05	1.06
直列	0.64	0.80	0.83	0.90	0.92	0.94	0.96	0.98	0.99	1.0						

2. 流体在换热器管间流动

图 3-23、3-24 为常用的列管式换热器。换热器的外壳是圆筒,管束中的各列管子数目不同,一般都装有折流挡板,流体在管间流动时,流向和流速均不断变化,因而在 $Re > 100$ 时即可达到湍流,所以对流传热系数较大。折流挡板的形式很多,其中以图 3-25 中的(c),即圆缺形挡板最为常用。

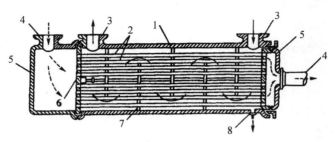

图 3-23　单程列管式换热器

1—外壳;2—管束;3、4—接管;5—封头;6—管板;7—挡板;8—泄水管

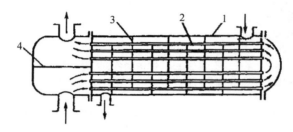

图 3-24　双程列管式换热器

1—壳体;2—管束;3—挡板;4—隔板

在管束间安装挡板后,虽然对流传热系数增大,但是流动阻力也增大。有时因挡板与壳体、挡板与管束之间的间隙过大而产生旁流,反而使对流传热系数减小。

换热器内装有圆缺形挡板(缺口面积为 25% 的壳体内截面积)时,壳内流体的对流传热系数的关联式为:

$$N_u = 0.36 \mathrm{Re}^{0.55} P_r^{1/3} \tag{3-31}$$

或

$$\alpha = 0.36 \left(\frac{\lambda}{d_e} \right) \left(\frac{d_e u \rho}{\mu} \right)^{0.55} P_r^{1/3} \left(\frac{\mu}{\mu_w} \right)^{0.14} \tag{3-32}$$

上式的应用范围为:

(1)$\mathrm{Re} = 2 \times 10^3 \sim 1 \times 10^6$。

(2)定性温度。除 μ_w 取壁温外,均取流体进、出口温度的算术平均值。

(3)特征尺寸。当量直径 d_e。d_e 可根据图 3-26 所示的管子排列的情况分别用不同的式子进行计算。

若管子为正方形排列,则

$$d_e = \frac{4 \left(t^2 - \frac{\pi}{4} d_o^2 \right)}{\pi d_o} \tag{3-33}$$

若管子为正三角形排列,则

$$d_e = \frac{4 \left(\frac{\sqrt{3}}{2} t^2 - \frac{\pi}{4} d_o^2 \right)}{\pi d_o} \tag{3-34}$$

式中,t——相邻两管的中心距,m;

d_o——管外径,m。

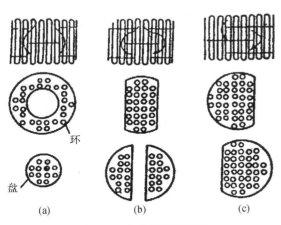

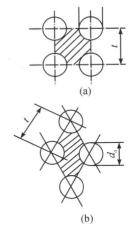

图 3-25 换热器折流挡板

(a)环盘形 **(b)**弓形 **(c)**圆缺形

图 3-26 管间当量直径推导

(a)正方形排列 **(b)**正三角形排列

(4)流速 u:根据流体流过管间的最大截面积 A 计算,即

$$A = hD\left(1 - \frac{d_o}{t}\right) \tag{3-35}$$

式中,h——两挡板间的距离,m;

D——换热器外壳内径。

(5)$(\mu/\mu_w)^{0.14}$,气体可取为 1.0;液体被加热时取 1.05,被冷却时取 0.95。

(三)有相变的对流传热

1.蒸气在垂直管或板外冷凝

对于蒸气在垂直管外或垂直平板侧的冷凝,可得到如下理论公式:

$$\alpha = 0.943\left(\frac{r\rho^2 g\lambda^3}{\mu L\Delta t}\right)^{1/4} \tag{3-36}$$

特征尺寸:取垂直管或板的高度。

定性温度:蒸气冷凝潜热 r 取饱和温度 t_s 下的值,其余物性取液膜平均温度 $t_m = (t_w + t_s)/2$ 下的值。

式(3-35)中各符号意义为:

L——垂直管或板的高度,m;

λ——冷凝液的导热系数,W/(m·℃);

ρ——冷凝液的密度,kg/m³;

μ——冷凝液的黏度,kg/(m·s);

r——饱和蒸气的冷凝潜热,kJ/kg;

Δt——蒸气的饱和温度 t_s 和壁面温度 t_w 之差,℃。

2.蒸气在水平管外冷凝

若蒸气在单根水平管外冷凝时,因管径较小,膜层通常呈层流流动。应指出,对水平单

管,实验结果和由理论公式求得的结果相近,即

$$\alpha = 0.725\left(\frac{\lambda^3 \rho^2 gr}{\mu d_o \Delta t}\right)^{1/4} \tag{3-37}$$

若蒸气在水平管束外冷凝,则

$$\alpha = 0.725\left(\frac{\lambda^3 \rho^2 gr}{n^{\frac{2}{3}} d_o \mu \Delta t}\right)^{1/4} \tag{3-38}$$

式中,n——水平管束在垂直列上的管数。

(四)污垢热阻

在设计换热器时,必须采用正确的污垢系数,否则换热器的设计误差很大。因此,污垢系数是换热器设计中非常重要的参数。污垢热阻因流体种类、操作温度和流速等不同而各异。常见流体的污垢热阻见表 3-4 和表 3-5

表 3-4　液相流体的污垢热阻

加热流体温度/℃	<115		115-205	
水的温度/℃	<25		>25	
水的流速/(m/s)	<1.0	>1.0	<1.0	>1.0
污垢热阻/(m²·℃/W)				
海水	0.8598×10^{-4}		1.7197×10^{-4}	
自来水、井水锅炉软水	1.7197×10^{-4}		3.4394×10^{-4}	
蒸馏水	0.8598×10^{-4}		0.8598×10^{-4}	
硬水	5.1590×10^{-4}		8.5980×10^{-4}	
河水	5.1590×10^{-4}	3.4394×10^{-4}	6.8788×10^{-4}	5.1590×10^{-4}

表 3-5　一些流体的污垢热阻

流体名称	污垢热阻 /(m²·℃/W)	流体名称	污垢热阻 /(m²·℃/W)	流体名称	污垢热阻 /(m²·℃/W)
有机物蒸气	0.8598×10^{-4}	有机物	1.7197×10^{-4}	石脑油	1.7197×10^{-4}
溶剂蒸气	1.7197×10^{-4}	盐水	1.7197×10^{-4}	煤油	1.7197×10^{-4}
天然气	1.7197×10^{-4}	熔盐	0.8598×10^{-4}	汽油	1.7197×10^{-4}
焦炉气	1.7197×10^{-4}	植物油	5.1590×10^{-4}	重油	8.5980×10^{-4}
水蒸气	0.8598×10^{-4}	原油	$(3.4394-12.098)\times10^{-4}$	沥青油	1.7197×10^{-4}
空气	3.4394×10^{-4}	柴油	$(3.4394-5.1590)\times10^{-4}$		

【主导项目 3—5】

(1)管程对流传热系数的计算

$$W_h = 21600\text{kg/h} = 6\text{kg/s}$$

$$V_h = \frac{W_h}{\rho_h} = \frac{6}{986}\text{m}^3/\text{s} = 0.0061\text{m}^3/\text{s}$$

$$u_h = \frac{V_h}{\frac{1}{4}\left(\frac{n}{4}\right)\pi d_i^2} = \frac{0.0061}{\frac{1}{4}\times\left(\frac{242}{4}\right)\times 3.14\times 0.02^2} = 0.321\text{m/s}$$

$$\text{Re}_i = \frac{d_i u_i \rho_i}{\mu_i} = \frac{0.02\times 0.321\times 986}{0.728\times 10^{-3}} = 8695.2 > 4000\text{(湍流)}$$

$$P_{ri} = \frac{Cp_i \mu_i}{\lambda_i} = \frac{4.174\times 0.728}{0.626} = 4.85$$

所以

$$\alpha_i = 0.023\frac{\lambda_i}{d_i}\text{Re}^{0.8}Pr^{0.3} = 0.023\times\frac{0.626}{0.02}\times 8695.2^{0.8}\times 4.85^{0.3} = 1638.4\text{W/(m}^2 \cdot \text{K}^{-1})$$

（2）壳程对流传热系数的计算

换热器中心附近管间流体流通截面积为：

$$A_0 = hD\left(1 - \frac{d_0}{t}\right) = 0.3\times 0.6\left(1 - \frac{0.025}{0.032}\right) = 0.0394\text{m}^2$$

式中，h——折流挡板间距，取300mm，

T——管中心距，取32mm。

因为 $W_c = 37.34\text{kg/s}$

$$V_c = \frac{W_c}{\rho_c} = 37.34/994 = 0.037\text{m}^3/\text{s}$$

$$u_c = \frac{V_c}{A_0} = \frac{0.037}{0.0394} = 0.94\text{m/s}$$

由于是正三角形排列，得：

$$d_e = \frac{4\left(\frac{\sqrt{3}}{2}t^2 - \frac{\pi}{4}d_0^2\right)}{\pi d_0} = \frac{4\times\left(\frac{\sqrt{3}}{2}\times 0.032^2 - \frac{3.14}{4}\times 0.025^2\right)}{3.14\times 0.025} = 0.0202\text{m}$$

$$\text{Re}_0 = \frac{d_e u_c \rho_c}{\mu_c} = \frac{0.0202\times 0.94\times 994}{0.54\times 10^{-3}} = 34952$$

$$P_{r0} = \frac{Cp_c \mu_c}{\lambda} = \frac{4.19\times 0.54}{0.662} = 3.42$$

因为雷诺数在 2000~1000000 范围内，所以，

$$\alpha_0 = 0.36\frac{\lambda}{d_e}\text{Re}_0^{0.55}Pr_0^{\frac{1}{3}}\varphi_\mu = 0.36\times\frac{0.626}{0.0202}\times 34952^{0.55}\times 3.42^{(1/3)}\times 1.05$$

$$= 5887.3\text{W/(m}^2 \cdot \text{K}^{-1})$$

其中，φ_μ 为壁温矫正系数，取为1.05。

（3）确定污垢热阻

$R_{Si} = 1.72\times 10^{-4}\text{m}^2 \cdot \text{K/W}$

$R_{S0} = 2\times 10^{-4}\text{m}^2 \cdot \text{K/W}$

（4）总传热系数 K

$$\frac{1}{K} = \frac{1}{\alpha_i}\frac{d_0}{d_i} + \frac{b}{\lambda_w}\frac{d_0}{d_m} + \frac{1}{\alpha_0} + R_{si}\frac{d_0}{d_i} + R_{s0}$$

$$K = \frac{1}{\frac{1}{\alpha_i}\frac{d_0}{d_i} + \frac{b}{\lambda_w}\frac{d_0}{d_m} + \frac{1}{\alpha_0} + R_{si}\frac{d_0}{d_i} + R_{s0}}$$

$$= \cfrac{1}{\cfrac{1}{1638.4} \times \cfrac{0.025}{0.02} + \cfrac{0.0025}{16.5} \times \cfrac{0.025}{0.0225} + \cfrac{1}{5887.3} + 1.72 \times 10^{-4} \times \cfrac{0.025}{0.02} + 2 \times 10^{-4}}$$

$$= 659.6 \text{W/(m}^2 \cdot \text{K)}$$

因为釜残液具有腐蚀性,管子材料选用不锈钢,取其导热系数为 $\lambda_w = 16.5 \text{W/m/K}$

$$K = 659.6 \text{W/(m}^2 \cdot \text{K)}$$

选用该换热器时,要求过程的总传热系数为 $595 \text{W/m}^2/\text{K}$,在传热任务所规定的条件下,计算得到的总传热系数为 $659.6 \text{W/m}^2/\text{K}$,所选择的换热器的安全系数为:

$$\frac{659.6 - 595}{595} \times 100\% = 10.85\%$$

该换热器符合传热任务的要求。

任务五　典型工艺流程操作

一、教学目标

1.知识目标
(1)理解套管换热器的结构;
(2)理解套管换热器的工作原理;
(3)了解换热器的日常维护原则。
2.能力目标
能根据要求完成换热器操作。
3.素质目标
(1)具有良好的团队协作能力;
(2)具有良好的语言表达和文字表达能力;
(3)培养安全生产和清洁生产的意识。

二、教学任务

在本任务中,通过分组进行典型换热器操作,能够正确使用维护典型换热器。

三、相关知识点

(一)列管式换热器的使用与维护
1.列管式换热器的正确使用
(1)投产前应检查压力表、温度计、安全阀、液位计以及有关阀门是否齐全好用。
(2)输进蒸汽之前先打开冷凝水排放阀门,排除积水和污垢;打开放空阀,排除空气和不凝结气体。

（3）换热器投产时，先打开冷态工作液体阀门和放空阀向其注液，当液面达到规定位置时，缓慢或分数次开启蒸汽或其他热态液体阀门，做到先预热后加热，防止骤冷骤热减小换热器使用寿命。

（4）经常检查冷热两种工作介质的进出口温度和压力变化，发现温度和压力有变化，要立即查明原因，消除故障。

（5）定时分析介质成分变化，以确定有无漏管，以便及时堵管或换管。

（6）定时检查换热器有无渗漏，外壳有无变形及振动现象，若有应及时排除。

（7）定时排放不凝结气体和冷凝液，根据换热效率下降情况，应及时刷洗清除结疤，以提高传热效率。

2.列管换热器的维护保养

（1）保持主体设备外部整洁，保温层和油漆完好。

（2）保持压力表、温度计、安全阀和液位计等附件齐全、灵敏和准确。

（3）发现法兰口和阀门有渗漏时，应及时消除。

（4）开停换热器时，不应将蒸汽阀门和被加热介质阀门开得太猛，否则容易造成外壳与列管伸缩不一，产生热应力，使局部焊缝开裂或管子胀口松弛。

（5）尽量减少换热器开停次数，停止使用时应将内部水和液体放净，防止冻裂和腐蚀。

（6）定期测量换热器的壁厚，应两年一次。

（二）列管换热器常见故障与处理方法

表 3-6　列管换热器常见故障与处理方法

故障名称	产生原因	处理方法
传热效率下降	列管结疤和堵塞 壳体内不凝气体或冷凝液增多 管路或阀门有堵塞	清洗管子 排放不凝气或冷凝液 检查、清理
发生震动	壳程介质流速太快 管路震动 管束与折流板结构不合理 机座刚度较小	调节进汽量 加固管路 改进设计 适当加固
管板与壳体连接发生裂纹	焊接质量不好 外壳歪斜，连接管线拉力或推力甚大 腐蚀严重，外壳壁厚减薄	清除、补焊 重新调整找正 鉴定后修补
管束和胀口渗漏	管子被折流板磨破 壳体和管束温差过大 管口腐蚀或胀接质量差	用管堵堵死或换管 补胀或焊接 换新管或补胀

【主导项目 3-6】

1.实训装置

传热操作装置如图 3-27 所示。

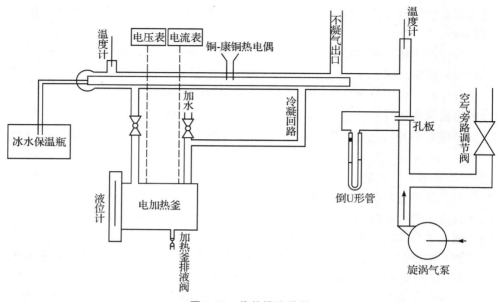

图 3-27   传热操作装置

2.设备参数及空气流量计算

(1)实训内管内径为 19.29mm;实训内管外径为 21.84mm;总管长为 1.3m;测量段长度为 1.1m。

(2)加热釜。操作电压<200V,操作电流<10A。

(3)测试管路入口处空气流量由下列公式计算:

$$V_{t1}=c_0 A_0 \sqrt{\frac{2\Delta P}{\rho_{t1}}}=c_0 A_0 \sqrt{\frac{2gR(\rho_A-\rho_{t1})}{\rho_{t1}}}$$

(4)实训条件下测量段的空气流量 V 按下式计算:

$$V=V_{t1}\times\frac{273+t_m}{273+t_1}$$

(5)电加热釜。电加热釜是产生水蒸气的装置,使用体积为 7L(加水至液位计的上端红线),内装有一支 2.5kW 的螺旋形电热器,当水温为 30℃时,用 200V 电压加热,约 25min 后水便沸腾。为了安全和长久使用,建议最高加热电压不超过 200V。

(6)气源(鼓风机)。又称旋涡气泵,XGB-2 型,由无锡市仪表二厂生产,电机功率约 0.75kW(使用三相电源)。在本实训装置上,产生的最大和最小空气流量基本满足要求,使用过程中输出空气的温度呈上升趋势。

(7)稳定时间。稳定时问是指在外管内充满饱和蒸汽,并在不凝气排出口有适量的蒸汽排出,空气流量调节好后,过 5~5min,空气出口的温度可基本稳定。

3.操作训练

(1)开车前准备工作:

①向电加热釜加水至液位计上端红线处;

②向冰水保温瓶中加入适量的冰水,并将冷端补偿热电偶插入其中;

③检查空气旁路调节阀是否全开,电压调节电位器是否旋至最左端(逆时针方向);

④接通电源总闸。

(2)套管换热器的开车操作:

①顺时针方向缓慢旋转电压调节电位计,使电压表为200V,水蒸气自行充入玻璃套管。一段时间后水沸。

②约加热10min后,可提前启动鼓风机,保证实训开始时空气入口温度比较稳定。

③调节空气旁路调节阀的开度,使压差计的读数为所需的空气流量值(当旁路阀全开时,通过传热管的空气流量为所需的最小值,全关时为最大值)。

④待玻璃套管中充满蒸汽并有适量溢出后,稳定5~8min,可读取空气进口温度、空气出口温度等。

⑤共试验5~6个空气流量。

⑥最小流量值一定要做。

⑦整个操作过程中,加热电压可以保持(调节)不变,也可随空气流量的变化作适当调整。

4.数据处理

表 3-7 传热操作实验记录表

序号	1	2	3	4	5	6	7
压差							
t_1							
t_2							
t_3							
t_4							

思 考 题

1.传热的基本方式有哪三种?工业上的传热方法又有哪三种?

2.如何提高导热速率?圆筒壁的导热与平壁导热有何区别?

3.液体和壁面间的对流传热主要热阻在哪里?如何强化对流传热?

4.换热器中两流体的相互流向有哪些?其温差如何计算?

5.换热器中并流、逆流各有何特点?

6.强化传热的途径有哪些?提高传热系数的方法有哪些?

习　题

1. 红砖平壁墙,厚度为 500mm,一侧温度为 200℃,另一侧为 30℃。设红砖的平均导热系数取 0.57W/(m·℃),试求:

(1)单位时间、单位面积导过的热量;

(2)距离高温侧 350mm 处的温度。

2. 某燃烧炉的平壁由下列三种砖依次彻成;

耐火砖:导热系数 $\lambda_1 = 1.05$W/(m·℃);

　　　　厚度 $b_1 = 0.23$m;

绝热砖:导热系数 $\lambda_2 = 0.151$W/(m·℃)

　　　　每块厚度 $b_2 = 0.23$m;

普通砖:导热系数 $\lambda_3 = 0.93$W/(m·℃)

　　　　每块厚度 $b_3 = 0.24$m;

若已知耐火砖内侧温度为 1000℃,耐火砖与绝热砖接触处温度为 940℃,而绝热砖与普通砖接触处的温度不得超过 138℃,试问:

(1)绝热层需几块绝热砖?

(2)此时普通砖外侧温度为多少?

3. $\phi60 \times 3$ 铝合金管(导热系数按钢管选取),外包一层厚 30mm 石棉后,又包一层 30mm 软木。石棉和软木的导热系数分别为 0.16W/(m·℃)和 0.04W/(m·℃)。又已知管内壁温度为 -110℃,软木外侧温度为 10℃,求每米管长所损失的冷量。若将两保温材料互换,互换后假设石棉外侧的温度仍为 10℃不变,则此时每米管长上损失的冷量为多少?

4. 有一套管换热器,内管为 $\phi25 \times 1$mm,外管为 $\phi38 \times 1.5$mm。冷水在环隙内流过,用以冷却内管中的高温气体,水的流速为 0.3m/s,水的入口温度为 20℃,出口温度为 40℃。试求环隙内水的对流传热系数。

5. 用 175℃的油将 300kg/h 的水由 25℃加热至 90℃,已知油的比热容为 2.61kJ/(kg·℃),其流量为 360kg/h,今有以下两个换热器,传热面积为 $0.8m^2$。

换热器 1:$k_1 = 625$W/(m²·℃),单壳程双管程。

换热器 2:$k_2 = 500$W/(m²·℃),单壳程单管程。

为满足所需的传热量应选用那一个换热器。

6. 在一套管换热器中,用冷却水将 1.25kg/s 的苯由 350K 冷却至 300K,冷却水在 $\phi25 \times 2.5$ 的管内中流动,其进出口温度分别为 290K 和 320K。已知水和苯的对流传热系数分别为 0.85kW/(m²·℃)和 1.7kW/(m²·℃),又两侧污垢热阻忽略不计,试求所需的管长和冷却水消耗量。

7. 在一列管换热器中,用初温为 30℃的原油将重油由 180℃冷却到 120℃,已知重油和原油的流量分别为 1×10^4(kg/h)和 1.4×10^4(kg/h)。比热容分别为 0.52(kcal/kg·℃)和 0.46(kcal/kg·℃),传热系数 $K = 100$(kcal/m²·h·℃)试分别计算并流和逆流时换热器所需的传热面积。

8. 在并流换热器中,用水冷却油。水的进出口温度分别为 15℃ 和 40℃,油的进出口温度分别为 150℃ 和 100℃。现因生产任务要求油的出口温度降至 80℃,设油和水的流量、进口温度及物性均不变,若原换热器的管长为 1m,试求将此换热器的管长增至多少米才能满足要求? 设换热器的热损失可忽略。

9. 一传热面积为 10m² 的逆流换热器,用流量为 0.9kg/s 的油将 0.6kg/s 的水加热,已知油的比热为 2.1kJ/(kg·℃),水和油的进口温度分别为 35℃ 和 175℃,该换热器的传热系数为 425W/(m²·℃),试求此换热器的效率。又若水量增加 20%,传热系数认为不变,此时水的出口温度为多少?

10. 有一套管换热器,内管为 $\phi 19 \times 3mm$,管长为 2m,管隙的油与管内的水的流向相反。油的流量为 270kg/h,进口温度为 100℃,水的流量为 360kg/h,入口温度为 10℃。若忽略热损失。且知以管外表面积为基准的总传热系数 $K = 374W/(m²·℃)$,油的比热为 1.88 kJ/(kg·℃)。试求油和水的出口温度分别为多少?

11. 今有一套管换热器,冷、热流体的进口温度分别为 40℃ 和 100℃。已知并流操作时冷流体出口温度为 60℃,热流体为 80℃。试问逆流操作时热流体、冷流体的出口温度各为多少? 设总传热系数 K 均为定值。

12. 某夹套加热釜中盛有 W kg 的油品,用 120℃ 的饱和蒸气将油品自 25℃ 加热到 110℃ 需要时间为 θ1,今将加热时间延长一倍,试问最终的油温为多少? 设传热面积 S 及总传热系数 K 均给定且为常数。

13. 今欲于下列换热器中,将某种溶液从 20℃ 加热到 50℃。加热剂进口温度为 100℃,出口温度为 60℃。试求各种情况下的平均温度差。

(1)单壳程,双管程;

(2)双壳程,四管程。

项目四 蒸发技术

项目说明 某食品厂需将一批浓度为4％的番茄酱通过单效蒸发的方法浓缩到20％出售。通过本项目的学习,熟练掌握单效蒸发计算(物料衡算、能量衡算);掌握蒸发过程中蒸发器的选择及其参数的确定;了解产生传热温度差损失的原因;了解多效蒸发流程及其特点,限制效数的原因及其他提高生蒸汽经济利用程度的措施;并能够对典型设备进行操作。

主导项目 某食品厂需将一批浓度为4％的番茄酱通过单效蒸发的方法将产品浓缩到20％,处理能力为6t/h,进料温度为60℃(沸点进料),蒸发过程采用绝压为147kPa的加热蒸气加热,蒸发室的传热系数为1500W/m² · K,操作压强为50kPa,蒸发室的平均液层高度为1.8m,在常压下,在此浓度下番茄酱的沸点升高1.2℃,番茄酱原料密度:1114.11kg/m³,设计中热损失忽略不计。要求计算蒸发器的换热面积。

任务一 蒸发技术的应用检索

一、教学目标

1.知识目标

(1)掌握蒸发的概念、特点及分类;

(2)了解蒸发技术的应用。

2.能力目标

能利用一些专业数据库查阅与蒸发相关的基础知识。

3.素质目标

(1)具有良好的团队协作能力;

(2)具有良好的语言表达和文字表达能力;

(3)培养安全生产和清洁生产的意识。

二、教学任务

在本任务中,通过分组查找资料、小组交流讨论等活动,能够利用文献资料了解蒸发的概念、特点及分类。

三、相关知识点

(一)蒸发概念

在化工、轻工、制药、食品等许多工业中。常常需将一些液体原料进行浓缩,将含有不挥发溶质的溶液沸腾汽化并移出蒸汽,从而使溶液中溶质浓度提高的单元操作称为蒸发。被蒸发的溶液可以是水溶液,也可以是其他溶液,而工业上处理的溶液大多为水溶液。料液被加热蒸发时所产生的蒸汽称为二次蒸汽,加热用的蒸汽称为加热蒸气或生蒸气。

(二)蒸发操作的特点

蒸发操作是从溶液中分离出部分溶剂,而溶液中所含溶质的数量不变,因此蒸发是一个热量传递过程,其传热速率是蒸发过程的控制因素。蒸发所用的设备属于热交换设备。但与一般的传热过程比较,蒸发过程又具有其自身的特点,主要表现在:

(1)传热性质。传热壁面一侧为加热蒸汽进行冷凝,另一侧为溶液进行沸腾,故属于壁面两侧流体均有相变化的恒温传热过程。

(2)溶液性质。有些物料浓缩时易于结晶,结垢;有些热敏性物料由于沸点升高更易于变性;有些则具有较大的黏度或较强的腐蚀性等。需要根据物料的特性和工艺要求,选择适宜的蒸发流程和设备。

(3)溶液沸点的改变。被蒸发的料液是含有非挥发性溶质的溶液,溶液的蒸气压低于同温度下纯溶剂的蒸气压。因此,在相同压力下,溶液的沸点高于纯溶剂的沸点,这种现象称为溶液的沸点升高。溶液的沸点升高导致蒸发的传热温度差的降低。溶液的浓度越高,这种影响也越显著。在进行蒸发设备的计算时,必须考虑溶液沸点上升的这种影响。

(4)泡沫夹带。二次蒸汽中常夹带大量液沫,冷凝前必须设法除去,否则不但损失物料,而且要污染冷凝设备。

(5)能源利用与回收。蒸发时汽化的溶剂量较大,需消耗大量的加热蒸汽,而溶液汽化又产生大量的二次蒸汽,如何充分利用二次蒸汽的潜热,提高加热蒸汽的经济程度,也是蒸发器设计中的重要问题。

鉴于以上原因,蒸发器的结构必须有别于一般的换热器。

(三)蒸发过程的分类

(1)按操作压力不同可将蒸发过程分为常压、加压和减压(真空)蒸发。对于大多数无特殊要求的溶液,采用常压、加压或减压操作均可。但对于热敏性料液,例如抗生素溶液、果汁等的蒸发,为了保证产品质量,需要在减压条件下进行。

(2)按二次蒸汽利用情况可分为单效与多效蒸发。若蒸发产生的二次蒸汽直接冷凝不再利用,称为单效蒸发。若将二次蒸汽作为下一效加热蒸汽,并将多个蒸发器串联,此蒸发过程即为多效蒸发。

(3)按蒸发操作过程是否连续可分为间歇蒸发与连续蒸发。间歇蒸发指分批进料或出料的蒸发操作。间歇操作的特点是:在整个过程中,蒸发器内溶液的浓度和沸点随时间改变,故间歇蒸发为非稳态操作。通常间歇蒸发适合于小规模多品种的场合,而工业上大规模的生产过程通常采用的是连续蒸发。

(四)蒸发操作的应用

(1)制取浓缩液体产品或固体产品,例如稀碱溶液的浓缩、蔗糖水溶液的浓缩以及各种果汁等;

(2)制取纯净溶剂,此时蒸出的溶剂是产品,例如海水蒸发制取淡水;

(3)制取浓溶液的同时回收溶剂,例如中药生产中酒精浸出液的蒸发。

任务二　蒸发设备的选择和流程布置

一、教学目标

1. 知识目标

(1)掌握蒸发设备类型、结构、特点及应用场合;

(2)了解蒸发设备的选择依据。

2. 能力目标

能根据任务要求选择合适的蒸发设备

3. 素质目标

(1)具有良好的团队协作能力;

(2)具有良好的语言表达和文字表达能力;

(3)培养安全生产和清洁生产的意识。

二、教学任务

在本任务中,通过分组查找资料、小组讨论交流等活动,选择合适的蒸发设备。

三、相关知识点

(一)蒸发设备

蒸发设备的结构与型式种类繁多,结构各异。蒸发设备包括蒸发器和辅助设备。

1. 蒸发器

蒸发器的作用是加热溶液使水沸腾汽化,并移去,由加热室和分离室两部分组成。工业上常用的蒸发器可分为循环型与单程型两类。

(1)循环型蒸发器

溶液在蒸发器内作循环流动的蒸发器称为循环型蒸发器。依据造成液体循环的方式不同,又可分为自然循环和强制循环两种类型。前者是借助在加热室不同位置上溶液的受热程度不同,使溶液产生密度差而引起的自然循环;后者是依靠外加动力使溶液进行强制循环。目前常用的循环型蒸发器有以下几种:

①中央循环管式蒸发器

又称标准蒸发器,如图 4-1 所示,加热室由一垂直的加热管束(沸腾管束)构成,在管束中央有一根直径较大的管子,称为中央循环管,其直径约为加热室直径的 1/4～1/5,当加热介质通入管间加热时,由于加热管内单位体积液体的受热面积大于中央循环管内液体的受热面积,并且加热管内溶液量少,故受热较快,因此加热管内液体的相对密度小,首先沸腾上升,从而造成溶液自中央循环管下降,再由加热管上升的自然循环流动。溶液的循环速度取决于溶液产生的密度差以及管的长度,其密度差越大,管子越长,溶液的循环速度越大。但这类蒸发器由于受总高度限制,加热管长度较短,一般为 1～2m,直径为 25～75mm,长径比为 20～40。中央循环管式蒸发器的优点是结构紧凑、制造方便、传热较好及操作可靠等,应用十分广泛。缺点是循环速度较低,管内流速<0.5m/s;溶液在加热室中不断循环,使其浓度始终接近完成液的浓度,因而溶液黏度大、沸点高,有效温度差小;设备的清洗和维修也不够方便。

②悬筐式蒸发器

悬筐式蒸发器结构如图 4-2 所示,它是中央循环管式蒸发器的一种改良,其加热室像个筐,悬挂在加热室中,需要清洗更换时,可以直接将加热管束取出,以节约清理时间。溶液是沿加热室与壳体所形成的环隙进行的,环形截面积一般为加热管总截面积的 100%～150%,循环速度:1.0～1.5m/s 之间,适宜用于蒸发有晶体的溶液。缺点是设备耗材量大、占地面大、加热管内的溶液滞留量大。设备适用于中等黏度、轻度结垢的非腐蚀性料液,并且可以得到较好的蒸发速率。在食品工业上的典型应用有果汁、麦芽浸出液、蔗糖、葡萄糖等溶液的浓缩。

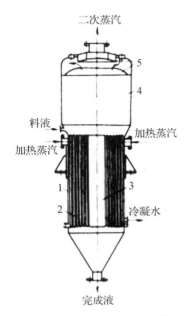

图 4-1　中央循环管蒸发器

1—加热室;2—加热室;3—环形循环通道;
4—分离室;5—除沫器

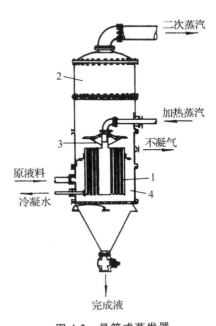

图 4-2　悬筐式蒸发器

1—加热室;2—分离室;
3—除沫器;4—环形循环通道

③列文蒸发器

结构特点:加热室中的溶液不沸腾,在沸腾室内才开始沸腾,因而溶液的沸腾汽化由加热室移到了没有传热面的沸腾室,从而避免了加热管内结晶或污垢的形成。溶液循环速度可达 2.5 至 3m/s 以上,故总传热系数亦较大。适于处理有晶体析出或易结垢的溶液。

优点:流动阻力小;循环速度高;传热效果好;加热管内不易堵塞。

缺点:液柱静压头效应引起的温度差损失较大,要求加热蒸汽有较高的压力。设备庞大,消耗的材料多,需要大厂房。

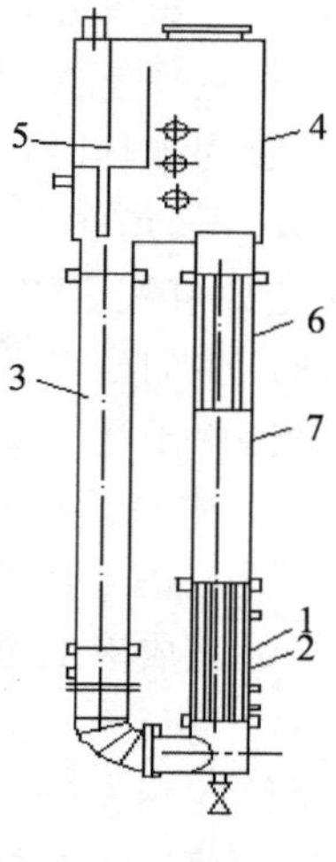

④外热式蒸发器

加热室单独放置,优点是可以降低整个蒸发器的高度,便于清洗和更换;可将加热管做得长些,循环管不受热,从而加速液体循环。循环速度可达 1.5m/s。

适于处理易结垢、有晶体析出、处理量大的溶液。

⑤强制循环型蒸发器

自然循环蒸发器靠加热管与循环管内溶液的密度差作为推动力,导致溶液的循环流动,因此循环速度一般较低,尤其在蒸发黏稠溶液(易结垢及有大量结晶析出)时就更低。此时可采用强制循环蒸发器,其结构如图 4-5,溶液循环靠外力的作用,迫使溶液沿一定的方向流动,循环速度的大小可通过泵的流量调节来控制,一般在 2.5m/s 以上。

优点:传热系数大,利于处理黏度较大、易结垢、易结晶的物料。但该蒸发器的动力消耗较大。

图 4-3 列文蒸发器

1—加热器;2—加热管;3—循环管;

4—蒸发室;5—除沫器;

6—挡板;7—沸腾室

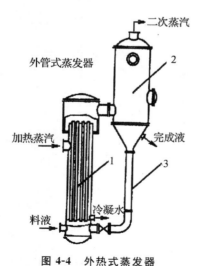

图 4-4 外热式蒸发器

1—加热器;2—蒸发室;3—循环管

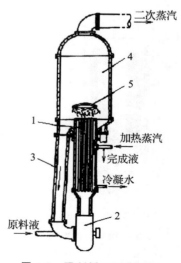

图 4-5 强制循环型蒸发器

1—加热器;2—循环泵;3—循环管;4—蒸发室;5—除沫器

（2）单程型蒸发器

循环型蒸发器的共同特点是蒸发器内料液的滞留量大，物料在高温下停留时间长，对热敏性物料不利。在单程型蒸发器中，物料一次通过加热面即可完成浓缩要求；离开加热管的溶液及时加以冷却，受热时间大为缩短，因此对热敏性物料特别适宜。

①升膜式蒸发器

升膜式蒸发器的加热管束可长达 $6\sim12m$。料液先经预热至接近沸点，从管束的下端引入，再经一段距离的加热，管内溶液汽化所产生的高速上升蒸汽使液体在管壁上形成一层薄膜，造成很好的传热条件。被浓缩的液体经汽液分离即排出蒸发器。

优点：料液在加热器中停留时间短，由于溶液呈膜状流动，传热系数高，整个溶液的浓度，不像循环型那样总是接近于完成液的浓度，因而这种蒸发器的有效温差较大。

缺点：对进料负荷的波动相当敏感，当设计或操作不适当时不易成膜，此时，对流传热系数将明显下降。

适用于黏度较小的（小于 $0.05Pa\cdot s$）、蒸发量较大、易受热分解的热敏性溶液者；不适用于黏度很大，易结晶或易结垢的物料的蒸发。

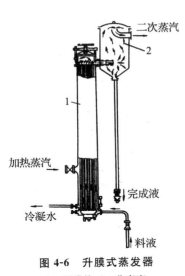

图 4-6　升膜式蒸发器

1—开膜管；2—分离室

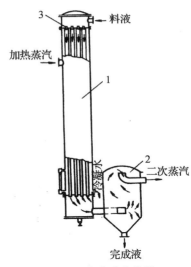

图 4-7　降膜式蒸发器

1—降膜管；2—分离室

②降膜式蒸发器

为了较彻底消除因液体积聚所造成的静压效应，并吸取薄膜传热的优点，出现了降膜蒸发器。降膜蒸发器能达到传热效率高，热能经济性好降膜式蒸发器。料液由加热室顶部加入，经液体分布器分布后呈膜状向下流动。气液混合物由加热管下端引出，经汽液分离即得完成液。降膜式蒸发器可以蒸发浓度较高、黏度较大（$0.05\sim0.45Pa\cdot s$）、蒸发量较小、热敏性的物料。但因液膜在管内分布不易均匀，传热系数比升膜式蒸发器的较小，仍不适用易结晶或易结垢的物料。

③升—降膜式蒸发器

蒸发器由升膜管束和降膜管束组合而成，蒸发器的底部封头内有一隔板，将加热管束分成两部分。溶液由升膜管束底部进入,流向顶部,然后从降膜管束流下,进入分离室,得到完成液。适于处理浓缩过程中黏度变化大的溶液、厂房有限制的场合。

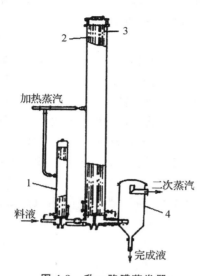

图 4-8 升一降膜蒸发器
1—预热器;2—升膜加热室;3—降膜加热器;4—分离室

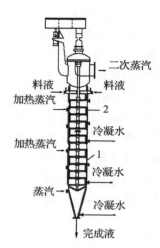

图 4-9 刮板式蒸发器
1—夹套;2—刮板

④刮板薄膜式蒸发器

通过旋转的刮板使料液形成液膜的蒸发设备。如图 4-9 所示,是专为高黏度溶液的蒸发而设计。操作料液从进料管以稳定的流量进入随轴旋转的分配盘中,在离心力的作用下,通过盘壁小孔被抛向器壁,受重力作用沿器壁下流,同时被旋转的刮板刮成薄膜,薄膜溶液在加热区受热,蒸发浓缩,同时受重力作用下流。可适应高黏度,易结晶、结垢的浓溶液蒸发。

优点:利用旋转的离心盘所产生的离心力对溶液的周边分布作用而形成薄膜。传热效率很高,蒸发强度很大,由于离心力的作用,雾沫夹带现象很少,物料加热时间很短,特别适用于高黏度(如栲胶、蜂蜜等)和易结晶、结垢、含固体、热敏性的物料。

缺点:结构复杂,动力消耗大,处理量很小且制造安装要求高。

2.辅助设备

辅助设备主要有除沫器、冷凝器、真空装置构成。

（1）除沫器（汽液分离器）

蒸发操作时产生的二次蒸汽,在分离室与液体分离后,仍夹带大量液滴,尤其是处理易产生泡沫的液体,夹带更为严重。为了防止产品损失或冷却水被污染,常在蒸发设备上安装除沫器。

（2）冷凝器

冷凝器的作用是冷凝二次蒸汽。冷凝器有间壁式和直接接触式两种,倘若二次蒸汽为需回收的有价值物料或会严重污染水源,则应采用间壁式冷凝器,否则通常采用直接接触式冷凝器。后一种冷凝器一般均在负压下操作,这时为将混合冷凝后的水排出,冷凝器必须设置得足够高,冷凝器底部的长管称为大气腿。

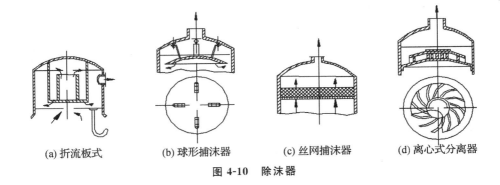

(a) 折流板式　　(b) 球形捕沫器　　(c) 丝网捕沫器　　(d) 离心式分离器

图 4-10　除沫器

（3）真空装置

当蒸发器在负压下操作时，无论采用哪一种冷凝器，均需在冷凝器后安装真空装置。需要指出的是，蒸发器中的负压主要是由于二次蒸汽冷凝所致，而真空装置仅是抽吸蒸发系统泄漏的空气、物料及冷却水中溶解的不凝性气体和冷却水饱和温度下的水蒸气等，冷凝器后必须安真空装置才能维持蒸发操作的真空度。常用的真空装置有喷射泵、水环式真空泵、往复式或旋转式真空泵等。

（二）蒸发器的选型

针对不同的生产任务，选择蒸发器的型式时，一般应考虑以下因素。

（1）溶液的黏度。蒸发过程中溶液黏度变化的范围，是选型首要考虑的因素。有些料液浓度增大时，黏度也随着增大，而使流速降低，传热系数也随之减小，生产能力下降。故对黏度较高或经加热后黏度会增大的料液，不宜选用自然循环型，而应选用强制循环型。刮板式或降膜式浓缩器。

（2）溶液的热稳定性。长时间受热易分解、易聚合以及易结垢的溶液蒸发时，应采用滞料量少、停留时间短的蒸发器。食品工业中常用低温蒸发，或在较高温度下的瞬时受热蒸发来解决热敏性物料蒸发过程的特殊要求。一般选用各种薄膜式或真空度较高的蒸发浓缩器。

（3）有晶体析出的溶液。大量结晶沉积则会妨碍加热面的热传导，严重时会堵塞加热管。要使有结晶的溶液正常蒸发，则要选择带搅拌的或强制循环蒸发器，用外力使结晶保持悬浮状态。

（4）易发泡的溶液。易发泡的溶液在蒸发时会生成大量泡沫，充满了整个分离室后即随二次蒸汽排出，一方面造成溶液的损失，增加产品的损耗，另一方面污染其他设备，严重时会造成操作不能进行。蒸发这种溶液宜采用外热式蒸发器、强制循环蒸发器或升膜蒸发器。若将中央循环管蒸发器和悬筐蒸发器的分离室设计大一些，也可用于这种溶液的蒸发。

（5）有腐蚀性的溶液。蒸发腐蚀性溶液时，加热管应采用特殊材质制成，或内壁衬以耐腐蚀材料。若溶液不怕污染，也可采用浸没燃烧蒸发器。

（6）易结垢的溶液。无论蒸发何种溶液，蒸发器长久使用后，传热面上总会有污垢生成。垢层的导热系数小，因此对易结垢的溶液，应考虑选择便于清洗和溶液循环速度大的蒸发器。

（7）溶液的处理量。溶液的处理量也是选型应考虑的因素。要求传热面大于 $10m^2$ 时，不宜选用刮板搅拌薄膜蒸发器，要求传热面在 $20m^2$ 以上时，宜采用多效蒸发操作。总之，应视具体情况，选用适宜的蒸发器。

（8）蒸发腐蚀性较强的料液时，设备应选用防腐蚀的材料或是结构上采用更换方便的型式，使腐蚀部分易于定期更换。如柠檬酸液的浓缩器采用石墨加热管或耐酸搪瓷夹层蒸发器等。

（三）蒸发流程

1. 单效真空蒸发

溶液在蒸发时，所产生的二次蒸汽不再利用或被用于蒸发器以外的操作，称为单效蒸发。单效蒸发是在一个蒸发器内进行蒸发的操作。如图所示。

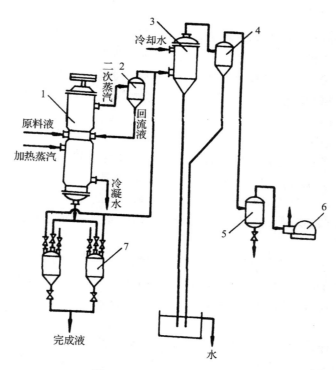

图 4-11　单效真空蒸发流程

1—蒸发器；2、4—分离器；3—混合冷凝器；5—缓冲罐；6—真空泵；7—真空贮存罐

对于稳定、连续的单效蒸发，在给定生产任务和确定了操作条件后，则可应用物料衡算式、热量衡算式和传热基本方程式计算确定蒸发操作的溶剂蒸发量、加热蒸汽消耗量和蒸发器的传热面积。

2. 多效蒸发流程

将前一效的二次蒸气通到下一效蒸发器作为加热蒸气，这种串联蒸发操作称为多效蒸发。每一个蒸发器称为一效。通入加热蒸汽（生蒸汽）的蒸发器称为第一效。用第一效的二次蒸汽作为加热蒸汽的蒸发器称为第二效，用第二效的二次蒸汽作为加热蒸汽的蒸发器称为第三效，依此类推。采用多效蒸发的目的是为了减少新鲜蒸气用量，具体方法是将前一效的二次蒸气作为后一效的加热蒸气。按料液与二次蒸汽的走向分为：并流流程、逆流流程、错流流程、平流流程。

（1）并流流程。即加热蒸气和原料液均顺次流经各效。这种加料的特点是前一效到后一效可自动加料，后一效中的物料会产生自蒸发，可多蒸出部分水汽，但溶液的黏度会随效数的增加而增大，使传热系数逐效下降，所以并流加料不适宜处理随浓度增加而增加较高的物料。并流流程优点是料液可自动流入下一效，无需泵输送；②溶液会发生闪蒸而产生更多的蒸汽；缺点是传热推动力依次减小；K 依次减小。

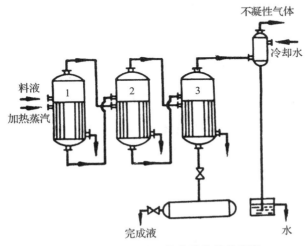

图 4-11　并流加料三效蒸发装置的流程

（2）逆流流程。即加热蒸气走向与并流相同，而物料走向则与并流相反。这种加料的特点是各效中的传热系数较均匀，适于处理黏度随温度变化较大的物料。

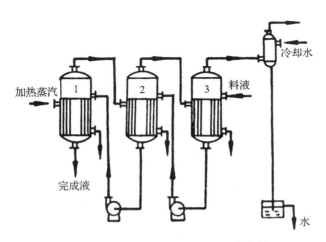

图 4-12　逆流加料三效蒸发装置的流程

（3）错流流程。本流程的特点是在各效间兼用并流和逆流加料法。溶液流向：3→1→2 或 2→3→1，蒸汽流向：1→2→3。兼有并、逆流的优点；操作复杂。料液黏度随浓度显著增加的场合。

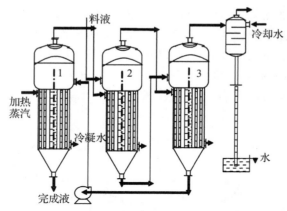

图 4-13 错流加料三效蒸发装置的流程

（4）平流流程。即加热蒸气走向与并流相同，但原料液和完成液则分别从各效中加入和排出。这种流程适用于处理易结晶物料。平流流程特点是传热状况均较好；物料停留时间较短。

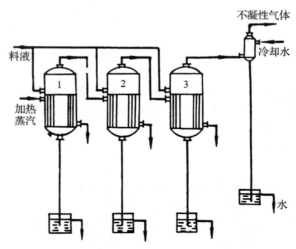

图 4-14 平流加料三效蒸发装置的流程

【主导项目 4-1】 该项目的任务是处理浓缩番茄酱。由于番茄酱浓度增大时，黏度也随着增大，而使流速降低，传热系数也随之减小，生产能力下降。故对黏度较高或经加热后黏度会增大的料液，应选用强制循环型、刮板式或降膜式浓缩器。另外，番茄酱长时间受热易分解、易结垢，会改变口感，常用低温蒸发，或在较高温度下的瞬时受热蒸发来解决热敏性物料蒸发过程的特殊要求。一般选用各种薄膜式或真空度较高的蒸发浓缩器。综合这两点故需选用带真空的刮板薄膜式蒸发器。由于浓缩比例不是很高可以采用单效真空蒸发流程。

任务三 单效蒸发工艺参数的确定

一、教学目标

1. 知识目标

掌握单效蒸发水分的蒸发量、加热蒸汽消耗量。

2. 能力目标

能够根据任务要求，计算单效蒸发水分的蒸发量、加热蒸汽消耗量。

3. 素质目标

(1)具有良好的团队协作能力；

(2)具有良好的语言表达和文字表达能力；

(3)培养安全生产和清洁生产的意识。

二、教学任务

在本任务中，通过分组查找资料、小组讨论交流等活动，计算单效蒸发的主要工艺参数。

三、相关知识点

对于单效蒸发，在给定的生产任务和确定了操作条件以后，通常需要计算以下的这些内容：水分的蒸发量、加热蒸汽消耗量、蒸发器的传热面积。

在给定生产任务和操作条件，如进料量、温度和浓度、完成液的浓度、加热蒸汽的压力和冷凝器操作压力的情况下，上述任务可通过物料衡算、热量衡算和传热速率方程求解。

(一)物料衡算

溶质在蒸发过程中不挥发，且蒸发过程是个定态过程，单位时间进入和离开蒸发器的量相等，即物料衡算可以求出蒸发水量。图 4-15 为单效蒸发的物料流程图。对溶质作物料衡算可得：

$$Fw_0 = (F-W)w_1 \tag{4-1}$$

水的蒸发量：

$$W = F\left(1 - \frac{w_0}{w_1}\right) \tag{4-2}$$

完成液的质量浓度：

$$w_1 = \frac{Fw_0}{(F-W)} \tag{4-3}$$

式中，F——进料口原料液质量流量；kg/s；

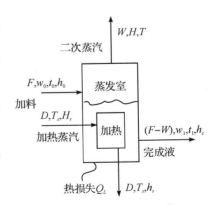

图 4-15 单效蒸发装置恒算

W——蒸发水量，kg/s；

w_0——原料液质量浓度；

w_1——完成液质量浓度。

（二）热量衡算

对蒸发器作热量衡算，当加热蒸汽在饱和温度下排出时，

$$DHs + Fh_0 = WH + (F-W)h_c + Dh_s + Q_L \tag{4-4}$$

或

$$D = \frac{WH + (F-W)h_C - Fh_0 + Q_L}{H_s - h_S} \tag{4-5}$$

式中，D——加热蒸汽消耗量，kg/s；

t_0, t_1——加料液与完成液的温度，℃；

h_0, h_C, h_s——加料液，完成液和冷凝水的热焓，kJ/kg；

H, Hs——二次蒸汽和加热蒸汽的热焓，kJ/kg；

Q_L——蒸发器热损失，kJ/s。

讨论：

（1）加热蒸汽的冷凝水在饱和温度下排出

此时 $r = H_s - h_s$，r——加热蒸汽的冷凝潜热，kJ/kg，所以

$$D = \frac{WH + (F-W)h_C - Fh_0 + Q_L}{r} \tag{4-6}$$

（2）溶液的稀释热可以忽略时

焓值的计算时习惯上取 0℃ 为基准，即 0℃ 时的焓为零，则 $h_0 = c_0 t_0$，$h_C = c_C t_1$，$r' \approx H - h_c$，r——二次蒸汽的冷凝潜热. kJ/kg，所以

$$D = \frac{FC_c t_1 - FC_0 t_0 + Wr' + Q_L}{r} \tag{4-7}$$

（3）沸点进料，$t_0 = t_1$，并忽略热损失和溶液浓度较低时，$c_C = c_0$，则

$$D = \frac{Wr'}{r} \tag{4-8}$$

对某些水溶液（如 $CaCl_2$、NaOH 等）在稀释时有显著的放热效应，因而蒸发时除供给汽化水分所需汽化潜热时，还需提供与稀释热相应的浓缩热，且溶液浓度愈大，温度愈高，这种影响愈显著。因此 h_0、h_C 应由相应的焓浓图查取，计算结果才准确。

【主导项目 4-2】 某食品厂需将一批浓度为 4％ 的番茄酱通过单效蒸发的方法将产品浓缩到 20％，处理能力为 6t/h，进料温度为 60℃（沸点进料），蒸发过程采用绝压为 147kPa 的加热蒸气加热，蒸发室的传热系数为 1500W/m² · K，操作压强为 50kPa，蒸发室的平均液层高度为 1.8m，在常压下，在此浓度下番茄酱的沸点升高 1.2℃，番茄酱原料密度：1114.11kg/m³，设计中热损失忽略不计。求水分蒸发量、加热蒸汽消耗量。

解 （1）水的蒸发量

$$W = F(1 - \frac{w_0}{w_1}) = \frac{6000}{3600} \times (1 - \frac{0.04}{0.2}) = 1.333 \text{kg/s}$$

（2）加热蒸汽消耗量

设计中热损失忽略不计，并采取沸点进料（$t_0 = t_1$），则得：

$$D = W\frac{r'}{r}$$

水的汽化潜热随温度或压强的变化不大,可取 $r \approx r'$,从而 $D \approx W$,即加热蒸汽量为:

$D = 1.333\text{kg/s}$

【拓展项目 4-1】　在连续操作的蒸发器中,将 2000kg/h 的某无机盐水溶液由 0.1 浓缩到 0.3(均为质量分数)。蒸发器的操作压力为 40kPa,相应的溶液沸点为 80℃。加热蒸汽的压力为 200kPa。已知原料液和完成液的比热均为 3.77kJ/(kg·℃),蒸发器的热损失为 12000W。设溶液的稀释热可以忽略,试求 1. 水的蒸发量;2. 原料液分别为 30℃、80℃、120℃时的加热蒸汽消耗量。(200KPa、80℃的饱和水蒸气的汽化潜热分别为 2205kJ/kg、2370kJ/kg)

解　(1)水的蒸发量

$$W = F(1 - \frac{w_0}{w_1}) = 2000(1 - \frac{0.1}{0.3}) = 1333\text{kg/h}$$

(2)加热蒸汽消耗量

①原料温度为 30℃

$$D = \frac{Fc_0(t_1 - t_0) + Wr' + Q_L}{r}$$

$$= \frac{1333 \times 2370 + 2000 \times 3.77 \times (80 - 30) + 12000 \times 3600/1000}{2205} = 1623\text{kg/h}$$

②原料温度为 80℃

$$D = \frac{Wr' + Q_L + Fc_0(t_1 - t_0)}{r}$$

$$= \frac{1333 \times 2370 + 2000 \times 3.77 \times (80 - 80) + 12000 \times 3600/1000}{2205} = 1452\text{kg/h}$$

③原料温度为 120℃

$$D = \frac{Fc_0(t_1 - t_0) + Wr' + Q_L}{r}$$

$$= \frac{1333 \times 2370 + 2000 \times 3.77 \times (80 - 120) + 12000 \times 3600/1000}{2205} = 1315\text{kg/h}$$

任务四　单效蒸发设备参数的确定

一、教学目标

1. 知识目标
掌握蒸发器的传热面积计算。

2. 能力目标
能根据任务要求选择合适设备并确定其参数。

3. 素质目标

(1)具有良好的团队协作能力;

(2)具有良好的语言表达和文字表达能力;

(3)培养安全生产和清洁生产的意识。

二、教学任务

在本任务中,通过分组查找资料、小组讨论交流等活动,计算蒸发器的主要参数。

三、相关知识点

(一)蒸发器传热面积的计算

由传热速率方程得到蒸发室的加热面积为:

$$S = \frac{Q}{K \Delta t_m} = \frac{Dr}{K(T-t)} \tag{4-9}$$

式中,S——蒸发器的传热面积,m^2;

$\quad Q$——传热量,J;

$\quad K$——传热系数,$W/(m^2 \cdot K)$;

$\quad \Delta t_m$——加热蒸汽与操作液沸点之差,℃;

$\quad T$——加热蒸汽温度,℃;

$\quad t$——操作液沸点,℃;

$\quad \Delta t_m$——传热平均温度差,℃。

1. Δt_m 的确定

在蒸发操作中,蒸发器加热室一侧是蒸汽冷凝,另一侧为液体沸腾,两侧都为恒温,因此其传热平均温度差应为:$\Delta t_m = T - t$。T 为加热蒸汽的温度,t 溶液的沸点。

蒸发器内溶液的沸点一般受冷凝器压力 P、溶液浓度、蒸发室内液层深度的影响。蒸发器内溶液的沸点高于相同压强下溶剂的沸点的数值称为溶液沸点升高,又称为传热的温度差损失。

$$\Delta = \Delta' + \Delta'' + \Delta''' \tag{4-10}$$

式中,Δ——传热温度差损失,K;

$\quad \Delta'$——由于溶质存在引起的传热温度差损失,K;

$\quad \Delta''$——因液柱压强引起的传热温度差损失,K;

$\quad \Delta'''$——因管路阻力引起的传热温度差损失,K。

2. 因溶质存在引起的传热温度差损失 Δ'

溶质的存在可使溶液的蒸汽压降低而沸点升高。不同性质的溶液在不同的浓度范围内,沸点上升的数值(以 Δ' 表示)是不同的。稀溶液及有机胶体溶液的沸点升高并不显著,但高浓度无机盐溶液的沸点升高却相当可观。例如,在 101.33kPa 下,20%NaOH 水溶液的沸点升高可达 8.5℃以上

$$\Delta' = t_B - T \tag{4-11}$$

式中,t_B——溶液的沸点,K;

  T——相同压力下水的沸点,K。

一般而言,电解质溶液的沸点升高远较非电解质显著,而食品工业上所处理的溶液多为高分子的非电解质或胶体溶液,沸点升高较小,故可近似参考糖液方面的数据。传热温度差损失一般可有以下方法求取。

(1)杜林法则

溶液的沸点和相同压强下标准溶液沸点之间呈线性关系。由于纯水在各种压强下的沸点容易获得,故一般选用纯水为标准溶液,只要知道溶液和水在两个不同压强下的沸点,在直角坐标图中以溶液沸点为纵坐标,以纯水沸点为横坐标,以溶液浓度为参数,即可得到一条直线。

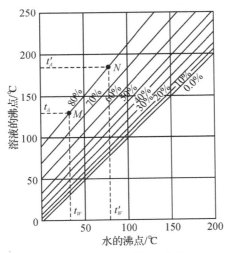

图 4-16　NaOH 水溶液杜林

(2)吉辛柯公式

如能查到常压下水溶液的沸点升高△a,则可按下面吉辛柯公式计算非常压下的沸点升高△′:

$$\Delta' = 16.2 \frac{T^2}{r} \Delta_a \qquad (4\text{-}12)$$

式中,T——蒸发室操作压强下水的沸点,K;

  r——蒸发室操作压强下水的汽化潜热,J/kg

  △$_a$——常压下溶液的沸点升高,K,

3.由于液层静压效应所引起的传热温度差损失 △″

蒸发器内的沸腾液总是有一定的液柱高度,其值与蒸发器的类型和结构有关。有些设备液柱可高达 3~6m,有些设备中此项损失可不计。

设蒸发管内液柱中层的平均压强

$$p_m = p_0 + \frac{\rho g h}{2} \qquad (4\text{-}13)$$

液柱静压效应所引起的传热温度差损失

$$\Delta'' = t_m - t_0 \qquad (4\text{-}14)$$

式中，p_m——为液层中部平均压强；

p_0——为液柱上方的二次蒸汽压强；

t_m——为在 p_m 下水的沸点；

t_0——为在 p_0 下二次蒸汽压强下水的沸点。

4. 由蒸汽流动中热损失引起的传热温度差损失 Δ'''

此项温差损失与蒸发装置的流程有关。二次蒸汽从分离室到冷凝器的流动管道长度、直径和保温情况均会影响此项损失。通常根据生产经验值选取 Δ''' 为 $1\sim1.5$℃。

【主导项目 4-3】 某食品厂需将一批浓度为 4% 的番茄酱通过单效蒸发的方法将产品浓缩到 20%，处理能力为 $6t/h$，进料温度为 60℃（沸点进料），蒸发过程采用绝压为 $147KPa$ 的加热蒸气加热，蒸发室的传热系数为 $1500W/m^2\cdot K$，操作压强为 $50KPa$，蒸发室的平均液层高度为 $1.8m$，在常压下，在此浓度下番茄酱的沸点升高 1.2℃，番茄酱原料密度：$1114.11kg/m^3$，设计中热损失忽略不计，求蒸发室的加热面积。

解 由传热速率方程得到蒸发室的加热面积为：

$$S = \frac{Q}{K\Delta t_m} = \frac{Dr}{K(T-t_1)}$$

操作液实际沸点为：

$$t_1 = t_1' + \Delta' + \Delta''$$

Δ' 的计算：

查数据手册知：$50kPa$ 下 $T=354.2K$，$r=2304.5kJ/kg$，利用吉辛科公式：则：

$$\Delta' = 16.2\frac{T^2}{r}\Delta_a = \frac{1.62\times354.2^2}{2304500}\times1.2 = 1.0583℃$$

Δ'' 的计算：

$$p_m = p + \frac{\rho g H}{2} = 50000 + \frac{1144.11\times10\times1.8}{2} = 60297.0350Pa$$

分别由压强 p 和 p_m 查取水的相应沸点为 t 和 t_m，则静压效应的沸点升高 Δ'' 近似为

$$\Delta'' = t_m - t \qquad (4\text{-}15)$$

即 $$\Delta'' = 85.6 - 81.2 = 4.4℃$$

取 $\Delta''' = 1.5℃$

则：

$$t_1 = t_1' + \Delta' + \Delta'' + \Delta''' = 81.2 + 1.0583 + 4.4 + 1.5 = 88.2℃$$

$$S = \frac{Q}{K\Delta t_m} = \frac{Dr}{K(T-t_1)} = \frac{1.333\times2304.5\times1000}{1500(120.2-88.2)} \approx 59m^2$$

【扩展项目 4-2】 在中央循环管蒸发器内将 $NaOH$ 水溶液由 10% 浓缩到 20%，已知常压下 $20\%NaOH$ 水溶液在 $101.33kPa$ 下沸点升高值为 $\Delta a=8.5$℃，$50kPa$ 下水的沸点为 81.2℃。求：

(1) 采用吉辛柯公式计算 $50kPa$ 时溶液的沸点。

(2) 利用杜林法则计算 $50kPa$ 时溶液的沸点。

解 (1) 由于 $20\%NaOH$ 水溶液在 $101.33kPa$ 下沸点升高值为 $\Delta a=8.5$℃，$50kPa$ 时水的饱和温度为 $T=81.2+273=354.2K$，水的汽化热 $r=2304.5kJ/kg$

$$\Delta' = 16.2\,\frac{T^2}{r}\Delta_a = 16.2 \times \frac{354.2}{2304500} = 7.5℃$$

溶液沸点：$t_b = \Delta' + T = 7.5 + 81.2 = 88.7℃$

（2）查 NaOH 水溶液的杜林线图中的 20% 直线，50kPa 下水的沸点为 81.2℃ 为横坐标，得溶液沸点（纵坐标）是 88℃。

任务五　蒸发过程安全运行操作

一、教学目标

1. 知识目标

掌握蒸发过程安全运行操作的基本知识。

2. 能力目标

能根据任务要求掌握蒸发过程安全运行操作。

3. 素质目标

（1）具有良好的团队协作能力；

（2）具有良好的语言表达和文字表达能力；

（3）培养安全生产和清洁生产的意识。

二、教学任务

在本任务中，通过分组查找资料、小组讨论交流等活动，能进行蒸发过程安全运行操作，分析处理常见故障。

三、相关知识点

蒸发操作的最终目的是将溶液中大量的水分蒸发出来，使溶液得到浓缩，而要提高蒸发器在单位时间内蒸出的水分，必须做到以下几点：

（1）合理选择蒸发器。蒸发器的选择应考虑蒸发溶液的性质，如溶液的黏度、发泡性、腐蚀性、热敏性，以及是否容易结垢、结晶等情况。如热敏性的食品物料蒸发，由于物料所承受的最高温度有一定极限，因此应尽量降低溶液在蒸发器中的沸点，缩短物料在蒸发器中的滞留时间，可选用膜式蒸发器。对于腐蚀性溶液的蒸发，蒸发器的材料应耐腐蚀。例如，氯碱厂为了将电解后所得的 10% 左右的 NaOH 稀溶液浓缩到 42%，溶液的腐蚀性增强，浓缩过程中溶液强度又不断增加，因此当溶液中 NaOH 的浓度大于 40% 时，无缝钢管的加热管要改用不锈钢管。溶液浓度在 10%—30% 段蒸发可采用自然循环型蒸发器，浓度在 30%～40% 之间蒸发，由于晶体析出和结垢严重，而且溶液的黏度又较大，应该采用强制循环型蒸发器，这样可提高传热系数，并节约钢材。

(2)提高蒸汽压力。为了提高蒸发器的生产能力,提高加热蒸汽的压力和降低冷凝器中二次蒸汽压力,有助于提高传热温度差(蒸发器的传热温度差是加热蒸汽的饱和温度与溶液沸点温度之差)。因为加热蒸汽的压力提高,饱和蒸汽的温度也相应提高。冷凝器中的二次蒸汽压力降低,蒸发室的压力变低,溶液沸点温度也就降低。由于加热蒸汽的压力常受工厂锅炉的限制,所以通常加热蒸汽压力控制在300—500kPa;冷凝器中二次蒸汽的绝对压力控制在10—20kPa。假如压力再降低,势必增大真空泵的负荷,增加真空泵的功率消耗,且随着真空度的提高,溶液的黏度增大,使传热系数下降,反而影响蒸发器的传热量。

(3)提高传热系数 K。提高蒸发器蒸发能力的主要途径是应提高传热系数 K。通常情况下,管壁热阻很小,可忽略不计。加热蒸汽冷凝膜系数一般很大,若在蒸汽中含有少量不凝性气体时,则加热蒸汽冷凝膜系数下降。据测试,蒸汽中含1%不凝性气体,传热总系数下降60%,所以在操作中,必须密切注意和及时排除不凝性气体。在蒸发操作中,管内壁出现结垢现象是不可避免的,尤其当处理易结晶和腐蚀性物料时,此时传热总系数 K 变小,使传热量下降。在这些蒸发操作中,一方面应定期停车清洗、除垢;另一方面改进蒸发器的结构,如把蒸发器的加热管加工光滑,使污垢不易生成,即使生成也易清洗,这就可以提高溶液循环的速度,从而可降低污垢生成的速度。对于不易结晶、不易结垢的物料蒸发,影响传热总系数 K 的主要因素是管内溶液沸腾的传热膜系数。在此类蒸发操作中,应提高溶液的循环速度和湍动程度,从而提高蒸发器的蒸发能力。

(4)提高传热量。提高蒸发器的传热量,必须增加它的传热面积。在操作中,应密切注意蒸发器内液面高低。如在膜式蒸发器中,液面应维持在管长的1/5～1/4处,才能保证正常的操作。在自然循环式蒸发器中,液面在管长1/3～1/2处时,溶液循环良好,这时气液混合物从加热管顶端涌出,达到循环的目的。液面过高,加热管下部所受的静压强过大,溶液达不到沸腾。

思 考 题

1.什么叫蒸发?蒸发操作具有哪些特点?

2.常压和减压操作各有何优缺点;各适用于什么场合?

3.什么叫蒸发操作中的温度差损失?它是由哪些因素引起的?

4.什么叫单位蒸汽消耗量?它与哪些影响因素有关?

5.什么叫多效蒸发?多效蒸发的常用流程有哪几种?各有何优缺点?

6.在蒸发装置中,有哪些辅助设备?各起什么作用?

习　　题

1. 今欲用一单效蒸发器将浓度为 11.6% 的 NaOH 溶液浓缩至 18.3%（皆为质量分率，下同），已知每小时的处理量为 10t，求所需要蒸发的水分量。

2. 今欲用一单效蒸发器将浓度为 68% 的硝酸铵水溶液浓缩至 90%，每小时的处理量为 10t。已知加热蒸汽的压强为 689.5kPa，蒸发室内的压强为 20.68kPa，假设溶液的沸点为 334K，沸点进料，蒸发器的传热系数为 1200W/m² · K，热损失以 5% 考虑，试求蒸发器所需要的传热面积。

3. 浓度为 18.32% 的 NaOH 水溶液在 50kPa 下沸腾，试求溶液沸点升高的数值。

4. 用一悬筐式单效蒸发器将 10% 的氢氧化钠溶液浓缩至 20%，处理量为 10t/h，原料液的比热为 3.77kJ/kg · K，进料温度为 333K，加热室内溶液的密度为 1176kg/m³，平均高度为 1.2m，蒸发器内的操作压强为 41.37kPa，加热蒸汽压强为 206.85kPa，热损失为 63700kJ/h，假设加热器的总传热系数为 2000w/m²K，试求加热蒸汽消耗量和蒸发器所需的传热面积。

项目五　吸收技术

项目说明　某矿石焙烧炉送出气体中含有一定量的二氧化硫气体,二氧化硫气体是形成酸雨的主要来源,因此,必须将此混合气体中的二氧化硫去除,才能将其排入大气,从而实现清洁生产的目的。

通过本项目的学习,了解吸收的基本理论知识,熟悉吸收工艺流程及设备,能够解决二氧化硫去除过程中吸收剂的选取、吸收设备及其参数的确定、吸收流程的布置、吸收条件的确定等问题,并能够对典型设备进行操作。

案例　矿石焙烧炉送出气体冷却到 20℃后送入填料塔,选择合适的溶剂除去其中的 SO_2。入塔的炉气流量为 $2400m^3/h$(标准状况下),其中 SO_2 的摩尔分率为 0.05,要求 SO_2 的吸收率为 95%。吸收塔为常压操作,即 101.3kPa。

任务一　吸收技术的应用检索

一、教学目标

1.知识目标

掌握吸收技术的基础理论知识。

2.能力目标

会利用图书馆、网络资源查阅吸收技术的相关资料,会计算吸收工艺参数,并能选择合适的吸收设备。

3.素质目标

(1)具有良好的团队协作能力;

(2)具有良好的语言表达和文字表达能力。

二、教学任务

在本任务中,通过分组查找资料、小组讨论交流等活动,能够为矿石焙烧炉尾气中二氧化硫的去除选择合适的吸收方法。

三、相关知识点

(一)吸收概念

吸收是将气体混合物与适当的液体接触,气体中一种或多种组分溶解于液体中,不能溶解的组分仍保留在气相中,利用各组分在液体中的溶解度的差异而使气体中不同组分分离的操作。混合气体中,能够溶解于液体的组分称为吸收质或溶质,不能溶解的组分称为惰性气体;吸收操作所用的溶剂称为吸收剂;溶有溶质的溶液称为吸收液或简称溶液;排出的气体称为吸收尾气,其主要成分应是惰性气体,还有残余的溶质。

(二)吸收操作的分类

在吸收过程中,有些没有明显的化学反应,可看作单纯的物理溶解过程,称为物理吸收,如用液态烃吸收气态烃;有的则伴有明显的化学反应,称为化学吸收,如用水吸收 NO_2 制硝酸。化学吸收比物理吸收要复杂得多。

在吸收过程中,如果混合气体中只有一个组分进入液相,其他组分的溶解可以忽略,则称为单组分吸收。如果有两个或多个组分能够溶解,则称为多组分吸收。

当气体溶解于液体中时,通常有溶解热产生,化学吸收时,还可能放出反应热,使液相温度逐步升高,这样的吸收过程称为非等温吸收。若吸收过程的热效应较小,或吸收剂用量较大,则液相温度升高并不明显,可视为等温吸收。

另外,按吸收过程的操作压力还可以分为常压吸收和加压吸收。

(三)吸收的具体应用

吸收操作是气体混合物的重要分离方法,在化工生产中有以下几种具体应用:

(1)制取化工产品。将气体中某种成分用溶剂吸收,溶液作为产品或半成品。例如,用水吸收 HCl 制取盐酸。

(2)分离气体混合物。例如,油吸收法分离裂解气。

(3)气体净化。例如,锅炉废气脱除 SO_2 以保护环境,合成氨原料气的脱 CO_2 和 H_2S。

(4)生化工程。例如,柠檬酸的生产,通常采用深层发酵法,因为使用的是好氧性菌,所以发酵过程必须给予大量空气维持正常代谢。

主导项目 采用物理吸收除去矿石焙烧炉送出气体中的 SO_2。

任务二   吸收设备及流程

一、教学目标

1.知识目标

(1)掌握吸收塔设备类型、结构、特点及应用场合;

(2)了解吸收塔设备的选择依据;

(3)了解填料的种类、特性参数及选择依据;

（4）了解吸收工艺流程的分类与原则。

2.能力目标

（1）能根据任务要求选择合适的塔设备及其附属设备；

（2）能根据任务要求选择合适的填料；

（3）能根据任务要求合理布置吸收流程并画出基本工艺流程图。

3.素质目标

（1）具有良好的团队协作能力；

（2）具有良好的语言表达和文字表达能力；

（3）培养安全生产和清洁生产的意识。

二、教学任务

在本任务中，通过分组查找资料、小组讨论交流等活动，能够为矿石焙烧炉尾气中二氧化硫的去除选择合适的塔设备和吸收流程。

三、相关知识点

（一）塔设备的选择

吸收是一个传质过程。传质过程所应用的设备有多种类型，如填料塔、板式塔、鼓泡塔、喷洒塔等。其主要功能是给传质的两项（或多项）提供良好的接触机会，包括增大相界面面积和增强湍动程度，并尽力使两相在接触后分离完全，现简要介绍几种常见的吸收设备。

1.板式塔

板式塔为接触式的气液传质设备，其结构如图 5-1 所示，它是由圆柱形壳体、塔板、溢流堰、降液管及受液盘等部件组成。塔板是板式塔的核心部件，它提供气液接触的场所，决定了一个塔的基本性能。塔板按一定间距一块块地安置在塔内，操作时，塔内液体依靠重力的作用，由上层塔板的降液管流到下层塔板的受液盘，然后横向流过塔板，从另一侧的降液管流至下一层塔板。溢流堰的作用是使踏板上保持一定厚度的流动液层；气体自下而上通过塔板上的开孔部分，与自上一块塔板流入的液体在塔板上接触，达到传质、传热的目的。

板式塔的塔型很多，最早在工业上应用的有泡罩塔和筛板塔，随着石油化学工业的发展，先后出现了许多新塔型，如浮法塔、舌型塔、浮动喷射塔、波纹筛板塔、双孔径筛板塔、斜孔径筛板塔、多降液管筛板塔等。

图 5-2 为几种常用塔板构造的示意简图，其中图（a）为泡罩塔，图（b）为筛板塔，图（c）为浮阀塔，图（d）为固定舌型塔，图（e）为浮动喷射塔。现对图 5-2 中提出的几种基本塔型做一些介绍，其他种类繁多的塔板结构可从这几种基本塔板演

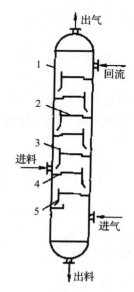

图 5-1　板式塔结构

1—塔体；2—塔板；3—溢流堰；
4—受液盘；5—降液管

变而来。

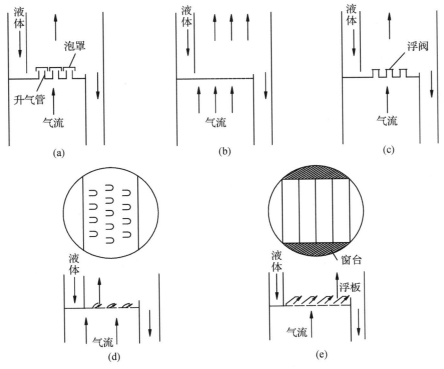

图 5-2　常用板式塔

（1）泡罩塔

泡罩塔是历史最久的一种结构型式，主要由一个圆筒形塔体和多层塔板组成。图 5-2（a）为该塔的示意图。塔板上装有一个或多个泡罩，泡罩像一个碗一样罩在蒸气通道的上部，泡罩四周有很多齿缝，塔板上的液体高于齿缝，这样，蒸气被齿缝分成多股细流喷出，在液面上形成一层泡沫，从而增大蒸气与液体的接触面，增强了传质效果。泡罩安装要水平，齿缝必须没有残缺，而且必须浸于液体之中，否则会造成气流不均、气液不能良好接触等缺陷。

泡罩塔的优点是不易发生漏液现象，有较好的操作弹性，即当气、液负荷有较大波动时，仍能维持几乎恒定的板效率；另外，塔板不易堵塞，对各种物料的适应性强。缺点是塔板结构复杂，金属消耗量大，造价较高；生产能力不大，效率较低；流体阻力和液面落差较大；安装检修不便等。

（2）筛板塔

筛板塔也是最早用于化工生产的塔设备之一。筛板的结构如图 5-3 所示。在塔板上开有许多均匀分布的筛孔，上升气流通过筛孔分散成细小的流股，在板上液层中鼓泡而出，与液体密切接触。筛孔在塔板上按正三角形排列，其直径一般为 3～8mm，推荐采用 4～5mm，孔心距与孔径之比常在 2.5～5.0 范围内。近年来逐渐采用大孔径（$\phi=10～25mm$）的筛板。

塔板上设置溢流堰，以使板上维持一定高度的液层。在正常操作范围内，通过筛孔上升的气流,应能阻止液体经筛孔向下泄漏。液体通过降液管逐板下流。

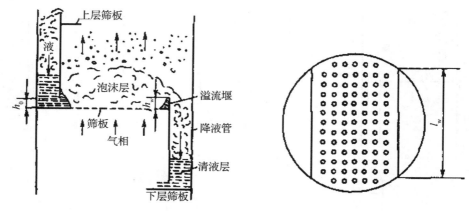

图 5-3 筛板

筛板塔的突出优点是结构简单,造价低廉;气体压降小,板上液面落差较小;其生产能力及板效率较泡罩塔高。其主要缺点是操作弹性小,筛孔容易堵塞。但近年来,除了曹勇大孔径的晒斑以改善堵塞等缺陷之外,还研制了一些新的筛板结构,使筛板塔这一仅次于泡罩塔的古老形式至今仍然在工业上广泛采用。

(3)浮阀塔

浮阀塔于 20 世纪 50 年代开始在工业上广泛使用,目前仍为许多工厂进行蒸馏操作时选用的一种塔型,效果较好。

浮阀塔板的构造与泡罩塔板相似,但用浮阀代替泡罩,并且没有升气管,只是在带降液管的塔板上开有若干大孔(标准孔为 39mm),在每孔上装有一个可以上下浮动的阀片,浮阀有多种形式,国内最常采用的阀片型式为 FI 型和 V-4 型,十字架形浮阀也有应用,如图 5-2(c)所示。

F1 型浮阀塔的阀片本身有三条"腿",插入阀孔后将各腿底脚板转 90°,用以限制操作阀片在板上升起的最大高度(8.5mm);阀片周边又冲出三块略向下弯的定距片,使阀片处于静止位置时仍与塔板间留有一定的缝隙(2.5mm)。这样,当气量很小时气体仍能通过缝隙均匀地鼓泡,避免了阀片起、闭不稳的脉动现象,同时由于阀片与塔板板面是点接触,可以防止阀片与塔板间的黏着和腐蚀。

F1 型浮阀又分重阀和轻阀两种:重阀采用厚度为 2mm 的薄钢板冲压而成,约重 33g;轻阀采用厚 1.5mm 的薄钢板冲制,约重 25g。操作中重阀比轻阀稳定,漏液少,效率较高,但压力降稍大一些,一般情况下都采用重阀。

V4 型浮阀的特点是阀孔被冲成向下弯曲的文丘里形,用以减小气体通过塔板的压力降。阀片除腿部相应增长外,其余部分结构尺寸与 F1 型轻阀无异。V4 型浮阀适用于减压系统。

T 型浮阀结构比较复杂,此种浮阀是借助固定于塔板上的十字支架来限制拱形阀片的运动范围,多用于易腐蚀和较脏的流体。

(4)穿流栅孔板塔

穿流栅孔板塔是无溢流装置的筛板(或栅板)塔,塔板亦称淋降板是一种结构简单的板型,没有降液管,塔板上开有栅缝或筛孔,气、液两相同时逆流通过。

这种塔板的优点是:结构简单,造价低廉,生产能力大,压力降小。缺点是操作弹性小,效率受气体流量变化影响较大,不适用于易聚合和生垢的溶液。

上述各种塔型中,以泡罩塔、浮阀塔和筛板塔的使用较为广泛。

2.填料塔

填料塔由塔体、填料、液体分布装置、填料支承装置、液体再分布装置等构成。如图5-4所示,在圆筒形的塔体(壳)内放置专用的填料作为接触元件,填料的作用是使从塔顶流下的液体沿着填料表面散布成大面积的液膜,并使从塔底上升的气流增强湍动,从而提供良好的气液接触条件。在塔底,设有液体的出口、气体的入口和填料的支撑结构;在塔顶,则有气体的出口、液体的入口以及液体的分布装置,通常还设有除雾沫装置以除去气流中所夹带的雾沫。在填料塔内气、液两相沿着塔高连续地接触、传质,故两相的浓度也沿塔高连续变化。因此,填料塔属于连续接触式传质设备。

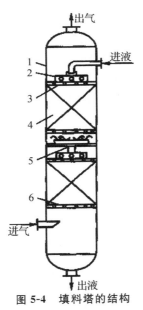

图 5-4　填料塔的结构

1—塔体;2—流体分布器;3—填料压紧装置;4—填料层;
5—液体再分布器;6—填料支承装置

填料塔操作时,液体自塔上部进入,通过液体分布器均匀喷洒在塔截面上并沿填料表面呈膜状流下,最后经填料支承装置由塔下部排出。气体自塔下部经气体分布装置由塔下部进入,通过填料支承装置后在填料缝隙中的自由空间上升,并与下降的液体相接触,最后从塔上部排出。填料层内气液两相呈逆流接触,填料的润湿表面即为气液两相的主要传质面积。

填料塔不仅结构简单,而且具有阻力小和便于用耐腐材料制造等优点,尤其适用于塔直径较小的情形及处理有腐蚀性的物料或要求压强较小的真空蒸馏系统,此外,对于某些液气比比较大的蒸馏或吸收操作,也宜采用填料塔。

（二）吸收过程对塔设备的要求

为实现优质、高产、经济的分离，吸收装置的塔设备应满足以下要求：

(1)生产强度大，即单位塔截面气、液两相通过能力大。

(2)流体阻力小，主要指气体的压降要小，以节省动力消耗、降低操作费用。

(3)分离效率尽可能高，选择高效塔内件实现高效的传质分离。

(4)操作弹性好。

(5)结构简单可靠，易于操作及检修。

(6)制造成本和维修费用合适。

填料塔、板式塔以及喷洒塔均可用于吸收（或解吸）操作。然而不同塔设备具有不同的操作特性，根据具体吸收（或解吸）过程的特点和要求，选择合适的塔设备类型。

由于填料塔具有结构简单、阻力小、加工容易，可用耐腐蚀材料制作，吸收效果好，装置灵活等优点，故在化工、环保、冶炼等工业吸收操作中应用较普遍。如硝酸、硫酸吸收塔，二氧化硫、氨、氯和二氧化碳回收塔等多为填料塔。特别是近年由于性能优良的新型散装和规整填料的开发，塔内件结构和设备的改进，改善了填料层内气液相的均匀分布与接触情况，使填料塔的负荷通量加大，阻力降低，效率提高，操作弹性大，促使填料塔的应用日益广泛。在实际工程中吸收、解吸和气体洗涤过程绝大多数使用填料塔。

填料可以提供巨大的气液传质面积而且填料表面具有良好的湍流状况，从而使吸收过程易于进行，而且，填料塔还具有结构简单、压降低、填料易用耐腐蚀材料制造等优点，从而可以使吸收操作过程节省大量人力和物力。本项目重点学习填料塔。

（三）填料塔结构

1.填料

填料是填料塔的核心内件，其作用为为气、液两相提供充分而密切的接触，以实现相际间的高效传热和传质。各种填料的性能参数有下述几种：

①填料数 n：指单位体积填料中填料的个数。对于乱堆填料来说，这是个统计数字，其值依实测求得。

②比表面积 a：指单位体积填料中的填料表面积，单位为 m^2/m^3。比表面积大，则意味着单位体积填料提供的气、液接触面积大，有利于传质。

③空隙率 ε：指干塔状态时单位体积填料所具有的空隙体积，单位为 m^3/m^3。填料空隙率大，气液流动阻力小，流通能力大，这样塔的操作弹性范围宽。在实际操作中，由于填料壁面上附有一层液体，所以实际的空隙率低于持液前的空隙率。

④干填料因子：它是由比表面积和空隙率复合而成的物理量 a/ε^3，单位为 $1/m$，常用来关联气体通过干填料层的各种流动特性。但在填料持液后，部分空隙会被液体占据，空隙率和比表面积都会发生变化。这样干填料因子就不可能确切地反映填料持液的水力学性能，所以又提出了一个填料持液后的填料因子，即湿填料因子，简称填料因子，单位为 $1/m$，用来关联填料持液后对气、液两相流动的影响。填料因子小，流动阻力小，发生液泛时的气流速度高。干填料因子需要用实验测得。

传质过程决定了选择填料的基本要求：

①具有较大的比表面积和较高的空隙率；

②几何结构要有利于气、液两相流体的分布，流动与接触；具有良好的刚性和强度；

③对工艺流体要有良好的耐腐蚀性、润湿性能和热稳定性能；

④廉价、易得。

对填料的各项要求集中起来，是保证填料塔具有生产强度大、流体阻力小、分离效率高、操作弹性好以及安全可靠等各项技术经济性能。

（1）填料的种类

工业中所应用的填料种类很多，对填料的分类办法也不相同。如按填料形状划分，有环形、鞍形和波纹形。按形体划分，有实体填料和网体填料。实体填料中有常用的拉西环、鲍尔环等环形填料和矩鞍形、弧鞍形等鞍形填料，以及波纹填料等；网体填料中有用丝网体制成的各种填料。按装填方式划分，有散装填料和规整填料。散装填料是一粒粒具有一定集合形状和尺寸的颗粒体，一般以散装方式堆积在塔内；整砌填料则是一种在塔内整齐的有规则排列的填料。

这里按装填方式划分，介绍一些工业中常用的典型填料，如图5-5所示。

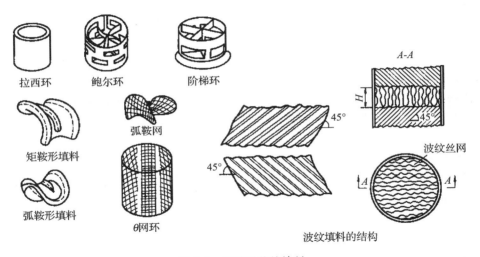

拉西环　鲍尔环　阶梯环

矩鞍形填料　弧鞍网

弧鞍形填料　θ网环

波纹填料的结构

波纹丝网

图5-5　各种形状的填料

①散装填料

（a）拉西环

拉西环（Rasching ring）是使用最早的人造填料（1914年）。它是一段高度和外径相等的短管，可用陶瓷和金属制造，拉西环形状简单，制造容易。

但是，大量的工业实践表明，拉西环由于高径比为1，堆积时相邻环之间容易形成线接触，填料层的均匀性较差，且不易充分润湿。因此，拉西环填料层存在着严重的向壁偏流和沟流现象。目前，拉西环填料在工业上的应用日趋减少。

（b）鲍尔环

鲍尔环（Pall ring）是在拉西环的壁上开一层或两层长方形孔。开孔时，孔不完全从环上断开，而是断开四边形的三条边，保留另一边，并使其开出舌状弯向环的中心，几乎在环心对接起来。上下两层孔的位置是错开的。一般孔的面积为整个环壁的35%左右。这样，气、液体便可从孔中流过，流通性能改善，对于同样的孔隙率流动阻力大为降低，环的内表面积得以充分利用。另外,由于开孔后保留的舌片向中心弯曲,所以液体的分布较为均匀,改进了拉西环使液体向壁偏流的缺点。

正因如此,与拉西环相比,鲍尔环具有生产能力大、阻力小、效率高、操作弹性大等优点。在一般情况下,同样压降时,处理量可比拉西环大 50％以上,传质效率能提高 20％左右。所以鲍尔环是目前工业上用于大型塔的一种良好的填料。其材质有塑料和金属两种。

(c)鞍形填料

• 弧鞍形填料

这是一种表面全部敞开的填料,用陶瓷烧成,形状像马鞍,如图 5-5 所示,大小为 25～50mm 的较常用,其性能优于拉西环。但由于其结构的对称性,堆放时容易造成相互重叠,因而裸露面积减少,表面不能被充分利用,所以传质性能不及矩鞍形填料,逐渐被后者代替。

• 矩鞍形填料

这也是一种敞开式填料,如图 5-5 所示,多用陶瓷制造。它的两面不对称,且大小不等,所以堆放时不会重叠,强度也较好,较耐压。它的流体阻力小,物料处理能力强,传质性能好,制造比鲍尔环、弧鞍形填料简便,液体分布较均匀,是一种性能优良的新型填料。

(d)阶梯环填料

如图 5-5 所示。它的圆环端有向外翻卷的喇叭口,环高与直径之比小于 1,喇叭口的高度约为全高的 1/5,环壁上开有窗孔,环内有两层十字形翅片,两层翅片交错 45°,起到加固和增大接触面的作用。喇叭口防止了相邻填料靠紧,增加了空隙,同时使填料的表面得以充分利用,因此可使压降降低、传质效率提高。阶梯环的材质多为金属或塑料。

② 规整填料

(a)网体填料

类以金属网或多孔金属片为基本材料制成的填料,通常称为网体填料。网体填料的种类也很多,如压延孔环、θ 网环和鞍形网等。

网体填料的特点是网材薄,填料尺寸小,比表面积和空隙率都很大,液体均匀分布能力强。因此,网体填料的气体阻力小,传质效率高。但网体填料造价高,在大型的工业生产中难以应用。

(b)波纹填料

这是一种整砌结构的填料,目前有薄板及金属丝网型两种,如图 5-5 所示。

波纹填料通道较均匀,所以气体阻力小,空塔气速可以比普通填料高几倍,空隙率和比表面积都较高(500～1500m²/m³),等板高度(HETD)为 200～300mm,比一般填料的小得多。波纹填料塔操作性能稳定,传质效率不易受气速波动的影响。但它的清理较困难,不适宜于有固体析出、容易结垢或液体黏度较大的物系。在塔中,波纹填料质量大、造价高,而且装卸不如乱堆方便。

波纹填料要安装正确,相邻两板反向叠靠,垂直排列组成盘,再一盘盘地装于塔中,盘与盘间波纹成 90°向旋转排列,并紧密接触。这样才能保证液体分布均匀。盘与塔壁缝隙间要用其他物质塞紧,以保证盘在操作时不转动或浮动。由于波纹填料的液体分布性好,没有向壁偏流现象,所以可不设置液体再分布器,但要求液体初始分布应均匀。

(c)栅板

它是由薄木板条、金属板条或塑料板条排列而成,相邻两层垂直摆放,条与条之间留有空隙,有利于处理含固体颗粒的液体,阻力亦小,但传质效果不如单个填料。

此外还有其他各种类型的填料,近年来,国内外都加强了对填料的研究与开发,力度很强,进展很快,各种性能优良的填料不断出现,如 BH800、BH1000 型金属丝网规整填料等。

（2）填料的选择

①材料的选择

（a）设备操作温度较低,塑料能长期操作无变形、体系对塑料无溶胀的情况下可考虑用塑料。因其价格低、性能良好,塑料填料的操作温度一般不超过 100℃,玻璃纤维增强的聚丙烯填料可达 120℃左右。塑料除浓硫酸、浓硝酸等强酸外,有较好的耐腐性,但塑料表面对水溶液的润湿性差。

（b）陶瓷填料一般用于腐蚀性介质,尤其是高温时,但对氢氟酸（HF）和高温下的磷酸（H_3PO_4）与碱不能使用。

（c）金属材料一般耐高温,但不耐腐蚀。不锈钢可耐锈蚀,但价格昂贵。

②类型的选择

主要取决于工艺要求,如所需理论级数、生产能力（气量）、容许压降、物料特性等,结合填料特性,要求所选填料能满足工艺要求,易安装维修。

由于规整填料气、液分布较均匀,技术指标优于乱堆填料,故近年来规整填料的应用日趋广泛,尤其是大型塔和要求压降低的塔,但装卸清洗较为困难。

对于生产能力（塔径）大,而分离要求亦较高,压降有限制的塔,选用孔板波纹填料较适宜,如苯乙烯－乙苯精馏塔、润滑油减压塔等。

对于一些要求持液量较高的吸收塔,一般用乱堆填料。乱堆填料中,综合技术性能较优越的是金属鞍环、阶梯环,其次是鲍尔环,再次是矩鞍填料。

一般填料尺寸（直径、波峰高）大,则比表面小,通量（容许气速）大、压降低,但效率（每米填料的理论板数）也低,设计出的塔细而高,故多用于生产能力（处理气量）大的塔。一般塔径 $D<300$mm,填料直径 $d=20\sim25$mm;$D>900$mm,$d=50\sim70$mm;$D=300\sim900$mm,$d=25\sim38$mm。此外 D/d 太小时,会产生壁流现象,故一般 $D/d\geqslant10$,对鞍形填料 $D/d\geqslant15$,规整填料无此限制。

大型工业用规整填料塔常用波峰高 12mm 左右的波纹填料（比表面约为 $250\text{m}^3/\text{m}^3$）。

对于理论板数很多或塔高受厂房限制的场合,一般用尺寸小、比表面积大的填料,如波峰高 4.5 或 6.3mm 的刺孔波纹填料。

对于易结垢或沉淀的物料通常用大尺寸格栅填料,并在较高气速下操作。

常见的个体填料和波纹填料的特性数据如表 5-1 所示,其他可查阅有关参考文献。

表 5-1　几种常用填料的特性数据

填料名称	尺寸/mm	材质及堆放方式	比表面积 $a/(m^2/m^3)$	空隙率 $\varepsilon/(m^2/m^3)$	每 m^3 填料个数	堆积密度 $/(kg/m^3)$	干填料因子 $(a/\varepsilon^3)/m^{-1}$	填料因子 ϕ/m^{-1}	备 注
拉西环	10×10×1.5	瓷质乱堆	440	0.70	720×10³	700	1280	1500	直径×高×厚
	10×10×0.5	钢质乱堆	500	0.88	800×10³	960	740	1000	
	25×25×2.5	瓷质乱堆	190	0.78	49×10³	505	400	450	
	25×25×0.8	钢质乱堆	220	0.92	55×10³	640	290	260	
	50×50×4.5	瓷质乱堆	93	0.81	6×10³	457	177	205	
	50×50×4.5	瓷质乱堆	124	0.72	8.83×10³	673	339		
	50×50×1	钢质乱堆	110	0.95	7×10³	430	130	175	
	80×80×9.5	瓷质乱堆	76	0.68	1.91×10³	714	243	280	
	76×76×1.5	钢质乱堆	68	0.95	1.87×10³	400	80	105	
鲍尔环	25×25	瓷质乱堆	220	0.76	1.87×10³	505		300	
	25	钢质乱堆	209	0.94	61.1×10³	480	160	160	
	25	塑料乱堆	209	0.90	51.1×10³	72.6	170	170	
	50×50×4.5	瓷质乱堆	110	0.81	6×10³	457	130	130	
	50×50×0.9	钢质乱堆	103	0.95	6.2×10³	355	66	66	
阶梯环	25×12.5×1.4	塑料乱堆	223	0.90	81.5×10³	97.8	172	172	直径×高×厚
	33.5×19×1.0	塑料乱堆	132.5	0.91	27.2×10³	57.5	115	115	
弧鞍环	25	瓷质	252	0.69	78.1×10³	725	360	360	
	25	钢质	280	0.83	88.5×10³	1400			
	50	钢质	106	0.72	8.87×10³	645	148	148	
矩鞍形	25×3.3	瓷质	258	0.775	84.6×10³	548	320	320	名义尺寸×厚
	50×7	瓷质	120	0.79	9.4×10³	532	130	130	
θ网环	8×8	镀锌	1030	0.936	2.12×10⁶	490			40 目 丝径 0.23～0.25mm
鞍形网	10		1100	0.91	4.56×10⁶	340			
压孔环	6×6	铁丝网	1300	0.91	10.2×10⁶	355			60 目 丝径 0.125mm

2.液体初始分布器

液体初始分布器也称为液体喷淋装置。填料塔操作时,在任一横截面上保证气液的均匀分布十分重要。液体分布装置的作用是使液体的初始分布尽可能均匀,设计液体分布装置的原则应该是能均匀分散液体,通道不易堵塞,结构简单,制造检修方便等。

为了使液体初始分布均匀,原则上应增加单位面积上的喷淋点数量,但是由于结构的限制,不可能将喷淋点数量设计得很多,同时,如果喷淋点数量过多,必然使每股液流的流量过小,也难以保证均匀分配。此外,不同填料对液体均匀分布的要求也有差别,如高效填料因流体不均匀分布对效率的影响十分敏感,故应有较为严格的均匀分布要求。

常用填料喷淋点数量的设置参照以下指标:

$D \approx 400$mm 时,每 30cm^2 塔截面设一个喷淋点;

$D \approx 750$mm 时,每 60cm^2 塔截面设一个喷淋点;

$D \approx 1200$mm 时,每 240cm^2 塔截面设一个喷淋点。

任何程度的壁流都会降低效率,因此在靠近塔壁的 10% 塔径区域内,所分布的流量不应超过总流量的 10%。液体喷淋装置的安装位置,通常需要高于填料层表面 150~300mm,以提供足够的自由空间,让上升气流不受约束地穿过喷淋塔。

液体喷淋装置类型很多,国内常用的有以下几种。

(1)管式喷淋器

图 5-6 所示为几种结构简单的管式喷淋器,图 5-6(a)为弯管式,图 5-6(b)为缺口式,液体直接向下流出,为避免水力冲击,在流出口下加一块圆形挡板,这两种喷淋器一般只用于塔径 300mm 以下的情况。图 5-6(c)为多孔直管式,适用于 600mm 以下的塔,图 5-6(d)为多孔盘管式,在管底部钻 2~4 排直径 3~6mm 的小孔,孔的总截面积大致与进液管截面积相等,适用于直径 1.2m 以下的塔。

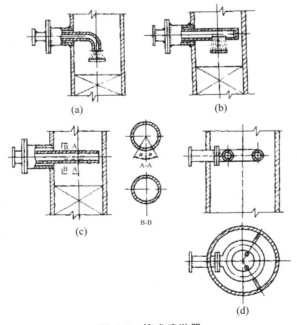

(a)　　　　(b)

(c)　　　　(d)

图 5-6　管式喷淋器

（2）莲蓬式喷洒器

如图5-7所示，莲蓬式喷洒器是开有许多小孔的球面分布器。液体借助泵或高位槽的静压头，经分布器上的小孔喷出，喷洒半径的大小随液体压头和分布器高度不同而异，在压头稳定的场合，可达到较为均匀的喷淋效果。

莲蓬头喷洒器结构简单，应用较为普遍，缺点是小孔容易堵塞。它一般应用于直径600mm以下的塔中。通常安装在填料上方的中央处，离开填料表面的距离为塔径的1/2～1。

（3）盘式分布器

如图5-8所示，液体通过进液管加到淋洒盘内，然后由淋洒盘围板的上边缘溢流或通过喷洒盘上的小孔，使液体淋洒到填料上。盘式分布器的分布效果较好，结构简单，液体通过时的阻力较小，其分布比较均匀，适用于直径大于0.8m的塔。

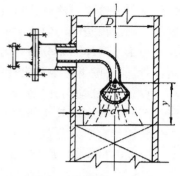

图 5-7　莲蓬式喷洒器

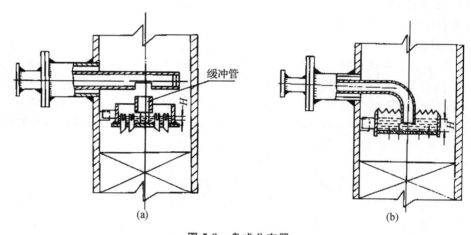

图 5-8　盘式分布器

（a）溢流管式　　（b）筛孔式

（4）齿槽式分布器

齿槽式分布器如图5-9所示，液体先由上层的主齿槽向下层的分齿槽做预分布，然后再向填料层喷洒。齿槽式分布器自由截面积很大，不易堵塞，对气体的阻力小，故特别适用于大直径的塔设备。但是这种分布器的安装水平要求较高。

3.液体再收集及再分布器

（1）液体再收集器

液体再收集器能够将上段填料下来的液体收集起

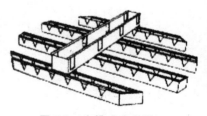

图 5-9　齿槽式分布器

来，并且将不同位置留下来的液体加以混合，使进入下一层填料的液体有相同的组成。常用的收集器有以下两种：

①遮板式液体收集器

遮板式液体收集器置于填料层下面，能将液体全部收集，它的阻力可以忽略不计，而且不影响气体分布的均匀性。

遮板式液体收集器可分为整体式、分体式和支承式。整体式适用于 2m 以下的小塔；分体式适用于直径为 2.5～3m 的塔；支承式适用于直径大于 2m 的大塔。

②升气管式液体收集器

升管式液体收集器主要用于液体出料，设有升气管，在升气管上端设有挡液板，以防止液体从升气管落下。

升气管液体分布器分为整体式和分体式。整体式用于 2m 以下的小塔，分体式用于 2m 以上的大塔。

（2）液体再分布器

液体沿填料层流下时往往有逐渐靠塔壁方向集中的趋势，使总的传质效率大为降低，因此每隔一定距离必须设置再分配装置，以避免这种现象发生。

最简单的一种再分配装置是截锥式再分配器，如图 5-10 所示。图中（a）只将截锥体焊在塔体中，用这种简单的结构，截锥上下仍能全部放满填料，不占空间。当需考虑分段卸出填料时，则采用（b）结构，截锥上加设支承板，截锥下面要隔一段距离再装填料。截锥体与塔壁的夹角一般为 35°～45°，截锥下口直径 D_1 约为 $(0.7\sim0.8)D_T$。

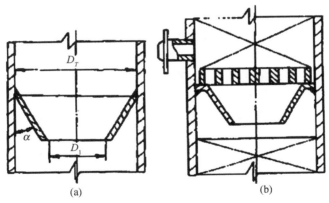

图 5-10　截锥式再分配器

4 除沫装置

若由塔设备出来的气相中没有大量雾沫夹带，则不需考虑除雾问题，但在有些情况下，例如塔顶液体喷淋装置产生的溅液现象比较严重，操作中的空塔气速过大，或者工艺过程不允许出来的气相中夹带雾滴，则需加装除雾装置。常用的除雾装置如下：

（1）折板除雾器

如图 5-11（a）所示，除雾板由 50mm×50mm×3mm 的角钢组成，板间横向距离为 25mm，这是一种最为简单有效的除雾器，能除去的最小雾滴直径约为 0.05mm，即 $5\mu m$。

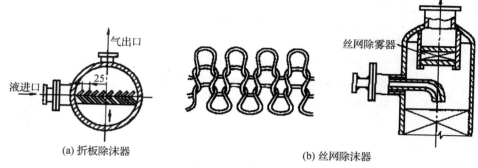

图 5-11　除沫装置

2. 丝网除雾器

如图 5-11(b)所示,这是一种效率较高的除雾器,可除去大于 $5\mu m$ 的液滴,效率可达 $98\%\sim99\%$,但不适宜用于气液中含有黏结物或固体物质(例如碱液或碳酸氢铵溶液等),因为液体蒸发后留下固体物质容易堵塞网孔,影响塔的正常工作。

此外,填料塔常用的除雾装置还有干填料除雾器,这种除雾方法较多,效果与折板除雾器相仿。

5. 填料支撑装置

填料支承结构应满足 3 个基本条件:

(1)使气液能顺利通过,对于普通填料塔,支承件上的流体通过的自由截面应为塔截面的 50% 以上,应大于填料空隙率;此外,应考虑到装上填料后会将支撑板的自由截面堵去一些,所以设计时应取尽可能大的自由截面,若自由截面太小,在操作中会产生拦液现象,增加压降,降低效率,甚至形成液泛;

(2)要有足够的强度承受填料重量,并考虑填料空隙中的持液重量;

(3)要有一定的耐腐蚀性能。

较常用的支承结构是栅板,其由竖立的扁钢条构成,结构简单、制造方便。一般直径小于 500mm 可制成整块的;直径在 $600\sim800mm$ 时,可以分成两块;直径在 $900\sim1200mm$ 时,分成三块;直径大于 1400mm 时,分成四块;使每块宽度约在 $300\sim400mm$ 之间,以便通过塔的入孔装卸。

栅板条之间的距离约为填料环外径的 $0.6\sim0.8$ 倍。在直径较大的塔中,当填料环尺寸较小时,也可采用间距较大的栅板,先在其上布满尺寸较大的十字分隔瓷环,再放置尺寸较小的瓷环,这样,栅板自由截面较大,且比较坚固。

(四)吸收流程

1. 吸收过程的工艺流程

吸收装置的流程布置,指气体和液体进出吸收塔的流向安排。对给定的混合气分离任务,可以选择一种吸收剂实行一步吸收;也可以选定两种吸收剂实行两步吸收。根据吸收过程要求和特点,可以采用单塔,也可采用多塔流程。

根据工业生产过程的特点和具体要求,常见的吸收流程大致有以下几种。

（1）逆流操作和并流操作

气相自塔底进入由塔顶排出，液相反向流动，即为逆流操作。逆流操作时平均推动力大，吸收剂利用率高，分离程度高，完成一定分离任务所需传质面积小，工业上多采用逆流操作。

并流操作时指气液两相均从塔顶流向塔底。在以下情况下可采用并流操作：

①易溶气体的吸收或气体不需吸收很完全。

②吸收剂用量特别大，逆流操作易引起液泛。此种系统不受液流限制，可提高操作气速以提高生产能力。

（2）吸收剂部分再循环操作

在逆流操作系统中，用泵将吸收塔排出的一部分液体经冷却后与补充的新鲜吸收剂一同送回塔内，即为部分再循环操作。主要用于：

①当吸收剂用量较小，为提高塔的液体喷淋密度以充分润湿填料。

②为控制塔内温升，需取出一部分热量时。

吸收部分再循环操作较逆流操作的平均吸收推动力要低，还需设循环用泵，消耗额外的动力。

（3）单塔或多塔串联操作

若设计的填料层高度过大，或由于所处理物料等原因需经常清理填料，为便于维修，可把填料层分装在几个串联的塔内。每个吸收塔通过的吸收剂和惰性气体量都相同，即为多塔串联系统；此种系统因塔内需留较大空间，输液、喷淋、支承板等辅助装置增加，使设备投资加大。

若吸收过程处理的液量很大，如果用通常的流程，则液体在塔内的喷淋密度过大，操作气速势必很小（否则易引起塔的液泛），塔的生产能力很低。实际生产中可采用气相串联而液相并联的混合流程。若吸收过程处理的液量不大而气相流量很大时，可用液相串联而气相并联的混合流程。

（4）一步吸收和两步吸收

当溶质浓度较低，而吸收率要求又不太高时，可以选用一种吸收剂实行一步吸收。若当溶质浓度较高（20%～30%），而吸收率要求又很高时，需考虑两步法吸收（如图5-12）。第一步以物理吸收法吸收绝大部分溶质；第二步以化学吸收法吸收余下的少量溶质，以保证较高的溶质回收率和较高的净化度。

在实际应用中应根据生产任务，工艺特点，结合各种流程的优缺点选择适宜的流程布置。

2.吸收剂再生方法

一个完整的吸收流程通常由吸收和解吸（脱吸）联合操作。解吸的目的是使吸收剂再生后循环使用，还可以回收有价值的组分。解吸是吸收的逆过程，当液相中某一组分的平衡分压大于该组分在气相中的分压时，可采用解吸操作。与吸收塔类似，解吸塔由

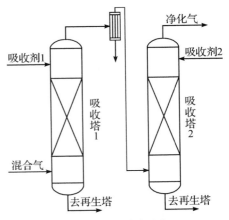

图5-12　两步吸收流程

塔顶(或塔底)与塔内任一截面作物料衡算,可得到解吸塔的操作线方程,不同的是,浓端在塔顶部,稀端在塔底部。

(1)解吸法分类

为实现溶质由液相向气相的传递,可以通过减小气相中溶质的分压 p,或增大溶液的平衡分压 $p*$,或兼而有之,其实质都是增大传质推动力($p-p*$)。化工生产中常见的脱吸方法有以下几种:

①气提(载气)解吸

在解吸塔底通入某种不含(含极少)溶质的惰性气体(空气、N_2、CO_2)或溶剂蒸气作为气提(载)气,提供与逆流而下吸收液不相平衡的气相。在解吸推动力作用下,将溶质不断由液相解吸出来。一般气提解吸为连续逆流操作,因此,可以获得满意的解吸效果。但应注意,若以惰性气体为载气,则很难获得较纯净的溶质气体。若以溶剂蒸汽(或水蒸气)为载气,且溶质为不凝性气体时,可获得纯净的溶质气体。

②改变压力和温度条件的解吸

基于大多数气体溶质的溶解度随压力减小和温度升高而降低的规律,可以通过减压或升温使溶解的溶质气体解吸出来。具体可分为减压解吸、升温解吸、和升温－减压解吸。

应注意,解吸过程很少采用单一的一步解吸方法。常常第一步是升温－减压法,而后,第二步是气提法,两者联合使用。

(2)解吸流程

三级减压解吸流程如图 5-13(a)所示;气提逆流解吸流程如图 5-13(b)所示。

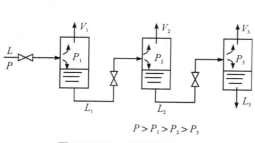

$$P > P_1 > P_2 > P_3$$

图 5-13(a)　减压解吸流程

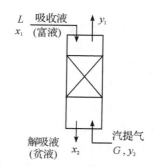

图 5-13(b)　气提逆流解吸流程

(3)减少解吸能耗的途径

①减少吸收剂用量 L

当气体流率一定时,最小吸收剂用量 L_{min} 由溶解度决定。溶解度越大,相平衡常数 m 越小,所需吸收剂用量越小,从而降低了解吸操作的能耗。

②减少吸收剂的温升

吸收剂的溶解度对温度变化的反应灵敏,即低温时溶解度大,但随着温度升高,溶解度迅速降低。

【**主导项目 5-1**】

1.塔设备的选择

矿石焙烧炉尾气中大约含有 5% 的二氧化硫,为了将二氧化硫去除,可以在 $25℃$ 的条件下将尾气通入板式吸收塔或填料吸收塔。但在实际操作中,由于填料塔具有结构简单、阻力小、加工容易,可用耐腐蚀材料制作,吸收效果好,装置灵活等优点,且本项目处理量不大,故可以选用填料吸收塔来去除尾气中的二氧化硫。

2. 塔内件的选择

(1)填料的选择

根据本项目的特点,该系统不属于难分离系统,可采用散装填料。考虑技术经济方面的原因,本项目的填料选用国产 D_N38mm 塑料鲍尔环填料,其特性数据列于表 5-2 中。

表 5-2　塑料鲍尔环填料特性数据

外径×高×厚 /mm³	$a/(m^2 \cdot m^{-3})$	$\varepsilon/(m^3 \cdot m^{-3})$	n/m^{-3}	堆积密度 /(kg · m⁻³)	$\frac{a}{\varepsilon^3}/m^{-1}$	湿填料因子 φ/m^{-1}
38×38×1.4	155	0.890	15800	98.0	220	200

(2)液体初始分布器的选择

由前面计算知,吸收 SO_2 的填料塔塔径为 1200mm。由于塔径较大,故选用结构简单、阻力较小且分布比较均匀的盘式分布器。每 240cm² 塔截面设一个喷淋点。

(3)液体再收集及再分布器的选择

在本项目中由于塔径为 1.2m,且不用于收集液体出料,所以选择能将液体全部收集、阻力可以忽略不计且不影响气体分布的均匀性的整体式遮板液体收集器,将其置于填料层下面;而液体再分布器选择截锥式再分配器就能满足要求。

(4)除沫装置的选择

一般只有在塔顶液体喷淋装置产生的溅液现象比较严重,导致操作中的空塔气速过大,或者工艺过程不允许出来的气相中夹带雾滴时才需加装除雾装置。本项目中空塔气速为 0.59m/s,因此可以不用装除沫装置。

(5)填料支撑装置的选择

本项目中支承结构选择栅板,因为其具有结构简单、制造方便等优点。根据塔径为 1.2m,所以栅板可以分成三块。

3. 吸收流程的选择

本项目的吸收过程可采用简单的一步吸收流程。考虑到资源的有效利用,应对吸收后的水进行再生处理。由于逆流操作具有平均推动力大,吸收剂利用率高,分离程度高,完成一定分离任务所需传质面积小等优点,故本项目选择逆流操作。具体的流程如图 5-14 所示,SO_2-空气混合气体经由填料塔的下侧进入填料塔中,与从填料塔顶流下的吸收剂逆流接触,在填料的作用下进行吸收。经吸收后的混合气体由塔顶排出,吸收了 SO_2 的液体由填料塔的下端流出,经富液泵送入再生塔顶,用惰性气体进行气提解吸操作。解吸后的水经贫液泵送回吸收塔顶,循环使用,气提气则进入燃料处理系统。

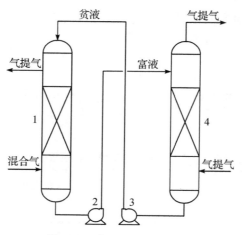

图 5-14 主导项目吸收流程

1—吸收塔；2—富液泵；3—贫液泵；4—解吸塔

【拓展项目 5-1】 在浓硫酸的生产工艺中，用 98.3% 的浓硫酸来吸收三氧化硫，然后再稀释成需要的浓度。因为浓硫酸具有很强的腐蚀性，液体黏度又大，选择板式塔会造成塔板严重腐蚀并且会因流体阻力过大而耗损能量，因此可以选用填料塔，内置陶瓷材料做的填料。吸收流程可以选择推动力较大的逆流操作。

任务三 吸收技术工艺参数的确定

一、教学目标

　　1. 知识目标

（1）掌握吸收的相平衡关系及亨利定律等；

（2）了解吸收操作的传质机理；

（3）掌握吸收速率方程。

　　2. 能力目标

（1）能正确选择合适的吸收剂并计算其用量；

（2）能正确选择吸收操作的条件；

（3）熟悉相平衡关系在吸收过程中的应用；

（4）能正确分析吸收的传质机理，学会判断传质过程的方向。

　　3. 素质目标

（1）具有良好的团队协作能力；

（2）具有良好的分析能力和表达能力；

（3）培养安全生产和清洁生产的意识。

二、教学任务

在本任务中,通过分组查找资料、小组讨论交流等活动,能够为矿石焙烧炉尾气中二氧化硫的去除选择合适的吸收剂和吸收条件,并确定吸收剂的用量。

三、相关知识点

(一)气液相平衡理论

1. 相组成的表示方法

所谓相组成,就是在混合体系中各组分的相对数量关系,可用以下的几种方法表示。

(1)摩尔分数

均相混合物中某组分的物质的量 n_A 占总物质的量 n 的分数称为组分 A 的摩尔分数 x_A。

$$x_A = \frac{n_A}{n} \tag{5-1}$$

传质计算中,通常用 x 表示液相的摩尔分数,用 y 表示气相的摩尔分数,以便进行区别。

(2)摩尔比

在物料衡算中,有时以某一组分为基准来表示混合物中其他组分的组成有利于计算方便。对于双组分($A+B$)物系,若以 B 组分为基准,A 组分的组成可用摩尔比表示

$$x = \frac{n_A}{n_B} \tag{5-2}$$

传质计算中,通常用 X 表示液相的摩尔比,用 Y 表示气相的摩尔比,以便进行区别。摩尔比与摩尔分数的关系:

$$X = \frac{n_A}{n_B} = \frac{n x_A}{n x_B} = \frac{x_A}{x_B} = \frac{x}{1-x} \tag{5-3}$$

(3)摩尔浓度

摩尔浓度是指单位体积混合物中所含的物质的量。用 c 表示摩尔浓度,单位 mol/L。

$$c = \frac{n}{V} \tag{5-4}$$

(4)理想气体混合物中组成的表示方法

对于气体混合物,当其可视为理想气体时,则对于 A 组分,有

①摩尔分数　　　　　　　　　　$y_A = \dfrac{p_A}{p}$ $\tag{5-5}$

②摩尔浓度　　　　　　　　$c_A = \dfrac{n_A}{V} = \dfrac{p_A}{RT}$ $\tag{5-6}$

③摩尔比　　　　　　　　　$Y_A = \dfrac{n_A}{n_B} = \dfrac{p_A}{p_B}$ $\tag{5-7}$

式中,p_A、p_B 为混合气体总组分 A、B 的分压,kPa;p 为混合气体的总压,kPa。

2.气体在液体中的溶解度

在恒定的压力和温度下,用一定量的溶剂与混合气体在一密闭容器中接触,混合气体中的溶质便向液相内转移,而溶于液相内的溶质又会从溶剂中逸出返回气相。随着溶质在液相中的溶解量增多,溶质返回气相的量也在逐渐增大,直到吸收速率与解析速率相等时,溶质在气液两相中的浓度不再发生变化,此时气液两相达到了平衡。平衡时溶质在气相中的分压称为平衡分压,用符号 p_A^* 表示;溶质在液相中的浓度称为平衡溶解度,简称溶解度;它们之间的关系称为平衡关系。

相平衡关系随物系的性质、温度和压力而异,通常由实验测定。图 5-15 是由实验得到的氨在水中的溶解度曲线,也称相平衡曲线。图中横坐标为氨的摩尔分数 x,纵坐标为气相中氨的分压 p_A。

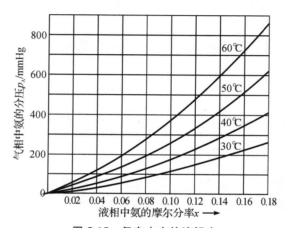

图 5-15 氨在水中的溶解度

实验表明:在相同的温度和分压条件下,不同的溶质在同一溶剂中的溶解度不同,溶解度很大的气体称为易溶气体,溶解度很小的气体称为难溶气体;同一个物系,在相同温度下,分压越高,则溶解度越大;而分压一定,温度越低,则溶解度越大。这表明较高的分压和较低的温度有利于吸收操作。在实际吸收操作中,溶质在气相中的组成是一定的,可以借助于提高操作压力以提高其分压;当吸收温度较高时,则需要采取降温措施,以增大其溶解度。所以,加压和降温有利于吸收操作。

3.亨利定律

亨利定律是稀溶液重要的经验定律,其定义是:在低压(通常指总压小于 0.5MPa)和一定温度下,气液达到平衡状态时,可溶气体在气相中的平衡分压与在液相中的浓度成正比关系。

$$p_A^* = E x_A \tag{5-8}$$

式中,p_A^*——溶质在气相中的平衡分压,kPa;

x_A——溶质在液相中的摩尔分数;

E——亨利系数,kPa。

亨利系数由实验测定,其数值随物系的特性及温度而异,通常其值随温度上升而增大。常见物系的亨利系数可从有关手册中查得。亨利系数越大,气体的溶解度越小。

由于气液两相浓度可采用不同的表示方法,因而亨利定律有不同的表示形式。若溶质在液相中的浓度用摩尔浓度 c 表示,则亨利定律可表示为:

$$p_A^* = \frac{c_A}{H} \tag{5-9}$$

式中,c_A——单位体积溶液中的溶质的物质的量,mol/L;

H——溶度系数,mol/(L·kPa)。

在亨利定律适用的范围内,H 是温度的函数,而与 p_A、c_A 无关。对于一定的气体和一定的溶剂,其值一般随温度的升高而减小。

若溶质在液相和气相中的浓度分别用摩尔分数 x 及 y 表示,则亨利定律可表示为

$$y^* = mx \tag{5-10}$$
$$Y^* = mX^* \tag{5-11}$$

式中,m——相平衡常数,无量纲。

相平衡常数 m 通常也是由实验测定。对于一定的物系,它是温度和压强的函数。由 m 的数值大小可以比较不同气体溶解度的大小。m 值越大,则该气体的溶解度越小。

比较式(5-8)、式(5-9)和式(5-10),可得出三个系数 E、H、m 之间的关系为

$$m = \frac{E}{p} \tag{5-12}$$

$$E = \frac{c}{H} \tag{5-13}$$

4.相平衡与吸收过程的关系

(1)吸收的极限

相际传质的极限是相互接触的两相达到平衡的状态。如图 5-16 所示,吸收塔中气体入塔浓度为 y_1,液体入塔浓度为 x_2。受到相平衡的限制,出塔液体的浓度最大限度只能为 x_1^*(与 y_1 成平衡的液相浓度),出塔的气体浓度最大限度也只能降到 y_2^*(与 x_2 成平衡的液相浓度)。

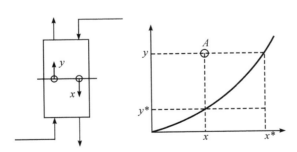

图 5-16　吸收过程的气液相平衡关系

(2)传质方向的判断

由于溶解平衡是吸收进行的极限,所以,在一定温度下,吸收若能进行,则气相中溶质的实际组成 y 必须大于与液相中溶质含量成平衡时的组成 y^*,即 $y > y^*$。但是若 $y < y^*$,则过程方向相反,为解吸过程。如图 5-16 所示 A 点,为操作(实际状态)点,若 A 点在平衡线上方,$y > y^*$ 为吸收过程;A 点在平衡线上,$y = y^*$ 为平衡状态;A 点在平衡线下方,$y < y^*$ 为

解吸过程。

（3）吸收的推动力

由传质方向的判断可知，$y>y^*$ 为吸收进行的必要条件，而差值（$y-y^*$）则是吸收过程的推动力，差值越大，吸收速率越大。（$y-y^*$）称为以气相浓度差表示的吸收推动力，相应的，推动力也可表示为（x^*-x），称为以液相浓度差表示的吸收推动力。

（二）吸收条件的选择

吸收条件主要包括压力和温度。这些条件的选择应从整个过程的安全性、可靠性、经济性出发，且充分考虑前后工序的工艺条件。

1. 温度

大多数物理吸收、气体溶解过程是放热的。温度降低可增加溶质组分的溶解度，有利于吸收。但操作温度应由吸收系统的具体情况决定。例如水洗 CO_2 吸收操作中用水量极大，吸收温度主要由水温决定，而水温又取决于大气温度，故应考虑夏季循环水温高时补充一定量地下水以维持适宜温度。

对于化学吸收，操作温度应根据化学反应的性质而定，既要考虑温度对化学反应速度常数的影响，也要考虑对化学平衡的影响，使吸收反应具有适宜的反应速度。

对于解析操作，较高的操作温度可以降低溶质的溶解度，因而有利于吸收剂的再生。

2. 压强

对于物理吸收，加压操作一方面有利于提高吸收过程的传质推动力，进而提高过程的传质速率；另一方面，也可以减小气体的体积流量，进而减小吸收塔径。所以对于物理吸收，加压操作十分有利。但在工程上，专门为吸收操作而对气体加压，从经济上考虑不太合理。若处理气体的前一道工序本身带压，一般以前一道工序的压力作为吸收单元的操作压力。

对于化学吸收，若过程由传质过程控制，则提高操作压力有利；若过程由化学反应过程控制，则操作压力对过程的影响不大，这时可以完全根据前后工序的压力参数确定吸收操作压力。加大吸收压依然可以减小气相的体积流量，对减小塔径仍然是有利的。

对于减压再生操作，其操作压力应以吸收剂的再生要求而定，逐次或一次从吸收压力减至再生操作压力，逐次减压再生效果一般要优于一次减压效果。

操作总压强提高，溶质气体分压亦提高，加大吸收过程的推动力，减少吸收剂的单位耗用量，有利于吸收操作，但能耗及设备材料等将增加，因此需结合具体工艺条件综合考虑决定操作压强。

（三）吸收剂的选择

吸收剂的选择是吸收操作的关键问题。根据吸收剂与溶质间有无化学反应发生决定了是物理吸收还是化学吸收。在这种意义上讲，吸收剂的选择和吸收方法的选择有着一定的联系。选择吸收剂时，具体原则为：

（1）对溶质的溶解度大，选择性好；

（2）利于再生、循环使用，对于化学吸收剂应与溶质发生可逆反应，以利于再生；

（3）蒸汽压低、黏度小、不易发泡，以减少溶剂损失，从而实现高效、稳定操作；

（4）具有较好的化学稳定性和热稳定性；

（5）对设备腐蚀性小，尽可能无毒；

（6）价廉，易得。

一般说来,任何一种吸收剂都难以满足以上的所有要求,选用时应针对具体情况和主要矛盾,既考虑工艺要求又兼顾到经济合理性。工业上常用吸收剂举例列于表5-3中。

表 5-3 工业常用吸收剂

溶质	吸收剂
氨	水、硫酸
丙酮蒸气	水
氯化氢	水
二氧化碳	水、硫酸、碳酸丙烯酯
二氧化硫	水
硫化氢	碱液、砷碱液、有机吸收剂
苯蒸气	煤油、洗油
丁二烯	乙醇、乙酯
二氯乙烯	煤油
一氧化碳	铜氨液

吸收剂可以分为物理吸收剂和化学吸收剂,各自的特性详见表5-4。

表 5-4 物理吸收剂和化学吸收剂的各自特性

物理吸收剂	化学吸收剂
吸收容量(溶解度)正比于溶质分压	吸收容量对溶质分压不太敏感
吸收热效应很小(近于等温)	吸收热效应显著
常用压降闪蒸解吸	用低压蒸气气提解吸
适用于溶质含量高,而净化度要求不太高的场合	适用于溶质含量不太高,而要求净化程度很高的场合
对设备腐蚀性小,不易变质	对设备腐蚀性大,易变质

(四)吸收剂用量的确定

工业上的吸收操作既可采用板式塔,也可采用填料塔,本项目采用填料塔。吸收塔内气液两相的流动方式,既可为逆流也可以为并流。在进、出塔的气液相浓度一定时,逆流方式可以获得较大的传质推动力,故吸收塔通常都是采用逆流操作。

1.吸收塔的物料衡算

(1)全塔物料衡算

在单组分气体吸收过程中,吸收质在气液两相中的浓度沿着吸收塔高不断地变化,导致气液两相的总量也随塔高而变化。由于通过吸收塔的惰性气体量和吸收剂量可认为不变,因而在进行物料衡算时气液两相组成用摩尔分数表示就很方便。

图 5-17 为稳定操作状态下,单组分吸收逆流接触的填料吸收塔。其中 V 为通过吸收塔的惰性气体量,kmol/s;L 为通过吸收塔的吸收剂量,kmol/s;Y_1、Y_2 进塔、出塔气体中溶质 A 的摩尔比;X_1、X_2 为出塔、进塔溶液中溶质 A 的摩尔比。

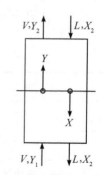

图 5-17 吸收塔的物料衡算

对单位时间内进、出吸收塔的溶质进行物料衡算,可得下式:

$$VY_1 + LX_2 = VY_2 + LX_1 \tag{5-14}$$

整理得,

$$G_A = V(Y_1 - Y_2) = L(X_1 - X_2) \tag{5-15}$$

式中,G_A——单位时间内全塔吸收物质的量,kmol/s。

吸收操作时,表征吸收程度的方式有两种。若吸收的目的是为了除去气体混合物中的有害物质,一般直接规定出塔气体中有害物质的参与浓度 Y_2。若吸收的目的是为了回收有用物质,通常以吸收率 η 表示,吸收率即被吸收的溶质与进塔气体中溶质总量之比:

$$\eta = \frac{Y_1 - Y_2}{Y_1} = 1 - \frac{Y_2}{Y_1} \tag{5-16}$$

一般情况下,进塔混合气体的流量 V、组成 Y_1 及出塔混合气体的组成 Y_2 均由工艺条件确定,因此若选定吸收剂种类及其用量,则可通过式(5-14)计算出出塔液体的组成。或者规定出塔液体的组成,计算出吸收剂的用量。

(2)操作线方程与操作线

为确定吸收塔内任一截面上相互接触的气液组成之间的关系,可对吸收塔塔底与任一截面间做物料衡算,得

$$VY + LX_1 = VY_1 + LX \tag{5-17}$$

整理得,

$$Y = \frac{L}{V}X + \left(Y_1 - \frac{L}{V}X_1\right) \tag{5-18}$$

式中,Y、X——通过塔内任一截面的气液相摩尔比。

式(5-18)称为逆流吸收塔的操作线方程。它表明在 Y-X 坐标系中塔内任一截面上的气相浓度 Y 与液相浓度 X 之间成直线关系,直线的斜率为 L/V,且此直线通过 $B(X_1,Y_1)$ 及 $T(X_2,Y_2)$ 两点。如图 5-18 中所示,直线 TB 即为操作线。操作线上任一点,代表着塔内相应截面上的气、液组成,端点 T 代表塔顶稀端,端点 B 代表塔底浓端。

在进行吸收操作时,塔内任一截面上溶质在气相中的实际组成总是高于其平衡组成,所以操作线总是位于平衡线的上方。反之,如果操作线位于平衡线的下方,则应进行解析

过程。

由图 5-18 可知吸收塔内任一截面处气液两相间的
传质推动力是由操作线和平衡线的相对位置决定的。操
作线上任一点的坐标代表塔内某一截面处气、液两相的
组成状态,该点与平衡线之间的垂直距离即为该截面上
以气相摩尔比表示的吸收总推动力($Y-Y^*$);与平衡线
之间的水平距离则表示该截面上以液相摩尔比表示的总
推动力(X^*-X)。显然,操作线与平衡线之间的距离越
远,则传质推动力越大。

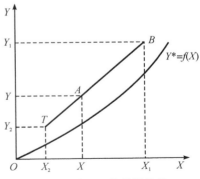

图 5-18 逆流吸收的操作线

2.吸收剂的消耗量

(1)吸收剂的单位消耗量

由逆流吸收塔的物料衡算可知

$$\frac{L}{V}=\frac{Y_1-Y_2}{X_1-X_2} \tag{5-19}$$

由图 5-19(a)可知,在 V、Y_1、Y_2 及 X_2 已知的情况下,吸收操作线的一个端点 T 已经固
定,另一个端点 B 则可在 $Y=Y_1$ 的水平线上移动。点 B 的横坐标将取决于操作线的斜率
L/V。

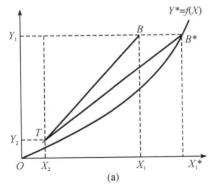
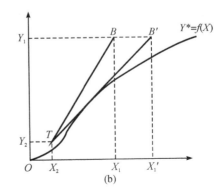

图 5-19 吸收塔的最小液气比

操作线的斜率 L/V 称为"液气比",是溶剂与惰性气体物质的量的比值。它反映单位气
体处理量的溶剂耗用量大小。液气比对吸收设备尺寸和操作费用有直接的影响。

由于 V 值已经确定,故若减少吸收剂用量 L,操作线的斜率就要变小,点 B 便沿水平线
$Y=Y_1$ 向右移动,其结果是使出塔吸收液的组成加大,吸收推动力相应减小。若吸收剂用量
减小到恰使点 B 移至水平线 $Y=Y_1$ 与平衡线的交点 B^* 时,$X_1=X_1^*$,意即塔底流出的吸收
液与刚进塔的混合气达到平衡。这是理论上吸收液所能达到的最高含量,但此时过程的推
动力已变为零,因而需要无限大的相际传质面积。这在实际上是办不到的,只能用来表示一
种极限状况。此种状况下吸收操作线 TB^* 的斜率称为最小液气比,以 $(L/V)_{min}$ 表示,相应
的吸收剂用量即为最小吸收剂用量,以 L_{min} 表示。

反之,若增大吸收剂用量,则点 B 将沿水平线向左移动,使操作线远离平衡线,过程推

动力增大;但超过一定限度后,效果便不明显,而溶剂的消耗、输送及回收等项操作费用急剧增大。

(2)最小液气比的确定

①图解法

一般情况下,平衡线如图 5-19(a)所示的曲线,则由图读出与 Y_1 相平衡的 X_1^* 的数值后,用下式计算:

$$\left(\frac{L}{V}\right)_{\min} = \frac{Y_1 - Y_2}{X_1^* - X_2} \tag{5-20}$$

如果平衡曲线如图 5-19(b)中所示的形状,则应过点 T 作平衡线的切线,找到水平线 $Y = Y_1$ 与此切线的交点 B',从而读出点 B' 的横坐标 X_1' 的数值,用 X_1' 代替式(5-20)中的 X_1^*,便可求得最小液气比。

②计算法

若平衡线为直线并可表示为 $Y^* = mX$ 时,则式(5-20)可表示为:

$$\left(\frac{L}{V}\right)_{\min} = \frac{Y_1 - Y_2}{\dfrac{Y_1}{m} - X_2} \tag{5-21}$$

由以上分析可见,吸收剂用量的大小,从设备费与操作费两方面影响到生产过程的经济效果,应权衡利弊,选择适宜的液气比,使两种费用之和最小。根据生产实践经验,一般情况下取吸收剂用量为最小用量的 1.1~2.0 倍是比较适宜的,即

$$\frac{L}{V} = (1.1 \sim 2.0)\left(\frac{L}{V}\right)_{\min} \tag{5-22}$$

【主导项目 5-2】

1. 吸收剂的选择

本项目主要为吸收矿石焙烧产生气体中的 SO_2,根据表 5-2,我们可以选择清水作为吸收剂,价廉易得,物理化学性能稳定,选择性好,符合吸收过程对吸收剂的基本要求,且不会腐蚀塔设备。

2. 吸收条件的选择

本项目中,采用水作为吸收剂来吸收 SO_2,属于物理吸收,因此温度不宜过高,故我们可以把吸收温度定在 20℃。虽然加压对于物理吸收是有利的,而且可以减小塔径,但是加压需要花费巨大的能耗,考虑到经济成本,加压是不合理的。同理,根据前一道工序,我们采用的吸收压力为大气压 101.3kPa。

由此可得,本项目的操作条件可确定为 20℃,101.3kPa。

3. 基础物性参数

(1)液相物性数据

对低浓度吸收过程,溶液的物性数据可近似取纯水的物性数据。由手册查得,20℃时水的有关物性数据如下:

密度为 $\rho_L = 998.2 \text{kg/m}^3$。

(2)气相物性数据

混合气体的平均摩尔质量为:

$$M_{Vm} = \sum_i y_i M_i = 0.05 \times 64.06 + 0.95 \times 29 = 30.75(\text{kg/kmol});$$

混合气体的平均密度为 $\rho_{Vm} = \dfrac{PM_{Vm}}{RT} = \dfrac{101.3 \times 30.75}{8.314 \times 293} = 1.279(\text{kg/m}^3)$。

（3）气液相平衡数据

由手册查得，常压下 20℃时 SO_2 在水中的亨利系数为 $E = 3.55 \times 10^3 \text{kPa}$；

相平衡常数为：

$$m = \frac{E}{p} = \frac{3.55 \times 10^3}{101.3} = 35.04;$$

溶解度系数为：

$$H = \frac{c}{E} = \frac{n/V}{E} = \frac{m/M_a}{EV} = \frac{\rho_L}{EM_a} = \frac{998.2}{3.55 \times 10^3 \times 18.02} = 0.0156 \text{kmol/(kPa} \cdot \text{m}^3)。$$

4. 吸收剂用量的确定

对于本项目，入塔的炉气流量为 $2400\text{m}^3/\text{h}$（标准状况下），其中 SO_2 的吸收率为 95%，由此进行物料衡算如下：

进塔气相摩尔比为：$Y_1 = \dfrac{y_1}{1-y_1} = \dfrac{0.05}{1-0.05} = 0.0526;$

出塔气相摩尔比为：$Y_2 = Y_1(1-\eta) = 0.0526(1-0.95) = 0.00263;$

进塔惰性气相流量为：$V = \dfrac{2400}{22.4} \times (1-0.05) = 101.7 \text{kmol/h}。$

该吸收过程属低浓度吸收，平衡关系为直线，最小液气比可按下式计算，即

$$\left(\frac{L}{V}\right)_{\min} = \frac{Y_1 - Y_2}{Y_1/m - X_2}$$

对于纯溶剂吸收过程，进塔液相组成为：$X_2 = 0$，

$$\left(\frac{L}{V}\right)_{\min} = \frac{0.0526 - 0.00263}{0.0526/35.04 - 0} = 33.29;$$

取操作液气比为：

$$\left(\frac{L}{V}\right) = 1.4\left(\frac{L}{V}\right)_{\min} = 1.4 \times 33.29 = 46.61;$$

由此确定吸收剂的用量为：$L = 46.61 \times 101.7 = 4740 \text{kmol/h};$

出塔液相组成可由 $V(Y_1 - Y_2) = L(X_1 - X_2)$ 计算，得

$$X_1 = \frac{101.7(0.0526 - 0.00263)}{4740} = 0.001072。$$

【拓展项目 5-1】　确定吸收剂的用量及组成。

用清水吸收混合气体中的可溶解组分 A。吸收塔内的操作压强为 105.7kPa，温度为 $27℃$，混合气体的处理量为 $1280\text{m}^3/\text{h}$，其中 A 物质的摩尔分数为 0.03，要求 A 物质的回收率为 95%。操作条件下的平衡关系可表示为：$Y = 0.65X$。若取溶剂用量为最小用量的 1.4 倍，求每小时送入吸收塔顶的清水量 L 及吸收液组成 X_1。

解　（1）清水用量 L

平衡关系符合亨利定律，清水的最小用量可由式（5-15）计算，式中的有关参数为：

$$V = \frac{V_h}{22.4} \times \frac{T_0}{T} \times \frac{p}{p_0} \times (1-y_1) = \frac{1280}{22.4} \times \frac{273}{273+27} \times \frac{105.7}{101.3} \times (1-0.03) = 52.62 \text{kmol/h};$$

$$Y_1 = \frac{y_1}{1-y_1} = \frac{0.03}{1-0.03} = 0.03093;$$

$$Y_2 = Y_1(1-\eta) = 0.03093 \times (1-95\%) = 0.00155;$$

$$X_2 = 0, m = 0.65;$$

代入有关参数,得到

$$L_{min} = V\frac{Y_1-Y_2}{\dfrac{Y_1}{m}-X_2} = 52.62 \times \frac{0.03093-0.00155}{\dfrac{0.03093}{0.65}-0} = 32.5 \text{kmol/h};$$

所以 $\qquad\qquad L = 1.4L_{min} = 1.4 \times 32.5 = 45.5 \text{kmol/h}.$

(2)吸收液组成 X_1

根据全塔的物料衡算可得:

$$X_1 = X_2 + \frac{V}{L}(Y_1-Y_2) = \frac{52.62 \times (0.03093-0.00155)}{45.5} = 0.03398.$$

【拓展项目 5-2】 判别过程的方向

设在 101.3kPa、20℃下,稀氨水的相平衡方程为 $y^* = 0.94x$,现将含氨摩尔分数为 $y = 0.10$ 的混合气体与 $x = 0.05$ 的氨水接触,试确定传质方向。

解 实际气相摩尔分数为 $y = 0.10$,

根据相平衡关系与实际 $x = 0.05$ 的溶液成平衡的气相摩尔分数 $y^* = 0.94 \times 0.05 = 0.047$

由于 $y > y^*$ 故两相接触时将有部分氨自气相转入液相,即发生吸收过程。

同理,此吸收过程也可理解为实际液相摩尔分数 $x = 0.05$,与实际气相摩尔分数 $y = 0.10$ 成平衡的液相摩尔分数为 $x^* = y/m = 0.106$,$x^* > x$ 故两相接触时部分氨自气相转入液相。

反之,若以含氨 $y = 0.05$ 的气相与 $x = 0.10$ 的氨水接触,则因 $y < y^*$ 或者 $x^* < x$,部分氨将由液相转入气相,即发生解吸。

任务四　　吸收设备参数的确定

一、教学目标

1.知识目标

(1)了解液泛、雾沫夹带等不正常现象;

(2)掌握填料塔直径的计算方法;

(3)掌握填料塔内填料层高度的计算方法。

2.能力目标

(1)能根据任务要求选择合适的空塔气速,并由此选择合适的填料塔塔径;

(2)能计算填料塔的直径、压降及填料层高度。

3.素质目标

(1)具备文献检索、信息选择和处理的基本能力;

（2）培养认真务实的精神，实事求是的科学态度；

（3）培养安全生产和清洁生产的意识。

二、教学任务

在本任务中，通过分组查找资料、小组讨论交流等活动，能够根据实际的生产任务为填料塔确定合适的设备参数。

三、相关知识点

（一）填料塔的流体力学特性

1.填料层的持液量

持液量是指在一定的操作条件下，单位体积填料层中填料表面和填料的空隙中积存的液体体积，即液体（m^3）/填料层（m^3）。持液量可分为静持液量 H_s、动持液量 H_o 和总持液量 H_t。总持液量 H_t 为净持液量与动持液量之和，即

$$H_t = H_s + H_o \tag{5-23}$$

其中，静持液量是指当填料被充分润湿，停止气液两相进料后，并经适当时间的排液，直至无滴液时仍存留于填料层中的液体的体积。静持液量只取决于填料和流体的特性，与气液负荷无关；而动持液量是指填料塔停止气液两相进料时流出的液量，它与填料、液体特性及气液负荷有关。

填料层的持液量可由实验测出，也可由经验公式计算。一般来说，适当的持液虽对填料塔的操作稳定性和传质是有益的，但持液量过大，将减少填料层的空隙，使气相的压降增大，处理能力下降。

2.塔的压降与液泛气速

对于气液逆流接触的填料塔操作，当液体的流量一定时，随着气速的提高，气体通过填料层的压力损失（体现为压降）也不断提高。压降是填料塔设计中的重要参数，气体通过填料层的压降大小决定了塔的动力消耗。图 5-20 给出了每米压降（$\Delta p/z$）与空塔气速 u 及淋洒密度 L_w 的关系曲线。

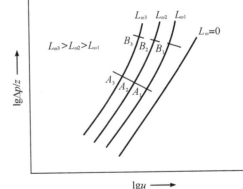

图 5-20　填料塔压降与空塔气速的关系

如图 5-20 所示，当 $L_w = 0$ 时，即无液体喷淋（又称干填料线）时，$\Delta p/z$ 与 u 成直线关系；当有液体喷淋时，曲线都有两个转折点：第一个折点——载点；第二个折点——泛点。载点和泛点将 $\Delta p/z$ 与 u 关系曲线分成三段，即恒持液量区、载液区和液泛区。

（1）恒持液量区

由于液体在填料空隙中流动，则液体占据一定的塔内空间，使气体的真实速度较通过干填料层时的真实速度为高，因而压强降也较大。此区域的 $\Delta p/z \sim u$ 线在干填料线的左侧，且二线相互平行。

（2）载液区

随着气速的增大，上升气流与下降液体间的摩擦力开始阻碍液体下流，使填料层的持液量随气速的增加而增加，此种现象称为拦液现象。开始发生拦液现象时的空塔气速称为载点气速。

（3）液泛区

如果气速继续增大，由于液体不能顺利下流，而使填料层内持液量不断增多，以致几乎充满了填料层中的空隙，此时压强降急剧升高，$\Delta p/z \sim u$ 线的斜率可达 10 以上。压强降曲线近于垂直上升的转折点称为泛点。达到泛点时的空塔气速称为液泛气速或泛点气速。

在泛点气速下，持液量的增多使液相由分散相变为连续相，而气相则由连续相变为分散相，此时气体呈气泡形式通过液层，气流出现脉动，液体被大量的带到塔顶甚至出塔，塔的操作极不稳定，甚至被破坏，所以应控制正常的操作气速在泛点气速以下。

一般认为正常操作的空塔气速 u 应在载点气速之上，在泛点气速的 0.8 倍以下，但到达载点时的现象不明显，而到达泛点气速时，塔内气液的接触状况被破坏，现象十分明显，易于辨认。为避免液泛现象，应计算出液泛气速作为操作气速的上限，再核算出合理的正常操作气速。

工程上常用 Eckert 通用关联图来确定填料塔内的气体压降和泛点气速。如图 5-21 所示，在最上方的是弦栅、整砌拉西环液泛线，自上往下第二条线是乱堆填料的泛点线，与泛点线相对应的纵坐标中的空塔气速应为空塔液泛气速 u_F；在泛点线下面的线群则为各种乱堆填料的压降线，若已知气、液两相流量比及各相的密度，可根据规定的压强降，求其相应的空塔气速，反之，根据选定的实际操作气速可求压强降。

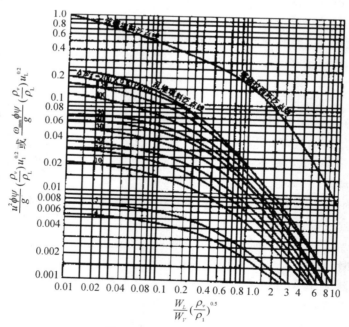

图 5-21　埃克特通用关联

u_F—泛点气速，m/s；u—空塔气速，m/s；ϕ—填料因子，1/m；ψ—液体密度校正系数，

等于水的密度与液体密度之比，即 $\psi=\dfrac{\rho_{水}}{\rho_L}$；$\rho_L$，$\rho_V$—分别为液体与气体的密度，kg/m³；

μ—液体的黏度，mPa·s；w_L，w_V—分别为液相及气相的质量流量，kg/s

埃克特通用关联图适用于各种乱堆填料,如拉西环、鲍尔环、弧鞍、矩鞍等,但需确知填料的填料因子 ϕ 值。

表 5-5　填料特性常数(一)

类型	瓷质拉西环				资质矩鞍环				塑料阶梯环		
规格	DN50	DN38	DN25	DN16	DN50	DN38	DN25	DN16	DN50	DN38	DN25
φ_F	410	600	832	1300	226	200	550	1100	127	170	260
$\varphi_{\Delta p}$	288	450	576	1050	160	140	215	700	89	116	176

表 5-5　填料特性常数(二)

类型	塑料鲍尔环				金属鲍尔环		金属阶梯环		金属矩鞍环		
规格	DN50	DN38	DN25	DN50	DN50	DN38	Dv50	DN38	DN50	DN38	DN25
φ_F	140	184	280	140	160	117	140	160	135	150	170
$\varphi_{\Delta p}$	125	114	232	110	98	114	82	118	71	93.4	138

3 液体的喷淋密度与填料的润湿性能

填料塔中气液两相间的传质主要是在填料表面流动的液膜上进行的,因此,传质效率就与填料的润湿性能密切相关。为使填料能获得良好的润湿,应使塔内液体的喷淋密度不低于最小喷淋密度。所谓液体的喷淋密度是指单位时间内单位塔截面上喷淋的液体体积,最小喷淋密度能维持填料的最小润湿速率,它们之间的关系为

$$U_{min} = (L_w)_{min} \times a$$

式中,U_{min}——最小喷淋密度,$m^3/(m^2 \cdot h)$

a——填料的比表面积,m^2/m^3

$(L_w)_{min}$——最小润湿速率,$m^3/(m \cdot h)$

最小润湿速率是指在塔的横截面上,单位长度填料周边的最小液体体积流量。对于直径不超过 75mm 的拉西环及其他填料,可取最小润湿速率为 $0.08m^3/(m \cdot h)$;对于直径大于 75mm 的环形填料,应取为 $0.12m^3/(m \cdot h)$。

实际操作时采用的喷淋密度应大于最小喷淋密度。若喷淋密度过小,可采用增大回流比或采用液体再循环的方法加大液体流量,以保证填料的润湿性能。也可采用减小塔径,或适当增加填料层高度予以补偿。

填料的润湿性能与填料的材质有关,例如常用的陶瓷、金属及塑料三种材料中,陶瓷填料的润湿性能最好,而塑料填料的润湿性能最差。对于金属、陶瓷等材料的填料,也可采用表面处理方法,改善其润湿性能。

4.润湿表面与有效表面

润湿表面主要决定于液体喷淋密度、物性及填料类型、尺寸、装填方法。液泛以前,填料表面难以被全部润湿,而被润湿的表面也并非都是有效传质表面,即有效表面＜润湿表面;其中有效表面主要受喷淋密度、填料种类、尺寸的影响。

5.返混

在填料塔内,由于各种非理想操作因素的影响,使气液两相逆流流动过程中存在着返混现象。造成返混现象的原因有多种,例如,气液两相在填料层中的沟流现象,气液的分布不均及塔内的气液湍流脉动使气液微团停留时间不一致等。填料塔内气液返混现象的发生,使得传质平均推动力下降,故应适当增加填料层高度以保证理想的分离效果。

(二)填料塔直径的确定

填料塔的直径可根据圆形管路直径计算公式确定,即

$$D=\sqrt{\frac{4V_s}{\pi u}} \tag{5-24}$$

式中,D——吸收塔的内径,m;

V_s——操作条件下混合气体的体积流量,m³/s;

u——空塔气速,即按空塔截面积计算的混合气速度,m/s。

一般取泛点气速的 $50\%\sim80\%$,即

$$u=(0.5\sim0.8)u_F \tag{5-25}$$

式中,u_F——泛点气速,m/s。

由式(5-18)可知填料塔的直径是由气体的体积流量与空塔气速决定的。气体的体积流量由生产任务规定,而空塔气速是设计时选取的。选择较小的气速,则压降小,动力消耗小,操作费用低,但塔径增大,设备费用提高,同时低气速不利于气液两相接触,分离效率低;相反,气速大则塔径较小,设备费用降低,但压降增大,操作费用较高。若选用气速太接近泛点气速,则生产条件稍有波动,就有可能操作失控。所以适宜空塔气速的选择是一个技术经济问题,有时需要反复计算才能确定。

在吸收过程中,由于吸收质不断进入液相,故混合气量由塔底至塔顶逐渐减小。在计算塔径时,一般应以入塔时气量为依据。

应予指出,由上式计算出塔径 D 后,还应该按塔径系列标准进行圆整。常用的标准塔径为:400、500、600、700、800、1000、1200、1400、1600、2000、2200mm 等。圆整后,再核算操作空塔气速 u 与泛点率。

(三)填料层高度的计算

为了达到指定的分离要求,吸收塔必须提供足够的气液两相接触面积,因此塔内的填料装填量或一定直径的塔内填料层高度将直接影响吸收结果。在塔径已经确定的前提下,填料层高度仅取决于完成规定生成任务所需的总吸收面积和每立方米填料层所能提供的气、液接触面。其关系如下:

$$Z=\frac{填料层体积\ V_P}{塔截面积\ \Omega}=\frac{总吸收面积\ F}{\alpha\Omega} \tag{5-26}$$

式中,Z——填料层高度,m;

V_P——填料层体积,m³;

F——总吸收面积，m^2；

Ω——塔截面积，m^2；

α——单位体积填料层提供的有效比表面积 m^2/m^3。

总吸收面积 F 可表示为：$F=\dfrac{吸收负荷\ G_A}{吸收速率\ N_A}$。塔的吸收负荷可依据全塔物料衡算关系求出，而吸收速率则要依据全塔吸收速率方程求得。

1. 传质单元高度与传质单元数的概念

经过计算，填料层的高度的基本计算式可写成：

$$Z=H_{OG}\cdot N_{OG}，\text{或}\ Z=H_{OL}\cdot N_{OL} \tag{5-27}$$

H_{OG} 为气相总传质单元高度（H_{OL} 为液相总传质单元高度），单位为 m，可以理解为一个传质单元所需要的填料层高度，是吸收设备效能高低的反映。如果气体经一段填料层前后的组成变化（$Y_1—Y_2$）恰好等于此段填料层内以气相组成差表示总推动力的平均值 $(Y-Y^*)_m$ 时，这段填料层的高度就是一个气相总传质单元高度，它与操作气液流动情况、物料性质及设备结构有关。在填料塔设计计算中，选用分离能力强高效填料及适宜的操作条件以提高传质系数，增加有效气液接触面积，从而减小 $H_{OG}(H_{OL})$。

对于常用的填料吸收塔，传质单元高度的数值范围在 $0.15\text{m}\sim1.5\text{m}$ 之间，可根据填料类型和操作条件计算或查有关资料。在缺乏可靠资料时需通过实验测定。

N_{OG} 为气相总传质单元数（N_{OL} 为液相总传质单元数），无单位。它与气相进出口浓度及平衡关系有关，反映吸收任务的难易程度。当分离要求高或吸收平均推动力小时，均会使 $N_{OG}(N_{OL})$ 增大，相应的填料层高度也增加。在填料塔设计计算中，可用改变吸收剂的种类、降低操作温度或提高操作压力、增大吸收剂用量、减小吸收剂入口浓度等方法，以增大吸收过程的传质推动力，达到减小 $N_{OG}(N_{OL})$ 的目的。

2. 传质单元数的求法

计算填料层的高度关键是计算传质单元数。传质单元数的求法有解析法、图解积分法等。

（1）相平衡方程为直线——解析法求传质单元数

若在吸收操作所涉及的浓度区间内，相平衡关系可按直线处理，即可写成 $Y^*=mX+b$ 的形式，可采用以下两种解析法求取 N_{OG}。

①对数平均推动力法。

当相平衡方程和操作线方程均为直线时，则塔内任一横截面上气相总传质推动力 $\Delta Y=Y-Y^*$ 与 Y 呈线性关系，即可写成：

$$N_{OG}=\frac{Y_b-Y_a}{\Delta Y_m} \tag{5-28}$$

$$\Delta Y_m=\frac{\Delta Y_b-\Delta Y_a}{\ln\dfrac{\Delta Y_b}{\Delta Y_a}}=\frac{(Y_b-Y_b^*)-(Y_a-Y_a^*)}{\ln\dfrac{Y_b-Y_b^*}{Y_a-Y_a^*}} \tag{5-29}$$

式中，ΔY_m——塔顶与塔底两截面上吸收推动力的对数平均值，称为对数平均推动力。

同理，可推出液相总传质单元数 N_{OL} 的相应解析式

$$N_{OL}=\frac{X_a-X_b}{\Delta X_m} \tag{5-30}$$

$$\Delta X_m = \frac{\Delta X_b - \Delta X_a}{\ln \dfrac{\Delta X_a}{\Delta X_b}} = \frac{(X_b - X_b^*) - (X_a - X_a^*)}{\ln \dfrac{X_b - X_b^*}{X_a - X_a^*}} \tag{5-31}$$

当 $\dfrac{\Delta Y_b}{\Delta Y_a} < 2$ 或 $\dfrac{\Delta X_b}{\Delta X_a} < 2$ 时,相应的对数平均推动力也可用算数平均值代替,不会带来较大的误差。

②脱吸因数法。

气相总传质单元数还可用另一种方法求得,将 $Y^* = mX + b$ 代入式(5-28)中整理得

$$N_{OG} = \frac{1}{1-S} \ln \left[(1-S) \frac{Y_b - Y_a^* - b}{Y_a - Y_a^* - b} + S \right] \tag{5-32a}$$

当平衡线过原点时,$Y^* = mX$,则式(5-32a)简化为

$$N_{OG} = \frac{1}{1-S} \ln \left[(1-S) \frac{Y_b - Y_a^*}{Y_a - Y_a^*} + S \right] \tag{5-32b}$$

式中,$S = \dfrac{mG}{L}$——解吸因数,其几何意义为平衡线斜率 m 与操作线斜率 L/G 之比,S 值越大,越易于解吸。

式(5-32b)也可写为

$$N_{OG} = \frac{1}{1-\dfrac{1}{A}} \ln \left[\left(1-\frac{1}{A}\right) \frac{Y_b - Y_a^*}{Y_a - Y_a^*} + \frac{1}{A} \right] \tag{5-32c}$$

式中,$A = \dfrac{1}{S}$——吸收因数,是解吸因数的倒数,A 值越大,越易于吸收。

由式(5-32b)可知,N_{OG} 数值的大小取决于 S 与 $\dfrac{Y_b - Y_a^*}{Y_a - Y_a^*}$ 两个因素。为便于计算,在半对数坐标系中以 S 为参数,按式(5-32b)标绘出 $N_{OG} - \dfrac{Y_b - Y_a^*}{Y_a - Y_a^*}$ 的函数关系,得到如图 5-22 所示的一组曲线。若已知 G、L、Y_b、Y_a、X_a 及相平衡线斜率 m 时,利用此图可方便地读出 N_{OG} 的数值;或由已知的 L、G、Y_b、X_a、N_{OG} 及 m 求出气体出口浓度 Y_a。

参数 S 则反映吸收推动力的大小。在气液进口浓度及溶质吸收率已知的条件下,若增大 S 的值,就意味着减小液气比,则使吸收液出口浓度提高而塔内吸收推动力下降,则 N_{OG} 的数值必然增大。反之亦然。通常认为 $S = 0.7 \sim 0.8$ 是经济适宜的。

同理,可推导出液相总传质单元数的关系式

$$N_{OL} = \frac{1}{1-A} \ln \left[(1-A) \frac{Y_b - Y_a^*}{Y_b - Y_b^*} + a \right] \tag{5-33}$$

式(5-32b)与式(5-33)相比较可知,二者具有同样的函数形式,所以,图 5-14 将完全适用于表示 $N_{OG} - \dfrac{Y_b - Y_a^*}{Y_a - Y_a^*}$ 的关系(以 A 为参数)。

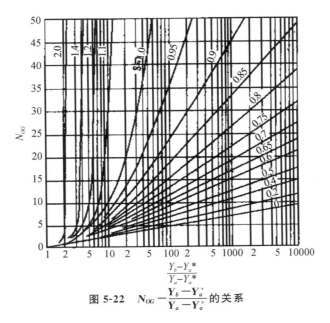

图 5-22　$N_{OG} - \dfrac{Y_b - Y_a^*}{Y_a - Y_a^*}$ 的关系

对数平均推动力法的优点是形式简明,适用于吸收塔的设计型计算;而对于已知填料层高度和入塔气液流速及组成的操作型问题(或称校核型)来讲,采用脱吸因数法更为简便。所以,根据如上所述的两种方法的不同特点,可适当选择使用。

(2)相平衡线为曲线—采用图解积分法

当气液相平衡线不能作为直线处理时,求传质单元数通常采用图解积分法或数值积分法。

采用图解积分法求解时,如图 5-23 所示,可在直角坐标系中,以 Y 为横坐标,$1/(Y-Y^*)$ 为纵坐标描绘出曲线,所得函数曲线与 $Y=Y_1,Y=Y_2$ 之间所包围的面积,就是气相总传质单元数 N_{OG} 的数值,它可通过计量被积函数曲线下的面积来求得。

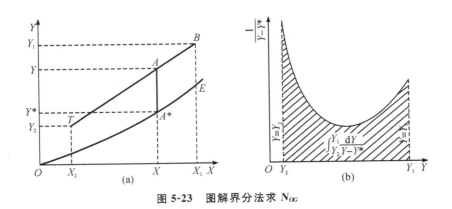

图 5-23　图解界分法求 N_{OG}

3.传质单元高度的计算

填料的传质性能用传质单元高度或理论塔板当量高度(HETP,也称等板高度)来表征。

传质单元高度可根据传质系数推算。传质过程的影响因素十分复杂,对于不同的物系、不同的填料以及不同的流动状况与操作条件,传质单元高度各不相同,迄今为止,尚无通用的计算方法和计算公式。目前,在进行设计时多选用一些准数关联式或经验公式进行计算,其中应用较为普遍的是修正的恩田(Onde)公式。

修正的恩田公式为:

$$k_G = 0.237 \left(\frac{U_V}{a\mu_V}\right)^{0.7} \left(\frac{\mu_V}{\rho_V D_V}\right)^{\frac{1}{3}} \left(\frac{aD_V}{RT}\right) \tag{5-34}$$

$$k_L \left(\frac{\rho_L}{\mu_L g}\right)^{\frac{1}{3}} = 0.0095 \left(\frac{U_L}{a_w \mu_L}\right)^{2/3} \left(\frac{\mu_L}{\rho_L D_L}\right)^{-1/2} \tag{5-35}$$

$$k_G a = k_G a_w \varphi^{1.1}, \quad k_L a = k_L a_w \varphi^{0.4} \tag{5-36}$$

其中,
$$\frac{a_w}{a} = 1 - \exp\left[-1.45 \left(\frac{o_c}{\sigma}\right)^{0.75} \left(\frac{G_L}{a\mu_L}\right)^{0.1} \left(\frac{G_L^2}{\rho_L^2 g}\right)^{-0.05} \left(\frac{G_L^2}{\rho_L \sigma a}\right)^{0.2}\right] \tag{5-37}$$

由此可得
$$k'_G a = \left[1 + 9.5 \left(\frac{u}{u_F} - 0.5\right)^{1.4}\right] k_G a, \quad k'_L a = \left[1 + 2.6 \left(\frac{u}{u_F} - 0.5\right)^{2.2}\right] k_L a \tag{5-38}$$

式中,U_V、U_L——气体、液体的质量通量,kg/(m² · s);

μ_V、μ_L——气体、液体的黏度,kg/(m · h);

ρ_V、ρ_L——气体、液体的密度,kg/m³;

D_V、D_L——溶质在气体、液体中的扩散系数,m²/s;

R——通用气体常数,8.314(m² · kPa)/(kmol · K);

T——系统温度,K;

a_w——单位体积填料层的润湿面积,m²/m³;

a——单位体积填料层的总表面积即填料的比表面积,m²/m³;

σ_L——液体的表面张力,kg/h²(1dyn/cm=12960kg/h²);

σ——填料材质的临界表面张力,kg/h²(1dyn/cm=12960kg/h²);

φ——填料形状系数。

常见材质的临界表面张力值见表5-6,常见填料的形状系数见表5-7。

表 5-6　常见材质的临界表面张力值

材质	碳	瓷	玻璃	聚丙烯	聚氯乙烯	钢	石蜡
表面张力,dyn/cm	56	61	73	33	40	75	20

表 5-7　常见填料的形状系数

填料类型	球形	棒形	拉西环	弧鞍	开孔环
φ 值	0.72	0.75	1	1.19	1.45

由修正的恩田公式计算出 $k_G a$ 和 $k_L a$ 后,可按下式计算气相总传质单元高度 H_{OG}:

$$H_{OG} = \frac{V}{K_Y a\Omega} = \frac{V}{K_G a p\Omega} \tag{5-39}$$

其中

$$K_Ga = \cfrac{1}{\cfrac{1}{k_Ga + \cfrac{1}{Hk_La}}} \tag{5-40}$$

式中，H——溶解度系数，$kmol/(m^3 \cdot kPa)$；

Ω——塔截面积，m^2。

应予指出，修正的恩田公式只适用于 $u \leqslant 0.5u_F$ 的情况，当 $u \geqslant 0.5u_F$ 时，需按下式进行校正，即

$$k'_Ga = \left[1 + 9.5\left(\frac{u}{u_F} - 0.5\right)^{1.4}\right]k_Ga \tag{5-41a}$$

$$k'_La = \left[1 + 2.6\left(\frac{u}{u_F} - 0.5\right)^{2.2}\right]k_La \tag{5-41b}$$

【主导项目 5-3】

1. 填料塔直径的计算

采用 Eckert 通用关联图计算泛点气速。

气相质量流量为 $\omega_V = 2400 \times 1.257 = 3016.8 kg/h$

液相质量流量可近似按纯水的流量计算，即 $\omega_L = 4346.38 \times 18.02 = 78321.77 kg/h$

Ecker 通用关联图的横坐标为 $\dfrac{w_L}{w_V}\left(\dfrac{\rho_V}{\rho_L}\right)^{0.5} = \dfrac{78321.77}{3016.8}\left(\dfrac{1.257}{998.2}\right)^{0.5} = 0.921$

查图 5-21 得 $\dfrac{u_F^2 \phi_F \phi \rho_V}{g \rho_L}\mu_L^{0.2} = 0.023$；

查表 5-4 可得 $\phi_F = 184 m^{-1}$。

由手册查得，20℃时水的黏度为 $\mu_L = 0.001 Pa \cdot s = 3.6 kg/(m \cdot h)$；

则　　　　　$u_F = \sqrt{\dfrac{0.023g\rho_L}{\phi_F \phi \rho_V \mu_L^{0.2}}} = \sqrt{\dfrac{0.023 \times 9.81 \times 998.2}{184 \times 1 \times 1.257 \times 3.6^{0.2}}} = 0.868 m/s$；

取 $u = 0.7u_F = 0.7 \times 0.868 = 0.608 m/s$；

由 $D = \sqrt{\dfrac{4V_s}{\pi u}} = \sqrt{\dfrac{4 \times 2400/3600}{3.14 \times 0.608}} = 1.18 m$；

圆整塔径，取 $D = 1.2 m$。

泛点率校核：

$u = \dfrac{2400/3600}{0.785 \times 1.2^2} = 0.59 m/s$，　　$\dfrac{u}{u_F} = \dfrac{0.59}{0.868} \times 100\% = 68.0\%$（在允许范围内）。

填料规格校核：

$\dfrac{D}{d} = \dfrac{1200}{38} = 31.58 > 8$。

液体喷淋密度校核：

取最小润湿速率为 $(L_w)_{min} = 0.08 m^3/m \cdot h$；

查手册知 $a = 155 m^2/m^3$；

$U_{min} = (L_w)_{min}a = 0.08 \times 155 = 12.4 m^3/m \cdot h$；

$U = \dfrac{78321.77/998.2}{0.785 \times 1.2^2} = 61.42 > U_{min}$；

经以上校核可知，填料塔直径选用 $D=1200\text{mm}$ 合理。

2. 填料塔压降的计算

采用 Eckert 通用关联图计算填料层压降。

横坐标为 $\dfrac{w_L}{w_V}\left(\dfrac{\rho_V}{\rho_L}\right)^{0.5}=0.921$

查表 5-4 得，$\varphi_{\Delta P}=114\text{m}^{-1}$

纵坐标为 $\dfrac{u^2\varphi_P\varphi\rho_V}{g}\cdot\dfrac{1}{\rho_L}\mu_L^{0.2}=\dfrac{0.59^2\times114\times1}{9.81}\times\dfrac{1.257}{998.2}\times3.6^{0.2}=0.00658;$

查图 5-21 得 $\dfrac{\Delta p}{Z}=110\text{Pa/m}。$

3. 填料层高度的计算

$Y_1^*=mX_1=35.04\times0.0011=0.0385，\quad Y_2^*=mX_2=0;$

脱吸因数为 $\quad S=\dfrac{mV}{L}=\dfrac{35.04\times93.25}{4346.38}=0.752;$

气相总传质单元数为：

$$N_{OG}=\dfrac{1}{1-S}\ln\left[(1-S)\dfrac{Y_1-Y_2^*}{Y_2-Y_2^*}+S\right]$$

$$=\dfrac{1}{1-0.752}\ln\left[(1-0.752)\dfrac{0.0526-0}{0.00263-0}+0.752\right]=7.026;$$

气相总传质单元高度采用恩田关联式计算：

$$\dfrac{a_w}{a}=1-\exp\left[-1.45\left(\dfrac{o_c}{\sigma_L}\right)^{0.75}\left(\dfrac{U_L}{a\mu_L}\right)^{0.1}\left(\dfrac{U_L^2 a}{\rho_L^2 g}\right)^{-0.05}\left(\dfrac{U_L^2}{\rho_L\sigma_L a}\right)^{0.2}\right];$$

查手册得 $\sigma_c=33\text{dyn/cm}=427680\text{kg/h}^2；\sigma_L=72.6\text{dyn/cm}=940896\text{kg/h}^2；$

液体质量通量为 $U_L=\dfrac{78321.77}{0.785\times1.2^2}=69286.77\text{kg/(m}^2\cdot\text{h)}；$

$$\dfrac{a_W}{a}=1-\exp\left[-1.45\left(\dfrac{427680}{940896}\right)^{0.75}\left(\dfrac{69286.77}{155\times3.6}\right)^{0.1}\left(\dfrac{69286.77^2\times155}{998.2^2\times1.27\times10^8}\right)^{-0.05}\left(\dfrac{69286.77^2}{998.2\times940896\times155}\right)^{0.2}\right]$$

$$=0.572，a_W=0.572\times155=88.73\text{m}^2/\text{m}^3。$$

液膜吸收系数由下式计算 $k_L\left(\dfrac{\rho_L}{\mu_L g}\right)^{\frac{1}{3}}=0.0095\left(\dfrac{U_L}{a_w\mu_L}\right)^{2/3}\left(\dfrac{\mu_L}{\rho_L D_L}\right)^{-1/2};$

$$k_L=0.0095\left(\dfrac{69286.77}{0.572\times155\times3.6}\right)^{2/3}\left(\dfrac{3.6}{998.2\times5.29\times10^{-6}}\right)^{-1/2}\left(\dfrac{998.2}{3.6\times1.27\times10^8}\right)^{-1/3}$$

$$=1.013\text{m/h};$$

气膜吸收系数由下式计算 $k_G=0.237\left(\dfrac{U_V}{a\mu_V}\right)^{0.7}\left(\dfrac{\mu_V}{\rho_V D_V}\right)^{\frac{1}{3}}\left(\dfrac{aD_V}{RT}\right);$

气体质量通量为 $U_V=\dfrac{2400\times1.257}{0.785\times1.2^2}=2668.79\text{kg/(m}^2\cdot\text{h)}；$

混合气体的黏度可近似取为空气的黏度，查手册得 20℃ 空气的黏度为：

$\mu_V=1.81\times10^{-5}\text{Pa}\cdot\text{s}=0.065\text{kg/(m}\cdot\text{h)}；$

查手册得 SO_2 在空气中的扩散系数为 $D_V=0.108\text{cm}^2/\text{s}=0.039\text{m}^2/\text{h}；$

$$k_G=0.237\left(\dfrac{2668.79}{155\times0.065}\right)^{0.7}\left(\dfrac{0.065}{1.257\times0.039}\right)^{\frac{1}{3}}\left(\dfrac{155\times0.039}{8.314\times293}\right)$$

$=0.0321 kmol/(m^2 \cdot h \cdot kPa)$；

由 $k_G a = k_{Gw} a \varphi^{1.1}$，查表(5-6)得 $\varphi = 1.45$；

则 $k_G a = k_{Gw} a \varphi^{1.1} = 0.0321 \times 0.572 \times 155 \times 1.45^{1.1} = 4.283 kmol/(m^2 \cdot h \cdot kPa)$；

$k_L a = k_{Lw} a \varphi^{0.4} = 1.013 \times 0.572 \times 155 \times 1.45^{0.4} = 104.2 h^{-1}$；

$\dfrac{u}{u_F} = \dfrac{0.59}{0.868} \times 100\% = 68.0\% > 50\%$；

由 $k'_G a = \left[1 + 9.5\left(\dfrac{u}{u_F} - 0.5\right)^{1.4}\right] k_G a$，$k'_L a = \left[1 + 2.6\left(\dfrac{u}{u_F} - 0.5\right)^{2.2}\right] k_L a$；

得 $k'_G a = \left[1 + 9.5 \times (0.68 - 0.5)^{1.4}\right] \times 4.283 = 7.97 kmol/(m^2 \cdot h \cdot kPa)$；

$k'_L a = \left[1 + 2.6 \times (0.68 - 0.5)^{2.2}\right] \times 104.2 = 110.41/h$；

则 $K_G a = \dfrac{1}{\dfrac{1}{k'_G a} + \dfrac{1}{H k'_L a}} = \dfrac{1}{\dfrac{1}{7.97} + \dfrac{1}{0.0156 \times 110.4}} = 1.416 kmol/(m^2 \cdot h \cdot kPa)$；

由 $H_{OG} = \dfrac{V}{K_Y a \Omega} = \dfrac{V}{K_G a P \Omega} = \dfrac{93.25}{1.416 \times 101.3 \times 0.785 \times 1.2^2} = 0.575 m$；

由 $Z = H_{OG} N_{OG} = 0.575 \times 7.026 = 4.04$，得 $Z' = 1.25 \times 4.04 = 5.05 m$；

设计取填料层高度为 $Z' = 6m$；

查手册得，对于鲍尔环填料，$\dfrac{h}{D} = 5 \sim 10$，$h_{max} \leqslant 6mm$。

取 $\dfrac{h}{D} = 8$，则 $h = 8 \times 1200 = 9600mm$。

计算得填料层高度为 6000mm，故不需分段。

【拓展项目 5-3】 空气和氨的混合物在直径为 0.8m 的填料塔中用水吸收其中所含氨的 99.5%。混合气量为 1400kg/h。混合气体中氨与空气的摩尔比为 0.0132，所用液气比为最小液气比的 1.4 倍。操作温度为 20℃。相平衡关系为 $Y^* = 0.57x$。气相体积吸收系数为 $K_y a = 0.088 kmol/(m^3 \cdot s)$，求每小时吸收剂用量与所需填料层高度？

解 (1)求吸收剂用量

因混合气体中氨含量很少，故用空气分子量计算出气相摩尔流率

$G = \dfrac{1400}{29} = 48.3 (kmol/h)$；

$Y_1 = 0.0132$，$Y_2 = Y_1(1 - \eta) = 0.0132 \times (1 - 0.995) = 0.000066$；

$X_2 = 0$；

$\left(\dfrac{L}{G}\right)_{min} = \dfrac{Y_1 - Y_2}{Y_1/m - X_2} = \dfrac{0.0132 - 0.000066}{0.0132/0.75 - 0} = 0.746$；

则 $\dfrac{L}{G} = 1.4 \times 0.746 = 1.04 \Rightarrow L = 1.04 \times 48.3 = 50.3 (kmol/h)$。

(2)用平均推动力法求填料层高度

$X_1 = \dfrac{G}{L}(Y_1 - Y_2) + X_2 = \dfrac{1}{1.04} \times (.0132 - 0.000066) + 0 = 0.0126$；

$Y_1^* = mX_1 = 0.75 \times 0.0126 = 0.0095$，$Y_2^* = 0$；

$\Delta Y_1 = Y_1 - Y_1^* = 0.0132 - 0.0095 = 0.0037$；

$\Delta Y_2 = Y_2 - Y_2^* = 0.000066 - 0 = 0.000066$；

$$\Delta Y_m \frac{0.0037-0.000066}{\ln\dfrac{0.0037}{0.000066}}=0.000906;$$

$$h_0=\frac{G(Y_1-Y_2)}{K_\gamma a\,\Omega\Delta Y_m}=\frac{48.3\times(0.0132-0.000066)}{0.088\times3600\times0.785\times0.8^2\times0.000906}=4.45(\text{m})。$$

（3）用吸收因数法求填料层高度

$$\frac{1}{A}=\frac{mG}{L}=\frac{0.75}{1.04}=0.72;$$

$$\frac{Y_1-mX_2}{Y_2-mX_2}=\frac{0.0132}{0.000066}=197;$$

由图 4-22 可查出，$N_{OG}=14.5$；

$$H_{OG}=\frac{G}{K_\gamma a\,\Omega}=\frac{48.3}{0.088\times3600\times0.785\times0.8^2}=0.307(\text{m})；$$

$$h_0=0.307\times14.5=4.45(\text{m})。$$

任务五　吸收操作技能训练

一、教学目标

1. 知识目标

（1）熟悉吸收塔的结构和原理；

（2）掌握尾气、吸收液的分析方法。

2. 能力目标

能熟练的进行吸收塔操作。

3. 素质目标

（1）具有良好的团队协作能力；

（2）具有良好的语言表达和文字表达能力；

（3）培养安全生产和清洁生产的意识。

二、教学任务

在本任务中，通过分组进行吸收操作训练，能够正确使用和维护吸收相关设备。

【主导项目 5-4】

1. 装置流程

吸收操作装置如下图所示。空气由鼓风机送入空气转子流量计中计量，空气通过流量计处的温度由温度计测量，空气流量由空气流量调节阀调节。氨气由氨瓶送出，经过氨瓶总阀进入氨气转子流量计中计量，氨气通过转子流量计处温度由操作时大气温度代替，其流量由氨流量调节阀调节,然后进入空气管道与空气混合后进入填料吸收塔的底部。水由自来水管经水转子流量计进入塔顶,水的流量由水流量调节阀调节。分析塔顶尾气浓度时靠降低水准瓶的位置,将塔顶尾气吸入吸收瓶和量气管。在吸入塔顶尾气之前,预先在吸收瓶内放入 5mL 已知浓度的硫酸作为吸收尾气中氨之用。吸收液的取样可于塔底吸收液取样口进行。填料层压降用 U 形管压强计测定。

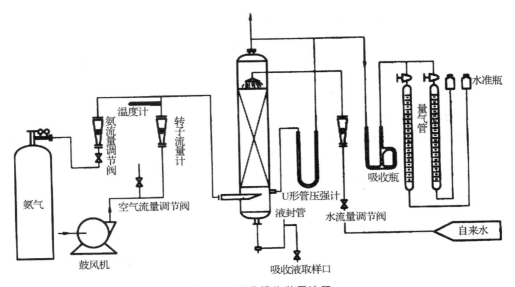

图 5-24　吸收操作装置流程

2. 操作训练

(1)开车前准备工作

①检查空气流量调节阀是否处于全开状态

②检查装置上的其他旋塞、阀门是否处于关闭状态。

③用移液管向吸收瓶内装入 5mL 浓度为 0.005mol/L 左右的硫酸,并加入 1~2 滴甲基橙指示液。

(2)测量干填料层$(\Delta p/Z)-u$关系曲线

①开启鼓风机电源开关,注意观察鼓风机的运转是否正常。

②缓慢调节空气流量调节阀开度,调节到指定的空气流量。

③按空气流量从小到大的顺序读取填料层压降$(\Delta p/Z)$、转子流量计读数和流量计处空气温度。

④在对数坐标纸上以空塔气速 u 为横坐标,以单位高度的压降$(\Delta p/Z)$为纵坐标,标绘于填料层$(\Delta p/Z)-u$关系曲线。

(3)测量某喷淋量下填料层$(\Delta p/Z)-u$关系曲线

①调节水喷淋量为 40L/h。

②按空气流量从小到大的顺序读取填料层压降$(\Delta p/Z)$、转于流量计读数和流量计处空气温度,并注意观察塔内的操作现象。一旦看到液泛现象,记下对应的空气转子流量计读数。

③在对数坐标纸上标出液体喷淋量为 40L/h 下的 $(\Delta p/Z)-u$ 关系曲线,确定液泛气速并与观察的液泛气速相比较。

(4)测定气相总体积吸收系数 $K_y a$

①打开水流量调节阀,调节到指定的水流量(建议水流量为 30L/h)。

②打开空气流量调节阀。

③打开氨气瓶总阀和氨流量调节阀调节氨流量,使混合气体中氨与空气摩尔比为 0.02～0.03(建议由指导教师给出适宜的流量调节范围)。

④在空气、氨气和水的流量不变条件下,操作维持一定时间。

⑤过程基本稳定后,记录各流量计读数和温度,记录塔底排出液的温度,并分析塔顶尾气及塔底吸收液的浓度。

(5)尾气分析

①排出两个量气管内空气,使其中水面达到最上端的刻度线零点处,并关闭三通旋塞。

②将水准瓶移至下方的实验架上,缓慢地旋转三通旋塞,让塔顶尾气通过吸收瓶,旋塞的开度不宜过大,以能使吸收瓶内液体以适宜的速度不断循环流动为宜。

从尾气开始通入吸收瓶起就必须始终观察瓶内液体的颜色,中和反应达到终点时立即关闭三通旋塞,在量气管内水面与水准瓶内水面齐平的条件下读取量气管内空气的体积。若某量气管内已充满空气。但吸收瓶内未达到终点,可关闭对应的三通旋塞,读取该量气管内的空气体积,同时启用另一个量气管,继续让尾气通过吸收瓶。

③用下式计算尾气浓度 Y_2

因为氨与硫酸中和反应式为 $2NH_3+H_2SO_4 \rightarrow (NH_4)_2SO_4$,所以到达化学计量点(滴定终点)时,被滴物的摩尔数 n_{NH_3} 和滴定剂的摩尔数 $n_{H_2SO_4}$ 之比为 $2:1$,故,

$$Y_2 = \frac{2M_{H_2SO_4} V_{H_2SO_4}}{(V_{量气管} \cdot T_0/T)/22.4} \tag{5-42}$$

(6)塔底吸收液的分析

①当尾气分析吸收瓶达终点后,即用三角瓶接取塔底吸收液样品约 200mL 并加盖。

②用移液管移取塔底吸收液 10mL 置于另一个三角瓶中,加入 2 滴甲基橙指示剂。

③用浓度约为 0.1mol/L 的硫酸置于酸滴定管内,用以滴定三角瓶中的塔底吸收液至终点。

(7)吸收塔的停车操作

①关闭氨瓶阀门和氢流量调节阀。

②关闭水流量调节阀。

③调节空气流量调节阀至全开。关闭鼓风机。

④排空系统内的溶液,再用清水清洗吸收塔内部。

3.数据处理

(1)基础数据

实训时间:＿＿＿＿＿＿＿＿; 室温:＿＿＿＿＿＿＿＿＿＿＿＿;

填料层高度:＿＿＿＿＿＿＿; 塔径:＿＿＿＿＿＿＿＿＿＿＿＿＿;

水的温度:＿＿＿＿＿＿＿＿; 水的密度:＿＿＿＿＿＿＿＿＿＿＿;

水的黏度:＿＿＿＿＿＿＿＿; 被吸收的气体混合物:＿＿＿＿＿＿。

吸收剂：_____；　填料种类：_____。

（2）实训数据

①干填料层时实训数据

表 5-8　吸收操作实训数据记录表（一）

序号	填料层压降	单位填料层压降	空气转子流量计读数	空气流量计处温度	对应温度下的空气流量	空塔气速
1						
2						
3						
4						
5						
6						
7						
8						
9						
10						

②湿填料时实训数据

吸收剂清水的流量 $L=$_____。

表 5-9　吸收操作实训数据记录表（二）

序号	填料层压降	单位填料层压降	空气转子流量计读数	空气流量计处温度	对应温度下的空气流量	空塔气速
1						
2						
3						
4						
5						
6						
7						
8						
9						
10						

③传质的实训数据

填料尺寸:10×10×1.5mm;　　　塔内径:75mm。

表 5-10　吸收操作实训数据记录表(三)

实训项目		
空气流量	空气转子流量计读数	
	转子流量计处空气温度	
	流量计空气的体积流量	
氨气流量	氨转子流量计读数	
	转子流量计处氨温度	
	流量计处氨的体积流量	
水流量	水转子流量计读数	
	水流量	
塔顶 Y_2 的测定	测定用硫酸的浓度	
	测定用硫酸的体积	
	量气管内空气的总体积	
	量气管内空气的温度	
塔底 X_1 的测定	测定用硫酸的浓度	
	测定用硫酸的体积	
	样品的体积	
相平衡	塔底液相的温度	
	相平衡常数	

符号说明

a——指单位体积填料中的填料表面积,m^2/m^3;

ε——干塔状态时单位体积填料所具有的空隙体积(即空隙率),m^3/m^3;

ϕ——填料因子,m^{-1};

p——溶质在气相主体与界面处的分压,kPa;

p^*——溶液的平衡分压,kPa;

L,L_{min}——单位时间通过吸收塔的吸收剂用量和吸收剂的最小用量,kmol/s;

V——单位时间通过吸收塔的惰性气体量,kmol/s;

m——相平衡常数,无量纲;

p_A、p_B——混合气体总组分 A、B 的分压,kPa;

p——混合气体的总压,kPa;

p_A^*——平衡时溶质在气相中的分压称为平衡分压,kPa;

x_A——组分 A 在液相中的摩尔分数；

c_A——组分 A 的浓度，$kmol/m^3$；

E——亨利系数，kPa；

H——溶度系数，$mol/(L \cdot kPa)$；

y^*——相平衡时溶质在气相中的摩尔分数；

A——吸收因子（$=L/mG$），无量纲；

Y_1、Y_2——进塔、出塔气体中溶质 A 的摩尔比；

X_1、X_2——出塔、进塔溶液中溶质 A 的摩尔比；

η——吸收率；

Y、X——通过塔内任一截面的气液相摩尔比；

H_s、H_o、H_t——静待液量、动持液量和总持液量，液体（m^3）/每 m^3 填料层；

u——空塔气速；

L_w——喷淋密度；

u_F——泛点气速，m/s；

u——空塔气速，m/s；

ψ——液体密度校正系数，等于水的密度与液体密度之比；

ρ_L，ρ_V——分别为液体与气体的密度，kg/m^3；

μ——液体的黏度，$mPa \cdot s$；

w_L，w_V——分别为液相及气相的质量流量，kg/s；

U_{min}——最小喷淋密度，$m^3/(m^2 \cdot h)$；

$(L_w)_{min}$——最小润湿速率，$m^3/(m \cdot h)$；

D 为吸收塔的内径，m；

V_s 为操作条件下混合气体的体积流量，m^3/s；

Z——填料层高度，m；

V_P——填料层体积，m^3；

F——总吸收面积，m^2；

Ω——塔截面积，m^2；

α——单位体积填料层提供的有效比表面积 m^2/m^3；

H_{OG}——气相传质单元高度，m；

N_{OG}——气相传质单元数，无单位；

H_{OL}——液相传质单元高度，m；

N_{OL}——液相传质单元数，无单位；

$K_{Ya}(K_{X_a})$——体积吸收总系数，$kmol/(m^3 \cdot s)$；

ΔY_a——塔顶气相浓度表示的总传质推动力；

ΔY_b——塔底气相浓度表示的总传质推动力；

ΔY_m——对数平均推动力，即塔顶与塔底两截面上吸收推动力对数平均值；

S——脱吸因数，无单位；

U_V、U_L——气体、液体的质量通量，$kg/(m^2 \cdot s)$；

μ_V、μ_L——气体、液体的黏度，$kg/(m \cdot h)$；

ρ_V、ρ_L——气体、液体的密度，kg/m³；

D_V、D_L——溶质在气体、液体中的扩散系数，m²/s；

R——通用气体常数，8.314(m²·kPa)/(kmol·K)；

T——系统温度，K；

a_w——单位体积填料层的润湿面积，m²/m³；

σ_L——液体的表面张力，kg/h²(1dyn/cm=12960kg/h²)；

σ——填料材质的临界表面张力，kg/h²(1dyn/cm=12960kg/h²)；

φ——填料形状系数。

习　　题

1. 总压为 101.325kPa、温度为 20℃时，1000kg 水中溶解 15kg NH₃，此时溶液上方气相中 NH₃ 的平衡分压为 2.266kPa。试求此时之溶解度系数 H、亨利系数 E、相平衡常数 m。

2. 30℃，101.3kPa 下 SO₂——水平衡关系可近似写为 $y=40.6x$，现用清水对空气 SO₂ 混合气体进行逆流吸收，$y_1=0.2$，$y_2=0.02$，空气流量 $6.53×10^{-4}$kmol/s，清水流量 $4.20×10^{-2}$kmol/s，问实际用水量为最小用水量的几倍？

3. 在逆流操作的吸收塔内，于 $1.013×10^5$Pa、24℃下用清水吸收混合气中的 H₂S，将其浓度由 2% 降至 0.1%（体积百分数）。该系统符合亨利定律，亨利系数 $E=545×1.013×10^5$Pa。若取吸收剂用量为理论最小用量的 1.2 倍，试计算出口液相组成 X_1。若操作压强改为 $10×1.013×10^5$Pa 而其他已知条件不变，再求 L/V 及 X_1。

4. 气体混合物进行并流吸收，气体进塔浓度 $Y_1=0.05$，出塔浓度 $Y_2=0.005$，惰性气体量为 100kmol/h，液体进口浓度 $X_1=0.00002$，液体出口浓度为 $X_2=0.0002$，求溶剂量 kmol/h。

5. 在常压逆流操作的填料吸收塔中用清水吸收空气中某溶质 A，进塔气体中溶质 A 的含量为 8%（体积%），吸收率为 98%，操作条件下的平衡关系为 $y=2.5x$，取吸收剂用量为最小用量的 1.2 倍，试求水溶液的出塔浓度。

某聚氯乙烯树脂生产车间的聚氯乙烯树脂经离心后含有一定的水分需进一步干燥后才能出厂销售以满足客户要求,因此,必须将此一定量的水分干燥去除。已知进入喷雾干燥器前的聚氯乙烯树脂水分含量为 32%,湿基温度 60℃,经干燥后为 0.5%(湿基),出口温度 30℃。进口空气为常温,相对湿度 60%,通过预热器预热至 150℃,离开干燥器温度为 30℃,相对湿度 95%,产量为 10t/h,为完成此任务试选择合适风机。

通过本项目的学习,了解干燥的基本理论知识,熟悉干燥工艺流程及设备,能够解决聚氯乙烯树脂(PVC)干燥过程中的热空气用量、干燥设备及其参数的确定、干燥流程的布置、干燥条件的确定等问题,并能够对典型设备进行操作。

任务一　干燥技术的应用检索

一、教学目标

1. 知识目标

了解干燥的基本概念、分类、特点及应用场合。

2. 能力目标

能通过文献与资料查阅,收集获得现行常用的干燥方法。

3. 素质目标

(1)具有良好的团队协作能力;

(2)具有良好的语言表达和文字表达能力。

二、教学任务

在本任务中,通过分组查找资料、小组讨论交流、汇报等活动,了解国内外现行干燥技术的类型、特点及其适用场合,并根据要求为聚氯乙烯树脂干燥选择合适的干燥技术。

三、相关知识点

(一)干燥概况

在化工生产中,有些固体原料、半成品和成品常含有水分或其他溶剂(称为湿分)。为了便于加工、运输、贮存,需要将固体物料中的湿分除去。去湿的方法通常有如下几类。

1.机械去湿法

通过压榨、沉降、过滤等机械方法达到去湿目的。此方法去湿后物料中水分较多,适用于水分无需完全除尽或为进一步用其他方法去湿作准备。其操作简单,去湿量大。

2.化学去湿法

采用吸湿性物料吸收湿物料中的水分。如石灰、浓硫酸、磷酸酐、无水氯化钙、固体烧碱等。它们主要用于气体中水分的脱除,常伴有化学反应。

3.物理去湿法

利用固体物料的吸附作用以除去物料中的水分;或用冷冻方法使水分结成冰后除去;或通过加热作用,除去湿物料中的水分。

以加热的方法使固体物料中的湿分(水分或其他溶剂)气化并除去的操作称为干燥。

(二)干燥方法

干燥常用于除掉物料中所含少量湿分(用机械去湿等方法已经无法去除),以得到合格的固体产品。根据传热方式的不同,干燥方法可分为如下几种:

1.传导干燥

湿物料与加热介质不直接接触,热量以传导方式通过固体壁面传给湿物料。此法热能利用率高,但物料温度不易控制,容易过热变质。

2.对流干燥

热量通过干燥介质(某种热气流)以对流方式传给湿物料。干燥过程中,干燥介质与湿物料直接接触,干燥介质供给湿物料汽化所需要的热量,并带走汽化后的湿分蒸汽。所以,干燥介质在干燥过程中既是载热体又是载湿体。在对流干燥中,干燥介质的温度容易调控,被干燥的物料不易过热,但干燥介质离开干燥设备时,还带有相当一部分热能,故对流干燥的热能利用程度较差。

3.辐射干燥

热能以电磁波的形式由辐射器发射至湿物料表面,被湿物料吸收后再转变为热能使湿物料中的湿分汽化并除去。如红外线干燥器。辐射干燥生产强度大,产品洁净且干燥均匀,但能耗高。

4.介电加热干燥

将湿物料置于高频电场内,在高频电场的作用下,物料内部分子因振动而发热,从而达到干燥目的。电场频率在300MHz以下的称为高频加热,频率在$300\sim300\times105MHz$的称为微波加热。

工业上应用最普遍的是对流干燥。在此主要介绍以热空气为干燥介质、湿分为水的对流干燥操作。

主导项目　在本项目中采用热空气为干燥介质的对流干燥。

任务二　干燥设备的选择与流程布置

一、教学目标

1.知识目标

(1)掌握干燥设备类型、结构、特点及应用场合；

(2)了解干燥设备的选择依据。

2.能力目标

能根据任务要求及产品特性选择合适的干燥设备。

3.素质目标

(1)具有良好的团队协作能力；

(2)具有良好的语言表达和文字表达能力。

二、教学任务

在本任务中,通过分组查找资料、小组讨论交流、汇报等活动,能够根据 PVC 树脂的特性与生产工艺要求,为其选择合适的干燥设备以去除相应的水分。

三、相关知识点

(一)工业上常用的干燥器分类

工业上使用的干燥器种类很多,下面介绍几种常用的对流干燥器。

1.厢式干燥器

下图为厢式干燥器的结构示意图。

厢式干燥器主要由外壁为砖坯或包以绝热材料的钢板所构成的厢形干燥室和放在小车支架上的物料盘等组成。厢式干燥器为间歇式干燥设备。图中长方形物料盘分层搁置在可移动的小车上,盘中物料层厚度一般为 10～100mm。新鲜空气由风机 3 从进口 1 吸入干燥器,经预热器 5 预热后沿挡板 6 均匀地进入各层挡板之间,在物料上方掠过而起干燥作用;部分废气由排出管 2 排出,余下的循环使用,以提高热利用率。废气循环量可由进、出口的蝶阀调节。

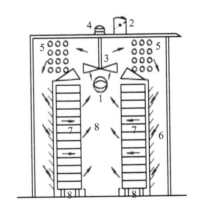

图 6-1　厢式(小车式)干燥器

1—空气入口；2—空气出口；3—风机；

4—电动机；5—加热器；6—挡板；

7—盘架；8—移动轮

厢式干燥器结构简单,适应性强,可用于干燥小批量的粒状、片状、膏状、不允许粉碎和较贵重的物料。干燥程度可以通过改变干燥时间和干燥介质的状态来调节。但厢式干燥器具有物料不能翻动、干燥不均匀、装卸劳动强度大、操作条件差等缺点。主要用于实验室和小规模生产。

2.转筒干燥器

下图为转筒干燥器示意图。转筒干燥器主体是一个与水平面稍成倾角的钢制圆筒。转筒外壁装有两个滚圈,整个转筒的重量通过这两个滚圈由托轮支承。转筒由腰齿轮带动缓缓转动,转速一般为 1~8r/min。转筒干燥器是一种连续式干燥设备。

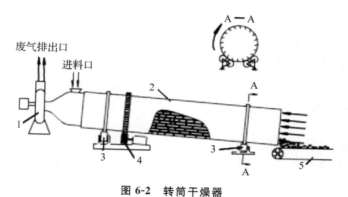

图 6-2 转筒干燥器

1—风机;2—转筒;3—支承托轮;4—传动齿轮;5—输送带

湿物料由转筒较高的一端加入,随着转筒的转动,不断被其中的抄板抄起并均匀地洒下,以便湿物料与干燥介质能够均匀地接触。同时物料在重力作用下不断地向出口端移动。干燥介质由出口端进入(也可以从物料进口端进入),与物料呈逆流接触,废气从进料端排出。

转筒干燥器的生产能力大,气体阻力小,操作方便,操作弹性大,可用于干燥粒状和块状物料。其缺点是钢材耗用量大,设备笨重,基建费用高。主要用于干燥硫酸铵、硝酸铵、复合肥以及碳酸钙等物料。

3.气流干燥器

其结构如图所示。

它是利用高速流动的热空气,使物料悬浮于空气中,在气力输送状态下完成干燥过程。操作时,热空气由风机送入气流管下部,以 20~40m/s 的速度向上流动,湿物料由加热器加入,悬浮在高速气流中,并与热空气一起向上流动,由于物料与空气的接触非常充分,且两者都处于运动状态,因此,气固之间的传热和传质系数都很大,

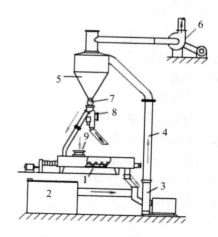

图 6-3 气流干燥器结构

1—螺旋桨式输送混合器;2—燃烧炉;3—球磨机;
4—气流干燥;5—旋风分离器;6—风机;7—星式
加料阀;8—固体流动分配器;9—加料斗

使物料中的水分很快被除去。被干燥后的物料和废气一起进入气流管出口处的旋风分离器,废气由分离器的升气管上部排出,干燥产品则由分离器的下部引出。

气流干燥器是一种干燥速率很高的干燥器。具有结构简单,造价低,占地面积小,干燥时间短(通常不超过 5～10s),操作稳定,便于实现自动化控制等优点。由于干燥速率快,干燥时间短,对某些热敏性物料在较高温度下干燥也不会变质。其缺点是气流阻力大,动力消耗多,设备太高(气流管通常在 10m 以上),产品易磨碎,旋风分离器负荷大。气流干燥器广泛用于化肥、塑料、制药、食品和染料等工业部门,干燥粒径在 10mm 以下含肥结合水分较多的物料。

4.沸腾床干燥器

沸腾床干燥器又称流化床干燥器,是固体流态化技术在干燥中的应用。图 6-4 为卧式沸腾床干燥器结构示意图。

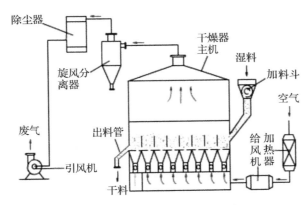

图 6-4 卧式沸腾床干燥器结构

干燥器内用垂直挡板分隔成 4～8 室,挡板与水平空气分布板之间留有一定间隙(一般为几十毫米),使物料能够逐室通过。湿物料由第一室加入,依次流过各室,最后越过溢流堰板排出。热空气通过空气分布板进入前面几个室,通过物料层,并使物料处于流态化,由于物料上下翻滚,互相混合,与热空气接触充分,从而使物料能够得到快速干燥。当物料通过最后一室时,与下部通入的冷空气接触,产品得到迅速冷却,以便包装、收藏。

沸腾床干燥器结构简单,造价和维修费用较低;物料在干燥器内的停留时间的长短可以调节;气固接触好,干燥速率快,热能利用率高,能得到较低的最终含水量;空气的流速较小,物料与设备的磨损较轻,压降较小。多用于干燥粒径在 0.003～6mm 的物料。由于沸腾床干燥器优点较多,适应性较广,在生产中得到广泛应用。

5.喷雾干燥器

喷雾干燥器是直接将溶液、悬浮液、浆状物料或熔融液干燥成固体产品的一种干燥设备。它将物料喷成细微的雾滴分散在热气流中,使水分迅速汽化而达到干燥目的。

图 6-5 为喷雾干燥器示意图。操作时,高压溶液从喷嘴呈雾状喷出,由于喷嘴能随旋转十字管一起转动,雾状的液滴能均匀地分布在热空气中。热空气从干燥器上端进入,废气从干燥器下端送出,通过袋滤器回收其中带出的物料,再排入大气。干燥产品从干燥器底部引出。

喷雾干燥器的干燥过程进行得很快,一般只需 3～5s,适用于热敏性物料;可以从料浆直接得到粉末产品;能够避免粉尘飞扬,改善了劳动条件;操作稳定,便于实现连续化和自动

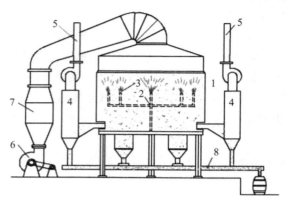

图 6-5 喷雾干燥器

1—干燥器主体；2—进料管；3—喷嘴；4—旋风分离器；5—引风口；6—给风机；7—加热器；8—传送带

化生产。其缺点是设备庞大，能量消耗大，热效率较低。喷雾干燥器常用于牛奶、蛋品、血浆、洗涤剂、抗菌素、染料等的干燥。

（二）干燥器的选择基本原则

由于工业生产中待干燥的物料种类繁多，对产品质量的要求又各不相同，因此选择合适的干燥器非常重要。若选择不当，将导致产品质量达不到要求，或是热量利用率低、动力消耗高，甚至设备不能正常运行。

通常，可根据被干燥物料的性质和工业要求选择几种适用的干燥器，然后对所选干燥器的设备费用和操作费用进行技术经济核算，最终确定干燥器的类型。具体地说，选择干燥器类型时需要考虑以下几个方面的问题：

（1）物料的形态。选择干燥器时，首先要考虑对产品形态的要求。例如，陶瓷制品和饼干等食品，若在干燥过程中，失去了应有的几何形状，也就失去了其商品价值。物料的形态要求不同，适用的干燥器也不同。

（2）物料的干燥特性。达到要求的干燥程度，需要一定的干燥时间，物料不同，所需的干燥时间可能相差很大。对于吸湿性物料，或临界含水量很高的物料，应选择干燥时间长的干燥器。对干燥时间很短的干燥器，例如气流干燥器，仅适用于干燥临界含水量很低的易于干燥的物料。

（3）物料的热敏性。物料对热的敏感性决定了干燥过程中物料的温度上限，但物料承受温度的能力还与干燥时间的长短有关。对于某些热敏性物料，如果干燥时间很短，即使在较高温度下进行干燥，产品也不会因此而变质。气流干燥器和喷雾干燥器就比较适合于热敏性物料的干燥。

（4）物料的粘附性。物料的粘附性关系到干燥器内物料的流动以及传热与传质的进行。应充分了解物料从湿状态到干燥状态粘附性的变化，以便选择合适的干燥器。

（5）产品的特定质量要求。干燥食品、药品等不能受污染的物料，所用干燥介质必须纯净，或采用间接加热方式干燥。有的产品不仅要求有一定的几何形状，而且要求有良好的外观，这些物料在干燥过程中，若干燥速度太快，可能会使产品表面硬化或严重收缩发皱，直接影响到产品的价值。因此，应选择适当的干燥器，确定适宜的干燥条件，缓和其干燥速度。对于易氧化的物料，可考虑采用间接加热的干燥器。

（6）处理量的大小。处理量的大小也是选择干燥器时需要考虑的主要问题。一般说来，间歇式干燥器，例如厢式干燥器的生产能力较小，连续操作的干燥器，生产能力较大。因此，处理量小的物料，宜采用间歇式干燥器。

（7）热量的利用率。干燥的热效率是干燥装置的重要经济指标。不同类型的干燥器的热效率不同。选择干燥器时，在满足基本要求下，应尽量选择热效率高度干燥器。

（8）对环境的影响。若废气中含有污染环境的粉尘甚至有毒成分时，必须对废气进行处理，使废气达到排放要求。

（9）其他方面。选择干燥器时还应考虑劳动强度，设备的制造、操作、维修等因素。

总之，首先要考虑湿物料的形态、特性、对产品的要求、处理量，然后再结合环境要求、热源及热效率，才能选择出合适的干燥器。

表 6-1　干燥器的选择示例

湿物料的状态	物料的实例	处理量	适用的干燥器
液体或泥浆状	洗涤剂、树脂溶液、盐溶液、牛奶等	大批量	喷雾干燥器
		小批量	滚筒干燥器
泥　糊　状	染料、颜料、硅胶、淀粉、黏土、碳酸钙等的滤饼或沉淀物	大批量	气流干燥器 带式干燥器
		小批量	真空转筒干燥器
粒　　状 $(0.01\sim20\mu m)$	聚氯乙烯等合成树脂、合成肥料、磷肥、活性炭	大批量	气流干燥器 转筒干燥器 沸腾干燥器
		小批量	转筒干燥器 厢式干燥器
块　　状 $(20\sim100mm)$	煤、焦炭、矿石等	大批量	转筒干燥器
		小批量	厢式干燥器
片　　状	烟叶、薯片	大批量	带式干燥器 转筒干燥器
		小批量	穿流厢式干燥器
短　纤　维	醋酸纤维、硝酸纤维	大批量	带式干燥器
		小批量	穿流厢式干燥器
较大的物料或制品	陶瓷器、胶合板、皮革等	大批量	隧道干燥器
		小批量	高频干燥器

主导项目　选择喷雾干燥器。

任务三　干燥工艺参数的确定

一、教学目标

1. 知识目标
(1)了解确定干燥工艺条件的影响因素;
(2)熟悉湿空气的主要性质并能简单应用;
(3)掌握干燥过程的物料衡算。

2. 能力目标
能根据产品生产工艺与任务要求,确定合适的干燥工艺条件。

3. 素质目标
(1)具有良好的团队协作能力;
(2)具有良好的语言表达和文字表达能力。

二、教学任务

根据某聚氯乙烯树脂生产车间的聚氯乙烯树脂工艺要求,分组讨论确定合适的干燥工艺条件,并进行热载体的选择与用量确定。

三、相关知识点

(一)干燥过程的操作分析

有了合适的干燥器,还必须确定最佳的工艺条件,在操作中注意控制和调节,才能完成干燥任务,同时做到优质、高产、低耗。

工业生产中的对流干燥,由于所采用的干燥介质不一,所干燥的物料多种多样,且干燥设备类型很多,加之干燥机理复杂,因此,至今仍主要依靠实验手段和经验来确定干燥过程的最佳条件。在此仅介绍人们通过长期生产实践总结出来的对干燥过程进行调节和控制的一般原则。

对于一个特定的干燥过程,干燥器一定,干燥介质一定,同时湿物料的含水量、水分性质、温度以及要求的干燥质量也一定。这样,能调节的参数只有干燥介质的流量,进出干燥器的温度 t_1 和 t_2,出干燥器时废气的湿度 H_2。但这四个参数是相互关联和影响的,当任意规定其中的两个参数时,另外两个参数也就确定了,即在对流干燥操作中,只有两个参数可以作为自变量而加以调节。在实际操作中,主要调节的参数是进入干燥器的干燥介质的温度 t_1 和流量 L。

1. 干燥介质的进口温度和流量

为强化干燥过程,提高其经济性,干燥介质预热后的温度应尽可能高一些,但要注意保持在物料允许的最高温度范围内,以避免物料发生质变。

不同物料的干燥器,同一物料允许的介质进口温度不同。例如,在厢式干燥器中,由于物料静止,只与物料表面直接接触,容易过热,因此,应控制介质的进口温度不能太高;而在转筒、沸腾、气流等干燥器中,由于物料在不断翻动,表面更新快,干燥过程均匀、速率快、时间短,因此,介质的进口温度可较高。

在干燥介质的进口温度不允许过高或不能达到较高时,增加空气的流量可以增加干燥过程的推动力,提高干燥速率。但空气流量的增加,会造成热损失增加,热量利用率下降,同时还会使动力消耗增。

2.干燥介质的出口温度和湿度

当干燥介质的出口温度增加时,废气带走的热量多,热损失大;如果介质的出口温度太低,则含有相当多水汽的废气可能在出口处或后面的设备中析出水滴(达到露点),这将破坏正常的干燥操作。实践证明,对于气流干燥器,要求介质的出口温度较物料的出口温度高 $10\sim30℃$ 或较其进口时的绝热饱和温度高 $20\sim50℃$,否则,可能会导致干燥产品的返潮,并造成设备的堵塞和腐蚀。

干燥介质出口时的相对湿度增加,可使一定量的干燥介质带走的水汽量增加,降低操作费用。但相对湿度增加,会导致过程推动力减小,完成相同干燥任务所需的干燥时间增加或干燥器尺寸增大,可能使总的费用增加。因此,必须全面考虑,并根据具体情况,分别对待。对气流干燥器,由于物料在设备内的停留时间短,为完成干燥任务,要求有较大的推动力以提高干燥速率,因此,一般控制出口介质中的水汽分压低于出口物料表面水汽分压的50%;对转筒干燥器,则出口介质中的水汽分压可高些,可达与之接触的物料表面水汽分压的 $50\%\sim80\%$。

对于一台干燥设备,干燥介质的最佳出口温度和湿度应通过操作实践来确定,并根据生产调节的饱和及时进行调节。生产上控制、调节介质的出口温度和湿度主要是通过控制、调节介质的预热温度和流量来实现。例如,对同样的干燥任务,加大介质的流量或提高其预热温度,可使介质的相对湿度降低,出口温度上升。

在有废气循环使用的干燥装置中,通常将循环的废气与新鲜空气混合后进入预热器加热后,再送入干燥器,以此来提高介质的出口温度,从而提高传热和传质系数,减少热损失,提高热能的利用率。但循环气的加入,使进入干燥器的湿度增加,将使过程的传质推动力下降。因此,采用循环废气操作时,应根据实际情况,在保证产品质量和产量的前提下,调节适宜的循环比。

干燥操作的目的是将物料中的含水量降至规定的要求,且不出现龟裂、焦化、变色、氧化和分解等物理和化学性质上的变化;同时,干燥操作的经济性主要取决于热能的利用率。因此,在操作中,应多方面考虑,根据实际情况,选择适宜的操作条件,才能实现优质、高产、低耗的目标。

(二)湿空气的性质

用热空气干燥固体湿物料,是目前工业生产中最常见、最普遍的干燥操作。由于空气本身含有水分,故在干燥操作中,称之为湿空气,湿空气在干燥过程中起热、湿载体作用。湿空气的湿含量、饱和程度等性质将直接影响到干燥操作结果,因此,应该掌握湿空气的有关各项性质。

为了满足载热、载湿的要求,湿空气的温度应高于被干燥物料的温度,同时必须未被水汽饱和,所谓未被水汽饱和是指其中的水汽分压小于同温下水的饱和蒸汽压,即水汽呈过热状态。由于干燥操作的压力通常都较低(常压或真空),故可将湿空气按理想气体处理。在干燥过程中,湿空气中的水汽量是不断增加的,但其中的干空气量是始终不变的,因此,表征湿空气的各项性质的参数,常以单位质量的干空气为基准,使用时应特别注意。

1. 湿度

在湿空气中,单位质量干空气所带有的水汽质量,称为湿空气的湿含量或绝对湿度,简称湿度,用符号 H 表示,其单位为 kg(水汽)/kg(干空气)。

若以 n_g、n_w 分别表示湿空气中干空气及水汽的摩尔数,M_g、M_w 分别表示干空气和水汽的摩尔质量,根据湿度的定义,其计算式为

$$H = \frac{n_w M_w}{n_g M_g} \tag{6-1}$$

设湿空气的总压为 p,其中的水汽分压为 p_w,则干空气的分压为 $p_g = p - p_w$。水汽与干空气的摩尔比,在数值上应等于其分压之比,即

$$\frac{n_w}{n_g} = \frac{p_w}{p - p_w} \tag{6-2}$$

将水汽的摩尔质量 $M_w = 18\text{kg/kmol}$,干空气的摩尔质量 $M_g = 28.96\text{kg/kmol}$ 代入上面式子,整理得

$$H = 0.622 \frac{p_w}{p - p_w} \tag{6-3}$$

上式为常用的湿度计算式,此式表明,湿度 H 与湿空气的总压以及其中水汽的分压 p_w 有关,当总压 p 一定时,湿度 H 随水汽 p_w 分压增大而增大。

2. 相对湿度

在一定总压下,湿空气中水汽的分压 p_w 与同温下水的饱和蒸汽压 p_s 之比的百分数称为湿空气的相对湿度,用 φ 表示。其计算式为

$$\varphi = \frac{p_w}{p_s} \times 100\% \tag{6-4}$$

相对湿度可以用来衡量湿空气的不饱和程度。当 $p_w = p_s$,即湿空气中水汽的分压等于同温下水的饱和蒸汽压时,$\varphi = 100\%$,表示该湿空气已被水汽所饱和,已不能再吸收水汽。对于被水汽饱和的湿空气,其 $p_w < p_s$,$\varphi < 100\%$。只有不饱和空气才能用作干燥介质,且其值越低,表示该湿空气离饱和状态越远,吸收水汽的能力越强。

由此可见,湿度只能表示湿空气中水汽含量的多少,而相对湿度则能反映吸收水汽能力的强弱。

水的饱和蒸汽压 p_s 随温度的升高而增大,对于具有一定水汽分压 p_w 的湿空气,温度升高,相对湿度 ϕ 必然下降。因此,在干燥操作中,为提高湿空气的吸湿能力和传热的推动力,通常将湿空气先进行预热再送入干燥器。

由以上两式可得

$$H = 0.622 \frac{\varphi p_s}{p - \varphi p_s} \tag{6-5a}$$

或

$$\varphi = \frac{p_s H}{(0.622 + H) p_s} \tag{6-5b}$$

由上式可知,在一定总压 p 下,相对湿度 ϕ 与湿度 H 和饱和蒸汽压 p_s 有关,而饱和蒸汽压 p_s 又是温度 t 的函数,所以当总压 p 一定时,相对湿度 ϕ 是湿度 H 和温度 t 的函数。

如上所述,当 $\phi=100\%$ 时,湿空气已达到饱和,此时所对应的湿度称为饱和湿度,用 H_s 表示,其计算式为

$$H_s=0.622\frac{p_s}{p-p_s}\qquad(6-6)$$

在一定总压下,饱和湿度随温度的变化而变化,对一定温度的湿空气,饱和湿度是湿空气的最大含水量。

【主导项目 6-1】 用于 PVC 干燥的空气,当总压为 100kPa 时,湿空气的温度为 30℃,水汽分压为 4kPa。试求该湿空气的湿度、相对湿度和饱和湿度。如将该湿空气加热至 150℃,再求其相对湿度。

解 空气的湿度:

查得 30℃时水的饱和蒸汽压 $p_{s1}=4.246$kPa,相对湿度为

$$\varphi=\frac{p_w}{p_s}\times100\%=\frac{4}{4.246}\times100\%=94.21\%$$

饱和湿度

$$H_s=0.622\frac{p_s}{p-p_s}=0.622\frac{4.246}{100-4.246}=0.0276\text{kg(水汽)/kg(干空气)}$$

计算可知,此时湿空气基本不具备吸湿能力。

又查得 150℃时水的饱和蒸汽压 $p_{s2}=476$kPa,相对湿度为

$$\varphi=\frac{p_w}{p_s}\times100\%=\frac{4}{476}\times100\%=0.84\%$$

加热至 150℃后,湿空气的相对湿度显著下降,其吸湿能力大大增加。

3. 湿空气的比容

1kg 干空气及其所带有 H kg 的水汽的总体积称为湿空气的比容和湿容积,用符号 ν_H,单位为 m³/kg(干空气)。

常压下,干空气在温度为 t℃时的比容(ν_g)为

$$\nu_g=\frac{22.4}{28.96}\times\frac{t+273}{273}=0.773\frac{t+273}{273}\qquad(6-7a)$$

水汽的比容(ν_w)为

$$\nu_w=\frac{22.4}{18}\times\frac{t+273}{273}=1.244\frac{t+273}{273}\qquad(6-7b)$$

根据湿空气比容的定义,其计算式应为

$$\nu_H=\nu_g+H\nu_w=(0.773+1.244H)\frac{t+273}{273}\qquad(6-8)$$

由上式可知,湿空气的比容与湿空气温度及湿度有关,温度越高,湿度越大,比容越大。

4. 湿空气的比热容

常压下,将 1kg 干空气和所带有的 Hkg 水汽的温度升高 1K(或 1℃)所需要的热量,称为湿空气的比热容,简称湿热,用符号 c_H 表示,单位为 kJ/(kg 干空气·K)。

若以 c_g、c_w 分别表示干空气和水汽的比热容,根据湿空气比热容的定义,其计算式为

$$c_H = c_g + c_w H \tag{6-9a}$$

工程计算中，常取 $c_g = 1.01 \text{kJ/(kg·K)}$，$c_w = 1.88 \text{kJ/(kg·K)}$，代入上式，得

$$c_H = 1.01 + 1.88H \tag{6-9b}$$

由该式可知，湿空气的比热容仅与湿度有关。

5.湿空气的焓

1kg 干空气的焓和其所带的 H kg 水汽的焓之和，称为湿空气的焓，简称为湿焓，用符号 I_H 表示，单位为 kJ/kg(干空气)。

若以 I_g、I_w 分别表示干空气和水汽的焓，根据湿空气的焓的定义，其计算式为

$$I_H = I_g + I_w H \tag{6-10}$$

若上式中的焓值以干空气和水(液态)在 0℃时的焓等于零为基准(工程计算中，常用此基准)，又水在 0℃时的汽化潜热 $r_0 = 2490 \text{kJ/(kg·K)}$，则

$$I_g = c_g t = 1.01t, \qquad I_w = c_w t + r_0 = 1.88t + 2490 \tag{6-11}$$

代入式上式，整理得

$$I_H = (1.01 + 1.88H)t + 2490H \tag{6-12}$$

由上式可知，湿空气的焓与其温度和湿度有关，温度越高，湿度越大，焓值越大。

【主导项目 6-2】 试求常压(100kPa)、50℃下，相对湿度为 50% 的湿空气 500kg 所具有的体积。

解 查得 50℃下，水的饱和蒸汽压为 12.34kPa，则空气的湿度为

$$H = 0.622 \frac{\varphi p_s}{p - \varphi p_s} = 0.622 \frac{0.5 \times 12.34}{100 - 0.5 \times 12.34} = 0.0409 \text{kg(水汽)/kg(干空气)}$$

该湿空气的比容为

$$\nu_H = (0.773 + 1.244H)\frac{t + 273}{273}$$

$$= (0.773 + 1.244 \times 0.0409)\frac{50 + 273}{273} = 0.97 \text{m}^3/\text{kg(干空气)}$$

500kg 湿空气中干空气的含量(L)为

$$L = \frac{500}{1 + H} = \frac{500}{1 + 0.0409} = 480.35 \text{kg}$$

则 500kg 湿空气的体积(V)为

$$V = L\nu_H = 480.35 \times 0.97 = 465.94 \text{m}^3$$

【主导项目 6-3】 用预热器将 5000kg/h 常压、20℃、湿含量为 0.01kg(水汽)/kg(干空气)的空气加热至 150℃ 再送干燥器，求所需供给的热量。

解 5000kg/h 湿空气中干空气的量为

$$L = \frac{5000}{1 + H} = \frac{5000}{1 + 0.01} = 4950.5 \text{kg/h}$$

用比热容进行计算：将 5000kg/h 的湿空气(含有 4950.5kg/h 干空气)从 20℃ 加热至 80℃ 所需热量为

$$Q = Lc_H \Delta t = L(1.01 + 1.88H)(t_2 - t_1)$$

$$= \frac{4950.5}{3600}(1.01 + 1.88 \times 0.01)(150 - 20) = 185.75 \text{kW}$$

也可以用湿空气的焓进行计算,读者可尝试一下。

6. 干球温度

用干球温度计(即普通温度计)测得的湿空气的温度称为湿空气的干球温度,用符号 t 表示,单位为℃或 K,干球温度为湿空气的真实温度。

7. 露点

将未饱和的湿空气在总压 p 和湿度 H 不变的情况下冷却降温至饱和状态时($\phi=100\%$)的温度称为该空气的露点,用符号 t_d 表示,单位为℃或 K。

露点时空气的湿度为饱和湿度,其数值等于原空气的湿度。湿空气中的水汽分压 p_w 应等于露点温度下水的饱和蒸汽压 p_{sd}。由式

$$H=0.622\frac{p_w}{p-p_w}$$

得

$$p_{sd}=\frac{Hp}{0.622+H} \tag{6-13}$$

【拓展项目一】　某湿空气的总压为 100kPa,温度为 40℃,相对湿度为 85%,试求其露点温度;若将该湿空气冷却至 30℃,是否有水析出? 若有,每 kg 干空气析出的水分为多少?

解　查得 40℃时水的饱和蒸汽压 $p_s=7.375$kPa,则该湿空气的水汽分压为

$p_w=\varphi p_s=0.85\times7.7375=6.58$kPa

此分压即为露点下的饱和蒸汽压,即 $p_{sd}=6.58$kPa。由此蒸汽压查得对应的饱和温度为 36.5℃,即该湿空气的露点为 $t_d=36.5$℃。

如将该湿空气冷却至 30℃,与其露点比较,已低于露点温度,必然有水分析出。

湿空气原来的湿度为

$$H_1=0.622\frac{p_w}{p-p_w}=0.622\frac{6.58}{100-6.58}=0.0438\text{kg(水汽)/kg(干空气)}$$

冷却到 30℃时,湿空气中的水汽分压为此温度下的饱和蒸汽压,查得 30℃下水的饱和蒸汽压 $p_s=4.246$kPa,则此时湿空气湿度为

$$H_2=0.622\frac{p_w}{p-p_w}=0.622\frac{4.246}{100-4.246}=0.0276\text{kg(水汽)/kg(干空气)}$$

故每 kg 干空气析出的水分量为

$\Delta H=H_1-H_2=0.0438-0.0276=0.0162$kg(水汽)/kg(干空气)

在确定露点温度时,只需将湿空气的总压 p 和湿度 H 代入式上式,求得 p_{sd},然后查饱和水蒸气表,查出对应的温度,即为该湿空气的露点 t_d。由该式可知,在总压一定时,湿空气的露点只与其湿度有关。

若将已达到露点的湿空气继续冷却,则湿空气会析出水分,湿空气中的湿含量开始减少。冷却停止后,每 kg 干空气析出的水分量等于湿空气原来的湿度与终温下的饱和湿度之差。

(三)物料中含水量的表示方式

物料中含水量的表示方式通常有两种:湿基含水量和干基含水量。

1. 湿基含水量

单位质量湿物料所含水分的质量,即湿物料中水分的质量分数,称为湿物料的湿基含水

量,用符号 w 表示,其单位为 kg(水)/kg(湿物料)。根据其定义,可写成:

$$w = \frac{\text{湿物料中水分的质量}}{\text{湿物料的总质量}} \qquad (6\text{-}14)$$

2. 干基含水量

湿物料在干燥过程中,水分不断被汽化移走,湿物料的总质量在不断变化,用湿基含水量有时很不方便。考虑到湿物料中的绝干物料量在干燥过程中始终不变(不计漏损),以绝干物料量为基准的干基含水量,使用起来较为方便。所谓干基含水量,是指单位绝干物料中所含水分的质量,用符号 X 表示,单位为 kg(水)/kg(绝干料)。根据其定义,可写成:

$$X = \frac{\text{湿物料中水分的质量}}{\text{湿物料的总质量} - \text{湿物料中水分的质量}} \qquad (6\text{-}15)$$

两种含水量之间的换算关系为

$$X = \frac{w}{1-w} \quad \text{或} \quad w = \frac{X}{1+X} \qquad (6\text{-}16)$$

(四)干燥过程的物料衡算

物料衡算要解决的问题是:①将湿物料干燥到指定的含水量所需蒸发的水分量;②干燥过程需要消耗的空气量。为进一步进行热量衡算、选用通风机和确定干燥器的尺寸提供有关数据。

1. 水分蒸发量

图 6-6 为干燥系统的物流示意图。设进入干燥器的湿物料量为 G_1,湿基含水量为 w_1,干基含水量为 X_1;出干燥器的干燥产品量为 G_2,湿基含水量为 w_2,干基含水量为 X_2;湿物料中绝干物料量为 G_c,水分蒸发量为 W。

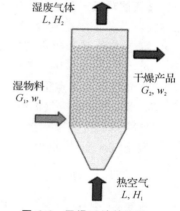

图 6-6 干燥系统的物流

在干燥过程中,湿物料的含水量不断减少,但若无物料损失,则在干燥前后,物料中的绝干物料的质量是不变的。因此,绝干物料的物料衡算式为

$$G_c = G_1(1-w_1) = G_2(1-w_2) \qquad (6\text{-}17)$$

干燥器的总物料衡算式为

$$G_1 = G_2 + W \qquad (6\text{-}18)$$

综合以上二式,可得水分蒸发量的计算式为

$$W = G_1 \frac{w_1 - w_2}{1 - w_2} = G_2 \frac{w_1 - w_2}{1 - w_1} \qquad (6\text{-}19)$$

若已知湿物料进出干燥器的干基含水量 X_1 和 X_2,则水分蒸发量也可用下式计算,即

$$W = G_c(X_1 - X_2) \qquad (6\text{-}20)$$

2. 空气消耗量

经预热后的湿空气(湿度为 H_1)进入干燥器,在干燥过程中,湿空气不断吸收湿物料所蒸发的水分,湿度不断增加,出口时的湿度为 H_2。干燥的结果是湿物料蒸发的水分全部被湿空气所吸收,但湿空气中绝干空气的质量保持不变。设干燥所需绝干空气消耗量为 L,

则有

$$W = L(H_2 - H_1) \tag{6-21}$$

绝干空气消耗量为

$$L = \frac{W}{H_2 - H_1} \tag{6-22}$$

每蒸发 1kg 水分所需的绝干空气消耗量称为单位蒸汽消耗量,用符号 l 表示,单位为 kg(干空气)/kg(水)。其计算式为

$$l = \frac{1}{H_2 - H_1} \tag{6-23}$$

由于进出预热器的湿空气的湿度不变,H_1 与进预热器时的湿度 H_0 相等同,即 $H_1 = H_0$。则上两式又可写为

$$L = \frac{W}{H_2 - H_0}, \qquad l = \frac{1}{H_2 - H_0} \tag{6-24}$$

由此可见,对于一定的水分蒸发量而言,空气的消耗量只与空气的最初湿度 H_0 和最终湿度 H_2 有关,而与经历的过程无关;当要求空气出干燥器的湿度 H_2 不变时,空气的消耗量决定于空气的最初湿度 H_0,H_0 越大,空气消耗量越大。空气的最初湿度 H_0 与气候条件有关,通常情况下,同一地区夏季空气的湿度大于冬季空气的湿度,也就是说,一般而言,干燥过程中空气消耗量在夏季要比在冬季为大。因此,在干燥过程中,选择输送空气所需鼓风机等装置时,应以全年中所需最大空气消耗量为依据。

鼓风机所需风量根据湿空气的体积流量 V 而定,湿空气的体积流量可由干空气的质量流量 L 与湿比容的乘积来确定,即

$$V = L\nu_H = L(0.773 + 1.244H)\frac{t + 273}{273} \tag{6-25}$$

【拓展项目 6-2】　用空气干燥某含水量为 40%(湿基)的湿物料,每小时处理湿物料量 1000kg,干燥后产品含水量为 5%(湿基)。空气的初温为 20℃,相对湿度为 60%,经预热至 120℃后进入干燥器,离开干燥器时的温度为 40℃,相对湿度为 80%。试求:①水分蒸发量; ②绝干空气消耗量和单位空气消耗量;③鼓风机风量(鼓风机装在预热器进口处);④干燥产品量。

解　①水分蒸发量

已知 $G_1 = 1000$kg/h,$w_1 = 0.4$,$w_2 = 0.05$,则水分蒸发量为

$$W = G_1\frac{w_1 - w_2}{1 - w_2} = 1000 \times \frac{0.4 - 0.05}{1 - 0.05} = 368.42\text{kg/h}$$

②绝干空气消耗量和单位空气消耗量

已知 $\varphi_0 = 40\%$,$t_0 = 20℃$,$\varphi_2 = 80\%$;$t_2 = 40℃$;查饱和水蒸气表得:20℃时,

$p_{s0} = 2.334$kPa;40℃时,$p_{s2} = 7.375$kPa;则

$$H_0 = 0.622\frac{\varphi p_s}{p - \varphi p_s} = 0.622 \times \frac{0.60 \times 2.2334}{100 - 0.6 \times 2.2334} = 0.009\text{kg(水汽)/kg(绝干气)}$$

$$H_2 = 0.622\frac{\varphi p_s}{p - \varphi p_s} = 0.622 \times \frac{0.80 \times 7.7375}{100 - 0.8 \times 7.7375} = 0.039\text{kg(水汽)/kg(绝干气)}$$

$$L = \frac{W}{H_2 - H_0} = \frac{368.42}{0.039 - 0.009} = 12280.67\text{kg(绝干气)/h}$$

$$l = \frac{1}{H_2 - H_0} = \frac{1}{0.039 - 0.009} = 33.33 \text{kg}(绝干气)/\text{kg}(水)$$

③鼓风机风量

因风机装在预热器进口处,输送的是新鲜空气,其温度 $t_0 = 20℃$,湿度 $H_0 = 0.009\text{kg}$(水)/kg(绝干气),则湿空气的体积流量为:

$$V = L\nu_H = L(0.773 + 1.244H)\frac{t+273}{273}$$

$$= 12280.67(0.773 + 1.244 \times 0.009)\frac{20+273}{273} = 10335.98 \text{m}^3/\text{h}$$

④干燥产品量

$$G_2 = G_1 \frac{1-w_1}{1-w_2} = 1000 \times \frac{1-0.40}{1-0.05} = 631.58 \text{kg/h}$$

【主导项目 6-4】 某聚氯乙烯树脂生产车间的聚氯乙烯树脂经离心后含有一定的水分需进一步干燥后才能出厂销售以满足客户要求,因此,必须将此一定量的水分干燥去除。已知进入喷雾干燥器前的聚氯乙烯树脂水分含量为 32%,湿基温度 60℃,经干燥后为 0.5%(湿基),出口温度 30℃。进口空气为常温,相对湿度 60%,通过预热器预热至 150℃,离开干燥器温度为 30℃,相对湿度 95%,产量为 10t/h,为完成此任务试选择合适风机。

解 已知 $G_1 = 10t/\text{h} = 10 \times 10^3 \text{kg/h}$,$W_1 = 0.32$,$W_2 = 0.005$,所以

$$W = G_1 \times \frac{W_1 - W_2}{1 - W_2} = 10 \times 10^3 \times \frac{0.32 - 0.005}{1 - 0.005} = 3165.83 \text{kg/h}$$

又知 $\varphi_0 = 60\%$,$t_0 = 20℃$,$\varphi_2 = 95\%$,$t_2 = 30℃$

查得 $p_{s0} = 2.33\text{kPa}$,$p_{s2} = 4.25\text{kPa}$,所以

$$H_0 = 0.622\frac{\varphi p_s}{p - \varphi p_s} = 0.622 \times \frac{0.6 \times 2.33}{100 - 0.6 \times 2.33} = 0.009\text{kg}(水)/\text{kg}(绝干气)$$

$$H_2 = 0.622\frac{\varphi p_s}{p - \varphi p_s} = 0.622 \times \frac{0.95 \times 4.25}{100 - 0.95 \times 4.25} = 0.0259\text{kg}(水)/\text{kg}(绝干气)$$

所以

$$L = \frac{W}{H_2 - H_0} = \frac{3165.83}{0.0259 - 0.009} = 187327\text{kg}(绝干气)/\text{h}$$

有因为风机在预热器之前,是新鲜空气

$t_0 = 20℃$,$H_0 = 0.009$,则

$$V = L(0.773 + 1.244H)\frac{t+273}{273}$$

$$= 187327 \times (0.773 + 1.244 \times 0.009)\frac{20+273}{273}$$

$$= 157663 \text{m}^3/\text{h}$$

根据离心通风机规格附表查得,20B 型风机风量为 186300m³/h,符合项目要求,故选 20B 型离心通风机。

任务四　典型干燥工艺流程操作

一、教学目标

1.知识目标

(1)了解工艺流程操作的编写体例与基本要素。

2.能力目标

能根据项目要求编写干燥工艺操作流程草案。

3.素质目标

(1)具有良好的团队协作能力；

(2)具有良好的语言表达和文字表达能力。

二、教学任务

在本任务中,通过PVC树脂的气流干燥工艺投料试车流程操作,熟悉干燥工艺流程的组织及工艺操作要点。

【主导项目6-5】

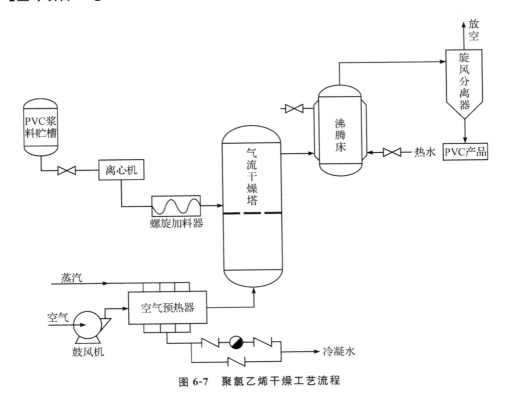

图 6-7　聚氯乙烯干燥工艺流程

1.离心干燥工序投料试车

(1)试车前确认：

①检查各机械、电气、仪表等是否正常好用；检查、确认离心机及其油润滑系统的油泵转动灵活，转向正确，油路是否漏油；且油位＞70％，油温＞25℃。

②检查、确认干燥流程中各阀门（包括气动调节阀）的阀位及状态是否符合生产要求。确认所有工艺管道无堵塞，无杂物。

③检查计算机（即上位机）运行是否正常。（屏幕显示各采样值，每隔0.5秒刷新一次）。检查上位机上所显示的阀位、温度、压力等数值及状态是否与实际一致。

④检查气流干燥塔、旋风干燥床、振动筛的放料口是否关闭。

⑤在DCS控制系统中（操作方法详见"DCS控制系统操作方法"），离心机的进料控制状态和气流干燥管进口温度控制状态应由自动打到手动状态。

⑥蒸汽压力为0.6±0.05MPa（表压）。

(2)开启浆料槽（TK-3H）的搅拌油泵电机，延时一分钟左右后，开启浆料槽的搅拌电机。打开来自汽提塔的浆料阀，通知聚合汽提工序往浆料槽送浆料（废树脂混合而成）。

(3)依次启动鼓风机、振动筛（一级、二级）、气流抽风机，调节抽风机、气流鼓风机的进口阀，控制气流干燥塔的进口风压≥4000Pa、干燥床出口风压－2000～－1000Pa。

(4)打开蒸汽自控调节阀前的支路小阀门，放尽管道内的蒸汽冷凝水后关上该阀门；打开空气加热器的疏水器前后阀门、旁路阀、蒸汽自控调节阀的前后阀门，缓缓打开蒸汽调节阀，待疏水阀旁路阀出口冷凝水放尽，有蒸汽出现时，关疏水阀旁路阀。

(5)按离心机操作规程的要求启动离心机。开浆料槽的出料阀，打开浆料泵的回流阀，按浆料泵的操作程序启动浆料泵，对浆料槽内的浆料打循环。

(6)待离心机运转正常后，全开空气加热器的蒸汽调节阀，当气流干燥塔进口风温≥130℃，旋风干燥床风温≥45℃时，打开离心机进料阀，用浆料泵送PVC浆料进入离心机后，即可启动螺旋加料机（绞龙），使离心后的物料进入气流干燥塔。

(7)调节空气加热器蒸汽调节阀的开度，使气流干燥塔进口风温控制在150℃以上，旋风干燥床温度控制在45～70℃（根据不同的树脂型号进行调节）。

(8)在进行"(7)"操作的同时，调节浆料泵的回流阀和离心机的进料调节阀，控制离心机的主机电流在155～400A（暂定）；调节螺旋加料机的转速，使其电流控制在8～12A（暂定），并使离心机下料与绞龙送料达到平衡。

(9)在进行"(7)"、"(8)"操作的同时，根据系统风压情况，及时调节抽风机、鼓风机的进口阀，使气流干燥塔进口风压控制在≥4000Pa、旋风干燥床出口风压控制在－2000～－1000Pa。

(10)当小料斗（TK-2H）内物料达到一定数量时，即可按粉料输送装置的操作方法，自动或手动往包装料仓送料，并应按要求进行分仓。

(11)操作稳定后，将离心机进料和气流干燥塔进口温度的控制状态由手动切入自动。

(12)确认整个系统运转正常，即为离心干燥工序投料试车结束。

(13)工艺控制指标：

离心机电流　　　　　　　　155A～400A

气流干燥塔进口风压　　　　≥4000Pa

旋风干燥床出口风压	－2000Pa～－1000Pa
螺旋加料机电流	8～12A
气流干燥塔进口风温	150℃～160℃
旋风干燥床风温	45℃～70℃

2.粉料输送工序投料试车

(1)试车前确认：

①检查本系统范围内所有管道、仪表、设备及电气是否完好。

②打开所有压力表、压力开关；接通罗茨鼓风机及空气冷却器的循环冷却水；打开 RV-0101 旋转供料器轴封、气封气手动球阀(气源压力在 0.2～0.5MPa)，通过减压阀将气源压力降至 0.25MPa 左右。

③将相关电动设备操作柱上的转换开关打到自动位以便实现 DCS 上的控制。

(2)在 DCS 上选择目标料仓 TK-0101A(以 A 为例)，当料仓 TK-0101A 不处于高料位，系统接收目标料仓。

(3)确定目标料仓后，在 DCS 上按系统启动按钮，运行输送系统。系统启动后，分路阀 DV-0101 自动移至正确位置(旁通)，确保输送线路通至选定的料仓。换向阀被确认在正确位置后，自动开启高压脉冲除尘器 F-0101A，延时一段时间(约 30 秒)，罗茨鼓风机 C-0101A 自动启动(C-0101B 作为备用)。

(4)罗茨鼓风机 C-0101A 运行 10 秒后，自动启动旋转供料器 RV-0101、RV-0102 及引风机 C-0102。通过在 DCS 上调节变频器的输出电流，改变频率，调节旋转供料器 RV-0101 的转速，达到产量要求的转速，进行下料。

(5)物料经由旋转供料器 RV-0101、加速室 MP-0101 加入输送管线，压缩空气将其输送至目标料仓 TK-0101A，完成物料的输送，尾气通过高压脉冲除尘器 F-0101A 排入大气。

(6)根据生产要求，在 DCS 控制系统上调节变频器的输出电流，改变频率，调节旋转供料器 RV-0101 的转速，达到产量要求的转速，进行下料。

(7)密切观察系统内各控制点的温度、压力，保持在正常范围内。

(8)料仓切换操作(以由 TK-0101A 切换至 TK-0101B 为例)：手动停旋转供料器 RV-0101。延时一段时间(约 10 秒)保证输送管线中的物料被吹扫干净。选择目标料仓 TK-0101B，一旦目标料仓选定，则分路阀 DV-0101 自动换至正确位置(直通)；分路阀 DV-0101 被确认在正确位置后，自动开启高压脉冲除尘器 F-0101B，延时一段时间(约 30 秒)，自动打开旋转供料器 RV-0101 进行输送操作。

(9)确认整个系统运转正常一段时间，即为粉料输送工序投料试车结束。

(10)工艺控制指标：

罗茨风机电机电流	179A±15A
风机出口压力变送器压力	50kPa±3kPa
旋转供料器电机电流	5A±0.3A
空气冷却器出口温度	40～60℃
料仓料位	≤80%

习　题

1. 干燥过程的干燥介质作用是什么？
2. 如何根据现代化工生产过程的要求选择合适的干燥设备？
3. 在相同的工作条件下,为何夏天使用的空气比冬天多？
4. 利用湿空气的 t—H 图查相关参数(湿空气总压为 101.3N/m^2)。

表 6-2　湿空气相关参数

序号	干球温度 t/℃	湿球温度 t_w/℃	湿度 H /(kg 水/kg 干气)	相对湿度 ϕ/%	焓 I /(kJ/干气)	水汽分压 p/(KN/m^2)	露点 t_d/℃
1	20		75				
2	40						25
3		35					30

5. 某糖厂有一干燥器干燥砂糖结晶,每小时处理量(湿物料)1000kg,含水率 40%,干燥后含水为 5%,空气为干燥介质,初温 20℃,相对湿度 60%,经预热器预热至 120℃进入干燥器,设空气离开干燥器温度为 40℃,并假设已到达 80%饱和,试求:(1)水分蒸发量;(2)空气消耗量;(3)干燥收率为 95%时的产品量;(4)如风机装在新鲜空气进口处,选择合适的风机。

项目七　精馏技术

项目说明　精馏是分离均相液体混合物的重要方法之一,属于气液相间的相际传质过程。在石油化工、有机化工、高分子化工、精细化工、医药、食品等领域都有广泛应用。

通过本项目的学习,了解恒摩尔流的假定,图解法及逐板计算法求理论塔板数。掌握精馏原理,并能运用该原理分析精馏过程。掌握气液相平衡图、挥发度、相对挥发度的定义及物理意义。掌握精馏段操作线方程,提馏段操作线方程,q 线方程的图示及其应用。掌握双组分连续精馏的计算——理论板的概念,最小回流比及其计算,回流比的选择及其对精馏操作的影响,进料热状况参数 q 的定义、意义及计算,进料热状况对精馏操作的影响。并能熟练操作精馏塔。

主导项目　燃料乙醇是一种可再生能源,可在专用的乙醇发动机中使用,又可按一定的比例与汽油混合,在不对原汽油发动机做任何改动的前提下直接使用。使用含醇汽油可减少汽油消耗量,增加燃料的含氧量,使燃烧更充分,降低燃烧中的 CO 等污染物的排放。由发酵法生产的乙醇质量浓度一般为 8—30%,先经过普通蒸馏得到较高浓度的乙醇水溶液(浓度低于恒沸组成),然后用特殊精馏的方法进一步浓缩,得到浓度达到 99.5% 以上的燃料乙醇。乙醇—水溶液连续精馏板式塔设计,要求处理量:24000t/a,泡点进料,料液组成30%(质量分数),塔顶产品组成90%(质量分数),塔底产品组成1%(质量分数),每年实际生产时间是 7200h。

任务一　精馏技术的应用检索

一、教学目标

1.知识目标
掌握精馏技术的应用、原理及分类。

2.能力目标
会利用图书馆、网络资源查阅精馏技术的相关资料。

3.素质目标
(1)具有良好的团队协作能力;
(2)具有良好的语言表达和文字表达能力。

二、教学任务

在本任务中,通过分组查找资料、小组交流讨论等活动,能够利用文献资料初步掌握燃料乙醇的制备方法。

三、相关知识点

在化工、石油、医药、食品等生产中,常需将液体混合物分离以达到提纯或回收有用组分的目的。分离互溶液体混合物的方法有很多种,蒸馏是其中最常用的一种,其依据是混合液中各组分挥发能力存在差异。

蒸馏操作主要是通过液相和气相间的质量和热量传递来实现的。例如,加热苯和甲苯的混合液,使之部分汽化,由于苯的挥发度较甲苯高(即苯的沸点比甲苯低),故苯易于从液相中汽化出来。若将汽化的蒸汽全部冷凝,即可得到苯含量高于原料的产品.从而使苯和甲苯得以初步的分离。通常称沸点低的组分为易挥发组分(或轻组分),沸点高的组分称为难挥发组分(或重组分)。

蒸馏按操作方式可分为简单蒸馏、平衡蒸馏、精馏、特殊蒸馏等多种方法。按原料中所含组分数目可分为双组分蒸馏及多组分蒸馏。按操作压力可分为常压蒸馏、加压蒸馏及减压(真空)蒸馏。此外按操作是否连续又可分为连续精馏和间歇精馏。

任务二　精馏塔结构确定

一、教学目标

1. 知识目标
(1)掌握精馏塔的种类、结构、特点及应用场合;
(2)了解如何依据所需分离物系的特性来选择塔板。
2. 能力目标
能根据项目要求选择合适的分离设备
3. 素质目标
(1)具有良好的团队协作能力;
(2)具有良好的语言表达和文字表达能力;
(3)培养安全生产和清洁生产的意识。

二、教学任务

在本任务中,通过分组查找资料、小组讨论交流等活动,确定合适的设备。

三、相关知识点

精馏过程的主要设备是精馏塔。其基本功能是为汽、液两相提供充分接触的机会,使传热和传质过程迅速而有效地进行,并且使接触后的汽、液两相及时分开,互不夹带。根据塔内汽、液接触部件的结构形式、精馏塔可分为板式塔和填料塔两大类。填料塔结构在吸收项目中作介绍。

(一)板式塔的结构

板式塔通常由一个圆柱形的壳体和沿塔高按一定的间距、水平设置的若干层塔板所组成。一种好的塔板结构,应当在较大程度上满足如下的要求:

(1)塔板效率高。这对于难以分离、要求塔板数较多的系统尤其重要。

(2)生产能力大。即单位截面积上所能通过的气、液量大,可以在较小的塔中完成较大的生产任务。

(3)操作稳定,弹性大。即塔内气液相符合有较大变化时,仍能保持较大的生产能力。

(4)气流通过塔板的压强较小,这在减压蒸馏中尤其重要。

(5)结构简单,制造和维修方便,造价较低。

实际上,要想全部满足这些要求是很困难的,只是不同形式的塔板各具有某些突出的优点而已,生产中应根据具体的工艺条件来选择适当的型式。下面将几种常用板式塔的结构特点简单介绍如下:

1.泡罩塔

泡罩塔是历史最久的一种结构型式,主要由一个圆筒形塔体和多层塔板组成。泡罩塔的优点是不易发生漏液现象,有较好的操作弹性,即当气、液负荷有较大波动时,仍能维持几乎恒定的板效率;另外,塔板不易堵塞,对各种物料的适应性强。缺点是塔板结构复杂,金属消耗量大,造价较高;生产能力不大,效率较低;流体阻力和液面落差较大;安装检修不便等。

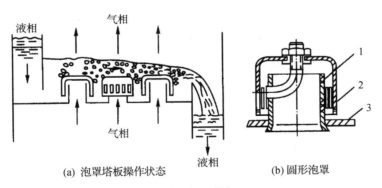

(a) 泡罩塔板操作状态　　　　(b) 圆形泡罩

图 7-1　泡罩塔板

1—升气管;2—泡罩;3—塔板

2.筛板塔

筛板塔也是最早用于化工生产的塔设备之一。筛板塔的突出优点是结构简单,造价低廉;气体压降小,板上液面落差较小;其生产能力及板效率较泡罩塔高。其主要缺点是操作弹性小,筛孔容易堵塞。但近年来,除了大孔径的筛板以改善堵塞等缺陷之外,还研制了一些新的筛板结构,使筛板塔这一仅次于泡罩塔的古老形式至今仍然在工业上广泛采用。

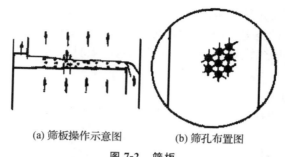

(a) 筛板操作示意图   (b) 筛孔布置图

图 7-2　筛板

3.浮阀塔

浮阀塔于五十年代开始在工业上广泛使用,目前仍为许多工厂进行蒸馏操作时选用的一种塔型,效果较好。泡罩塔具有液体不易泄漏,负荷变化较大时仍能维持几乎恒定的板效率等优点,但结构复杂,造价太高。浮阀有多种形式,国内最常采用的阀片型式为 FI 型和 V-4 型,十字架形浮阀也有应用。

FI型   V-4型   T型

图 7-3　浮阀型式

1—浮阀片;2—凸缘;3—浮阀"腿";4—塔板上的孔

由于本项目中所要处理的乙醇水溶液黏度较小,流量较大,为减少造价,降低生产过程中压降和塔板液面落差的影响,提高生产效率,以及根据各种塔板的特征,选用浮阀塔。

(二)简单蒸馏及精馏操作流程

1.简单蒸馏

简单蒸馏为间歇操作过程。将一批料液在釜中逐渐汽化,并将蒸汽冷凝即得一定浓度的产品,操作方法最简单,故称为简单蒸馏。

图 7-4 为简单蒸馏装置。将料液置于蒸馏釜 1 中,在一定的压强下加热至沸点,使之逐渐汽化,产生的蒸汽不断引入冷凝器 2 中,馏出液按不同的组成范围导入容器 3 的各罐中。

在简单蒸馏过程中,蒸出产品中易挥发组分的含量总是大于此时液相中该组分的含量,于是釜中液体易挥发组分的相对含量逐渐减少,沸点逐渐升高,所产生的蒸汽中易挥发组分的含量也随之不断降低,所以简单蒸馏是一个非定态过程。

简单蒸馏只能使混合液部分地分离,故只适用于分离沸点相差较大而分离要求不高的双组分混合液,或粗略分离多组分混合液。白酒生产中就常用这种方法。

简单蒸馏只能使液体混合物得到初步的分离,从理论上说,可以用多次简单蒸馏的方法

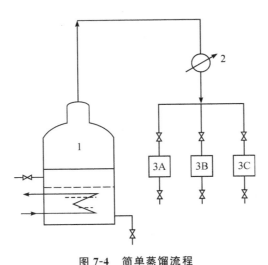

图 7-4 简单蒸馏流程

1—蒸馏釜;2—冷凝器;3A、3B、3C 产品罐

达到所要求的分离纯度。这样做要耗费大量的能量,所需的设备多而且高纯度产品的量很少,因此工业生产中一般是用精馏的方法分离液体混合物得到高纯度的产品。

2.连续蒸馏

如图 7-5 为连续精馏装置流程图,其主要设备为直立圆筒形精馏塔,塔内装有若干层塔板或充填一定高度的填料。原料从塔的中部连续加入塔内,塔内上升蒸气由塔底再沸器(蒸馏釜)加热液体产生。塔顶设有冷凝器,将塔顶蒸气冷凝为液体,冷凝液的一部分送回塔内称为回流液(即塔内液流)。因此塔内进行着上升蒸汽和下降液体之间的逆流接触和物质传递。蒸馏釜排出的液体作为塔底产品,由塔顶回流罐采出的液体作为塔顶产品。

在精馏塔的加料口以上,上升蒸气中所含的难挥发组分向液相传递,而回流液中的易挥发组分向气相传递。物质交换的结果使上升蒸气中易挥发组分浓度逐渐升高,只要塔内有足够的相际接触表面和足够的液体回流量,升到塔顶的蒸气中的易挥发组分浓度就可以相当高。塔的上半部完成上升蒸汽的精制故称为精馏段。在加料口以下,下降液体的易挥发组分向气相传递,上升蒸气中难挥发组分向液相传递。只要两相接触面和上升蒸气量足够,到达塔底的液体中所含的易挥发组分可降至很低,从而获得高纯度难挥发组分的塔底产品。塔的下半部完成了难挥发组分的提浓作用,因而称为提馏段。

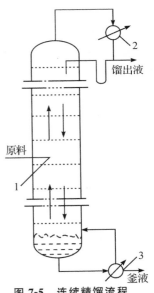

图 7-5 连续精馏流程

1—冷凝器;2—加料口;
3—再沸器

从过程的实质来说,气液两相在相互接触中,其偏离平衡的程度就是传质推动力。它将促使两相间进行传质,向着气液平衡方向变化。现以精馏塔中某塔板为例加以说明。

如图 7-6 所示,对第 n 层塔板来说,上升至这层板的蒸气中易挥发组分的浓度为 y_{n+1},下降至 n 层板液相中易挥发组分浓度为 x_{n-1},由于 y_{n+1} 低于与 x_{n-1} 成平衡的气相浓度,即

x_{n-1}大于与y_{n+1}成平衡的液相浓度，于是易挥发组分由液相向气相传递，同时难挥发组分逆向由气相向液相传递。其总的结果便使离开第n层板的液相易挥发组分浓度降低，离开这层板的气相中易挥发组分增高，即$x_n < x_{n-1}$，$y_n > y_{n+1}$。如果这两股流体接触良好，并有充分的接触时间，气液两相可达平衡。处于不平衡状态的气相与液相在向平衡方向转移的过程，可用图7-7示意说明。

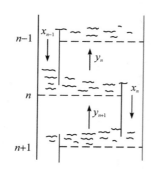

图7-6 塔板上的气液相传质过程

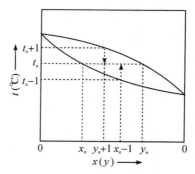

图7-7 塔板上两相接触与传质

对于理想溶液气液两相达到气液平衡时，气液两相的浓度关系应该服从拉乌尔定律。

需要说明的是，间歇精馏流程与连续精馏不同的是原料液一次加入釜中，所以精馏塔只有精馏段而没有提馏段。工业上的精馏操作一般采用连续精馏。

【主导项目7-1】 根据生产量及将乙醇水溶液浓缩到乙醇水溶液共沸点以下，可以采用连续操作的普通板式精馏塔设备。

任务三 精馏主要工艺参数的确定

一、教学目标

1. 知识目标

掌握全塔物料衡算、理论塔板及恒摩尔流假设、操作线方程、进料状态、回流比概念。

2. 能力目标

能根据任务要求进行简单计算。

3. 素质目标

(1)具有良好的团队协作能力；

(2)具有良好的语言表达和计算能力；

(3)培养安全生产和清洁生产的意识。

二、教学任务

在本任务中,通过分组查找资料、小组讨论交流等活动,计算精馏分离技术的主要工艺参数。

三、相关知识点

当生产任务要求将一定数量和组成的混合物分离成指定组成的产品时,精馏塔的计算内容主要有:馏出液和残液的流量、塔板层数、进料位置、塔高和塔径等。

（一）全塔物料衡算

通过全塔物料衡算,可以求出馏出液和残液的流量、组成以及和进料量、组成之间的关系。 对图 7-8 所示的间接蒸汽加热的连续精馏塔作全塔物料衡算,并以单位时间为基准,则

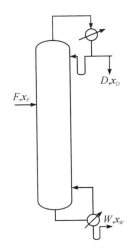

总物料 $\quad\quad F = D + W \quad\quad\quad$ (7-1)

易挥发组分 $\quad F x_F = D x_D + W x_W \quad$ (7-2)

式中,F——进料量,kmol/h 或 kg/h;

$\quad\quad D$——塔顶产品量,kmol/h 或 kg/h;

$\quad\quad W$——塔底产品量,kmol/h 或 kg/h;

$\quad\quad x_F$——进料中轻组分的组成,摩尔分率或质量分率;

$\quad\quad x_D$——塔顶产品中轻组分的组成,摩尔分率或质量分率;

$\quad\quad x_W$——塔底产品中轻组分的组成,摩尔分率或质量分率。

图 7-8 全塔物料衡

通常由任务给出 F、x_F、x_D、x_W 求解塔顶、塔底产品流量 D、W。 如果 D 及 W 已知,也可由方程式解出其他几个量。 若式中的 F、D、W 以质量流量 kg/h 表示,则 x_F、x_D、x_W 也应改用质量分率。 精馏过程的计算一般以摩尔分数为多。

精馏塔顶轻组分的回收率: $\quad\quad \eta = \dfrac{D x_D}{F x_F} \times 100\% \quad\quad\quad$ (7-3)

【主导项目 7-2】 乙醇-水溶液连续精馏中,要求处理量:24000t/a,料液组成 30%（质量分数）,塔顶产品组成 90%（质量分数）,塔釜乙醇浓度低于 1%（质量分数）,每年实际生产时间是 7200h。 计算塔釜、塔顶的采出的摩尔流量。

解

料液组成: $\quad\quad x_F = \dfrac{\dfrac{30}{46}}{\dfrac{30}{46} + \dfrac{70}{18}} = 0.144$

馏出液组成: $\quad\quad x_D = \dfrac{\dfrac{90}{46}}{\dfrac{90}{46} + \dfrac{10}{18}} = 0.779$

残液组成：
$$x_W = \dfrac{\dfrac{1}{46}}{\dfrac{1}{46} + \dfrac{99}{18}} = 0.004$$

原料液的平均摩尔质量：
$$M_F = x_F M_{CH_3CH_2OH} + (1 - x_F)M_{H_2O} = 0.144 \times 46 + 0.856 \times 18$$
$$= 6.624 + 15.408 = 22.03 \text{kg/kmol}$$

$$F = \dfrac{24000 \times 10^3}{7200 \times 22.03} = 151.31 \text{kmol/h}$$

由全塔的物料衡算方程可写出：
$$\begin{cases} F = D + W \\ F x_F = D x_D + W x_W \end{cases}$$

得：$D = 27.34 \text{kmol/h}$；$W = 123.96 \text{kmol/h}$。

【扩展项目 7-1】 在连续精馏塔中分离苯—甲苯混合液。已知原料液流量为 10000kg/h，苯的组成为 40%（质量，下同）。要求馏出液组成为 97%，釜残液组成为 2%。试求馏出液和釜残液的流量（kmol/h）及馏出液中易挥发组分的回收率。

解 苯的摩尔质量为 78kg/mol，甲苯的摩尔质量为 92kg/mol。

原料液组成（摩尔分数）为：$x_F = \dfrac{\dfrac{40}{78}}{\dfrac{40}{78} + \dfrac{60}{92}} = 0.44$

馏出液组成为：$x_D = \dfrac{\dfrac{97}{78}}{\dfrac{97}{78} + \dfrac{3}{92}} = 0.975$

釜残液组成为：$x_W = \dfrac{\dfrac{2}{78}}{\dfrac{2}{78} + \dfrac{98}{92}} = 0..0235$

原料液的平均摩尔质量为：$M_F = 0.44 \times 78 + 0.56 \times 92 = 85.8 \text{kg/kmol}$

原料液摩尔流量为：$F = 10000/85.8 = 116.6 \text{kmol/h}$

全塔物料衡算，可得：

$$D + W = F = 116.6 \text{kmol/h} \quad ① \quad 及 \quad 0.975D + 0.0235W = 116.6 \times 0.44 \quad ②$$

联立①和②解得：$D = 51.0 \text{kmol/h}$，$W = 65.6 \text{kmol/h}$

馏出液中易挥发组分回收率为：$\dfrac{D x_D}{F x_F} = \dfrac{51.0 \times 0.975}{116.6 \times 0.44} = 0.97 = 97\%$

（二）理论板的概念及恒摩尔流的假设

1. 理论板的概念

所谓理论板，是指离开该层塔板的气、液两相相互成平衡，而且板上的液相组成可以为均匀一致的塔板。实际上，由于板上气、液两相接触面积和接触时间是有限的，因此在任何形式的塔板上，气、液两相难以达到平衡状态，即理论板是不存在的。理论板仅用作衡量实际板分离效率的依据和标准。通常，在精馏计算中，先求得理论板数，然后利用塔板效率予以修正,即可求得实际板数。引入理论板的概念对精馏过程的分析和计算是十分有用的。

若已知物系的气液平衡关系,即离开任意理论板(n 层)的气、液两相组成 y_n 与 x_n 之间的关系已被确定。若还能已知由任意板(n 层)下降的液相组成 x_n 与由下一层板($n+1$ 层)上升的气相组成 y_{n+1} 之间的关系,则精馏塔内各板的气、液相组成将可逐板予以确定,因此即可求得在指定分离要求下的理论板数,而上述的 y_{n+1} 和 x_n 之间的关系是由精馏条件决定的,这种关系可由塔板间的物料衡算求得,并称之为操作关系。

2. 恒摩尔流假设

为简化精馏计算,通常引入塔内恒摩尔流动的假定。

(1)恒摩尔气流

假设在精馏塔的精馏段内,由各层板上升的气体摩尔流量相等,在提留段也是如此,即:

精馏段 $V_1 = V_2 = V_3 = \cdots = V_n = V =$ 常数

提馏段 $V_1' = V_2' = V_3' = \cdots = V_n' = V' =$ 常数

式中 V 为精馏段每板的汽相摩尔流量,(kmol/h)。

V' 为提馏段每板的汽相摩尔流量,(kmol/h)。

注意:两段的上升蒸气摩尔流量不一定相等,即 $V \neq V'$。

(2)恒摩尔液流

假设在精馏塔的精馏段内,由各层板下降的液体摩尔流量相等,在提留段也是如此,即:

精馏段　$L_1 = L_2 = L_3 = \cdots L_n = L =$ 常数

提馏段　$L_1' = L_2' = L_3' = \cdots = L_n' = L' =$ 常数

式中,L 为精馏段每板的液相摩尔流量,(kmol/h);

L' 为提馏段每板的液相摩尔流量,(kmol/h)。

注意:两段的下降液体摩尔流量不一定相等,即 $L \neq L'$。

在精馏塔板上气、液两相接触时,若有 n kmol/h 的蒸气冷凝,相应有 n kmol/h 的液体气化,这样恒摩尔流动的假定才能成立。为此必须符合以下条件:①混合物中各组分的摩尔汽化热相等;②各板上液体显热的差异可忽略(即两组分的沸点差较小);③塔设备保温良好,热损失可忽略。

由此可见,对基本上符合以上条件的某些系统,在塔内可视为恒摩尔流动。以后介绍的精馏计算是以恒摩尔流为前提的。

(三)挥发度、相对挥发度与气液平衡关系式

精馏的依据是利用混合液中各组分的挥发性不同来实现轻重组分的分离,为了定量描述挥发性的大小,为此引入挥发度的概念。组分 i 的挥发度定义为:当体系达到相平衡时,某组分 i 在气相中的分压 p_i 与其在液相中的摩尔分率 x_i 之比。若以 ν_i 表示组分 i 的挥发度,则

$$\nu_i = \frac{p_i}{x_i} \tag{7-4}$$

对于由 A、B 两组分组成的溶液,它们的挥发度分别为

$$\nu_A = \frac{p_A}{x_A} \tag{7-5}$$

$$\nu_B = \frac{p_B}{x_B} \tag{7-6}$$

挥发度的大小表示组分由液相挥发到气相的能力大小。对于组分互溶的混合液,两组分的挥发度之比称为相对挥发度,以 α 表示。例如组分 A 对组分 B 的相对挥发度为:

$$\alpha_{AB}=\frac{\nu_A}{\nu_B}=\frac{p_A/x_A}{p_B/x_B} \tag{7-7}$$

若将 $p_A=py_A$;$p_B=py_B$(道尔顿分压定律)代入上式可得

$$\alpha_{AB}=\frac{y_A/y_B}{x_A/x_B} \tag{7-8}$$

由式(7-8)看出,当 $y_A/y_B>x_A/x_B$ 时,$\alpha>1$,即气相中组分 A 的含量大于组分 B 的量。显然,α 愈大,愈容易用精馏的方法将 A、B 组分分离。当 $\alpha\approx1$ 时,则气液两对组成相同,即 $y_A\approx x_A$,$y_B\approx x_B$,这时用一般的精馏方法无法将组分分离。

若将 $y_B=1-y_A$,$x_B=1-x_A$ 代入式(7-8),并略去 α 的下标,经整理得:

$$y_A=\frac{\alpha x_A}{1+(\alpha-1)x_A} \tag{7-9}$$

此式即为用相对挥发度 α 表示的气液平衡关系式,当 α 已知时,可由此式求得一系列 $y-x$ 数据,根据数据可绘制 $x-y$ 气液相平衡图。

(四)操作线方程

在连续精馏塔中,因原料液不断地进入塔内,故精馏段和提馏段的操作关系有所不同,应分别进行讨论。

1.精馏段操作线方程

如图 7-9 所示,在精馏段任意两板间与塔顶之间作物料衡算

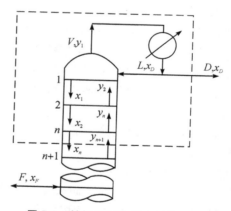

图 7-9 精馏段操作线方程的推导

$$V=L+D \tag{7-10}$$
$$Vy_{n+1}=Lx_n+Dx_D \tag{7-11}$$
$$y_{n+1}=\frac{L}{V}x_n+\frac{D}{V}x_D \tag{7-12}$$

或

$$y_{n+1}=\frac{R}{R+1}x_n+\frac{1}{R+1}x_D \tag{7-13}$$

其中，$R = \dfrac{L}{D}$ 称为回流比，是精馏塔重要的操作参数，后面还要对其进行详细讨论。

式(7-13)即为精馏段操作线方程，定态操作时，R、x_D 均为常数，则该方程为直线。

2. 提馏段操作线方程

如图 7-10 所示，在提馏段任意两板间与塔底之间作物料衡算

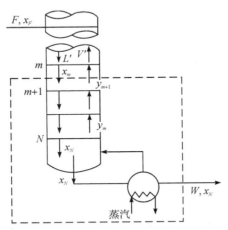

图 7-10 提馏段操作方程的推导

$$L' = V' + W \tag{7-14}$$

$$L' x_m = V' y_{m+1} + W x_W \tag{7-15}$$

上两式联立，整理得

$$y_{m+1} = \frac{L'}{L' - W} \cdot x_m - \frac{W}{L' - W} \cdot x_W \tag{7-16}$$

式(7-16)称为提馏段操作线方程，定态操作时，L'、W、x_W 均为定值，该方程也为直线。

(五)进料状况的影响

在实际生产中，进入塔内的原料可能有以下 5 种不同的受热状况：①温度低于泡点的冷液体；②泡点温度的饱和液体；③温度介于泡点和露点之间的气液混合物；④露点下的饱和蒸气；⑤温度高于露点的过热蒸气。

为了描述进入塔内原料的 5 种不同的受热状况，特引入 q 值概念，并称为进料热状况参数，数值大小：

$$q = \frac{H_v - H_F}{H_v - H_L} \approx \frac{\text{每摩尔进料气化为饱和蒸汽所需热量}}{\text{进料的摩尔汽化热}} \tag{7-17}$$

式中，H_L——原料液的焓，J/mol；

$\quad H_V$——分别为进料处的饱和汽相的焓，J/mol；

$\quad H_L$——分别为进料处的饱和液相的焓，J/mol。

可见，当进料为气液混合物、饱和液体或饱和气体时，进料热状况参数 q 即为进料的液化分率。

1. q 线方程的导出

联立精馏段和提馏段物料衡算式，可整理得到

$$y = \frac{q}{q-1}x - \frac{1}{q-1}x_F \tag{7-18}$$

定态操作时,q、x_F 均为定值,因此,进料板上相互接触的气液两相组成 $y-x$ 的关系也是直线。该直线是精馏段操作线与提馏段操作线交点的轨迹方程,称为进料方程或 q 线方程。

2.进料热状况的特点

进料热状况影响精馏段、提馏段的气、液相流率及 q 线的位置,其特点可由表 7-1 所示。

表 7-1　五种进料状况的特点

进料热状况	q 值	气、液相流率变化	q 线斜率	q 线在 $y-x$ 图上位置
过冷液体	$q>1$	$L'>L+F,V<V'$	+	向上偏右
泡点液体	$q=1$	$L'=L+F,V=V'$	∞	垂直向上
气液混合物	$0<q<1$	$L'=L+qF,V=V'+(1-q)F$	-	向上偏左
饱和蒸气	$q=0$	$L'=L,V=V'+F$	0	水平向左
过热蒸气	$q<0$	$L'<L,V>V'+F$	+	向下偏左

虽然进料状态有五种,冷液进料有利于分离,但是考虑到冷液进料需加大塔釜再沸器负荷,所以精馏操作一般采用饱和液体进料的居多,另外,饱和液体进料时进料温度不受季节、气温变化和前段工序波动的影响,塔的操作比较容易控制;饱和液体进料时精馏段和提馏段的塔径相同,无论是设计计算还是实际加工制造这样的精馏塔都比较容易,为此,本次设计中采取饱和液体进料,q 线方程:$x_q=x_F=0.144$。

（六）回流比的影响与选择

回流是精馏操作的基本特征,而精馏过程回流比的大小直接影响到精馏操作费用和设备费用。回流比有两个极限值,上限为全回流(即回流比为无穷大),下限为最小回流比,适宜回流比介于两极限值之间的某一适宜值。

1.全回流和最少理论板数

全回流时精馏塔不加料也不出料,即 $F=0$、$D=0$、$W=0$。塔顶上升的蒸气冷凝后全部引回塔内,精馏塔无精馏段与提馏段之分。全回流时回流比 $R=L/D\to\infty$,此时,平衡线与操作线距离最远,对应的理论板数最少,以 N_{min} 表示,可以用图解法求出。

2.最小回流比

当回流比 R 由无限大逐渐减小时,精馏段操作线的截距 $\frac{x_D}{R+1}$ 将逐渐增大,操作线逐渐偏离对角线而向平衡线靠近,所需要的理论塔板数将逐渐增加。当回流比小到两操作线的交点落在平衡线之上[如图 7-11(a)所示],或操作线与平衡线相切[如图 7-11(b)所示]时,在操作线与平衡线之间作梯级时可以为无限多。这就是说,完成这种状态下的分离需要无限多块塔板,这时的回流比称为最小回流比。显然,这在实际生产中也是不可能采用的,但工程上通常以最小回流比作为计算基准,然后根据情况适当增大某一倍数来作为实际的回流比。

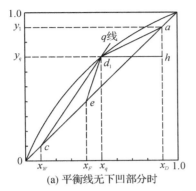 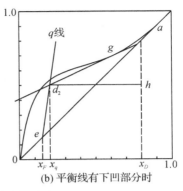

(a) 平衡线无下凹部分时　　　　(b) 平衡线有下凹部分时

图 7-11 最小回流比的确定

由于操作线的斜率$=\dfrac{R}{R+1}$，从图 7-11(a)可以看出，当回流比为最小时，

$$\frac{R_{小}}{R_{小}+1}=\frac{ah}{d_1h}=\frac{x_D-y_q}{x_D-x_q}$$

整理得

$$R_{小}=\frac{x_D-y_q}{y_q-x_q} \tag{7-19}$$

式中，x_q、y_q——q 线与平衡线交点的坐标，可由图中读得。

图 7-11(b)所示是有下凹部分的平衡曲线(如乙醇—水溶液平衡曲线)，当操作线与 q 线的交点尚未落到平衡线上之前，操作线已与平衡线相切，如图中 g 点所示。此种情况下 $R_{小}$ 的求法是由 a 点向平衡线作切线，再由切线斜率求 $R_{小}$，即

$$\frac{R_{小}}{R_{小}+1}=\frac{ah}{d_2h} \tag{7-20}$$

3.适宜回流比的选择

操作费用和设备折旧费用之和为最低时的回流比，为适宜回流比。适宜回流比应通过经济核算来确定。

精馏的操作费用，主要决定于再沸器的加热蒸气(或其他加热介质)消耗量及冷凝器冷却水(或其他冷却介质)的消耗量，而这两个量均取决于塔内上升蒸气量。因$V=L+D=(R+1)D$ 及 $V'=V+(q-1)F$，故当 F、q、D 一定时，上升蒸气量 V 和 V′随 R 的增加而增加。当 R 增大时，加热和冷却介质消耗量随之增多，操作费相应增加，如图 7-12 中线 2 所示。

设备的折旧费是指精馏塔、再沸器、冷凝器等设备的投资费乘以折旧率，如设备的类型及所用的材料已经选定，此项费用主要取决于设备尺寸。

当$R=R_{min}$，达到分离要求理论板数 $N=\infty$，相应的

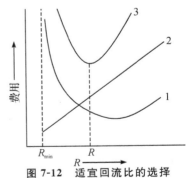

图 7-12 适宜回流比的选择
1—设备费用；2—操作费用；3—总费用

设备费亦为无限大，当 R 稍稍增大，N 即从无限大急剧减少，设备费随之降低，当 R 继续增加时，塔板数减少速率缓慢。另一方面，随着 R 的增大，上升蒸气量随之增加，从而使塔径、

再沸器,冷凝器尺寸相应增大,因此 R 增至某一值后,设备费反而上升,如图 7-12 中线 1 所示。

总费用为操作费和设备折旧费之和,如图 7-12 线 3 所示,曲线中最低值所对应的回流比即为适宜回流比。

在设计时常依据经验选用操作回流比为最小回流比的 $(1.1\sim2)$ 倍,即:

$$R=(1.1\sim2)R_{\min}$$

【主导项目 7-3】 要求处理量:24000t/a,料液组成 30% (质量分数),塔顶产品组成 90% (质量分数),塔釜乙醇浓度低于 1% (质量分数),每年实际生产时间:7200h,泡点进料。求精馏段及提馏段的操作线方程。

解 由于是泡点进料,$x_q=x_F=0.144$,过点 $e(0.144,0.144)$ 做直线

$x=0.144$ 交平衡线于点 d,由点 d 可读得

$y_q=0.470$,因此

$$R_{\min(1)}=\frac{x_D-y_q}{y_q-x_q}=\frac{0.779-0.470}{0.470-0.144}=0.948$$

又过点 $a(0.779,0.779)$ 作平衡线的切线,切点为 g,读得其坐标为

$x_q'=0.55$,$y_q'=0.678$,因此

$$R_{\min(2)}=\frac{x_D-y_q'}{y_q'-x_q'}=\frac{0.779-0.703}{0.703-0.621}=0.927$$

所以,$R_{\min}=R_{\min(2)}=0.927$

依据经验选用操作回流比为最小回流比的 $(1.1\sim2)$ 倍

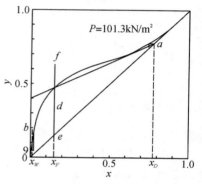

图 7-13 作切线求最小回流比

取操作回流比 $R/R_{\min}=1.5$,得 $R=1.4$。

精馏段操作线方程:

$$y_{n+1}=\frac{R}{R+1}x_n+\frac{x_D}{R+1}=\frac{1.4}{1.4+1}x_n+\frac{0.779}{1.4+1}=0.58x_n+0.32$$

提馏段操作线方程:

$$L'=L+qF=RD+qF=1.4\times27.34+1\times151.31=189.59(\text{kmol/h})$$

$$y_{m+1}=\frac{L'}{L'-W}\cdot x_m-\frac{W}{L'-W}\cdot x_W=\frac{189.59}{189.59-123.96}x_m-\frac{123.96}{189.59-123.96}\times0.004$$
$$=2.89x_m-0.00756$$

【拓展项目 7-1】 在常压连续精馏塔中分离苯—甲苯混合液。原料液组成为 0.4 (苯的摩尔分数,下同),馏出液组成为 0.95,釜残液组成为 0.05。操作条件下物系的平均相对挥发度为 2.47。试分别求以下两种进科热状况下的最小回流比:(1)饱和液体进料;(2)饱和蒸气进料。

解 (1)饱和液体进料

最小回流比可由下式计算:$\quad R_{\min}=\dfrac{x_D-y_q}{y_q-x_q}$

因饱和液体进料,上式中的 x_q 和 y_q 分别为:

$$x_q=x_F=0.4,\quad y_q=y_F=\frac{\alpha x_F}{1+(\alpha-1)x_F}=\frac{2.47\times0.4}{1+(2.47-1)\times0.4}=0.622$$

故
$$R_{\min} = \frac{0.95 - 0.622}{0.622 - 0.4} = 1.48$$

（2）饱和蒸气进料

在求 $R_{\min}$ 的计算式中，x_q 和 y_q 分别为 $y_q = x_q = 0.4$

$$x_q = \frac{y_q}{\alpha - (\alpha - 1)y_q} = \frac{0.4}{2.47 - 1.47 \times 0.4} = 0.213$$

故
$$R_{\min} = \frac{0.95 - 0.4}{0.4 - 0.213} = 2.94$$

计算结果表明，不同进料热状况下，$R_{\min}$ 值是不相同的，一般热进料时的 $R_{\min}$ 较冷进料时的 $R_{\min}$ 为高。

任务四　精馏塔设备主要参数的确定

一、教学目标

1. 知识目标

（1）掌握精馏塔的塔板数计算；

（2）了解塔板效率概念。

2. 能力目标

能根据任务要求选择合适设备并确定其参数。

3. 素质目标

（1）具有良好的团队协作能力；

（2）具有良好的语言表达和文字表达能力；

（3）培养安全生产和清洁生产的意识。

二、教学任务

在本任务中，通过分组查找资料、小组讨论交流等活动，计算精馏塔设备的主要参数。

三、相关知识点

（一）理论塔板数的确定

通常，精馏塔的理论塔板数可采用逐板计算法或图解法。计算时主要是应用了（a）气液相平衡关系；（b）相邻两板之间气液两相组成的操作关系（即操作线方程）。

1. 逐板计算法

参见图 7-14，若塔顶采用全凝器，从塔顶最上层（第一层板）上升的蒸气进入冷凝器中全部冷凝为饱和液体，因此馏出液组成及回流液组成均与由第一层板上升蒸气的组成相同，即：$y_1 = x_D$。

由于离开每层理论板的气液两相组成是互成平衡的，故可由 y_1 利用气液平衡关系（平衡方程或平衡曲线）求得 x_1。由于从下一层（第 2 层）板上升的蒸气组成 y_2 与 x_1 符合精馏段操作关系，故用精馏段操作线方程式可由 x_1 得 y_2，即：

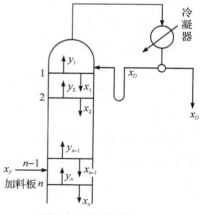

图 7-14　逐板计算法

$$y_2 = \frac{R}{R+1}x_1 + \frac{1}{R+1}x_D \qquad (7\text{-}21)$$

同理，y_2 与 x_2 互成平衡，即可用平衡关系由 y_2 求得 x_2，以及再用精馏段操作线方程由 x_2 求 y_3，…，依次计算，直至 $x_n \leqslant x_F$ 为止，第 n 块板即为进料板。通常进料板划为提馏段的第一块板，故精馏段需要的理论板数为 $n-1$ 块。

上述的演算过程可用下面的图解表示：

$$x_D = y_1 \xrightarrow{\text{用平衡关系}} x_1 \xrightarrow[\text{操作方程}]{\text{用精馏段}} y_2 \xrightarrow{\text{用平衡关系}} x_2 \xrightarrow[\text{操作方程}]{\text{用精馏段}} y_3 \rightarrow \cdots \rightarrow x_n \leqslant x_F$$

此后，可改用提馏段操作线方程，继续用上述方法求取提馏段的理论板数。因为 $x_1' = x_W =$ 已知值，故可用提馏段操作线方程求 y_2'，即：

$$y_2' = \frac{L+qF}{L+qF-W}x_1' - \frac{W}{L+qF-W}x_W \qquad (7\text{-}22)$$

再利用气液平衡关系由 y_2' 求 x_2'，如此重复计算，直至计算到 $x_m' < x_W$ 为止。由于一般加热釜（或再沸器）相当于一层理论板，故提馏段所需的理论板数为 $(m-1)$。

逐板计算法是求算理论塔板数的基本方法. 计算结果较准确，但计算比较麻烦且费时。

2. 图解法

图解法求理论塔板数的基本原理与逐板计算法完全相同，只不过是用平衡曲线和操作线表示平衡关系和操作关系，用作图代替计算而已。图解法中以直角梯级图解法最为常见。虽然图解法的准确性较差，但因其简洁明了，故被广泛采用。

参见图 7-15，用直角梯级图解法求精馏塔理论塔板数的步骤如下：

（1）在直角坐标上绘出待分离的混合液的 $y-x$ 平衡曲线，并作对角线。

（2）在 $x=x_D$ 处作垂线，与对角线交于 a 点；再由精馏段操作线的截距 $\dfrac{x_D}{R+1}$ 值，在 y 轴上定出 b 点，联结 a、b 两点，得精馏段操作线 ab。

（3）在 $x=x_F$ 处作垂线，与对角线交于 e 点；从 e 点作斜率为 $\dfrac{q}{q-1}$ 的 q 线 ef，该线与 ab

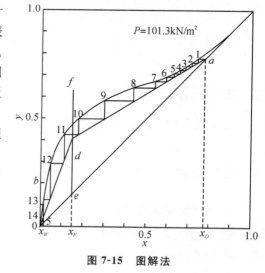

图 7-15　图解法

线交于 d 点(图中为泡点进料)。

(4)在 $x=x_W$ 处作垂线,与对角线交于 c 点,联结 c、d 两点,得提馏段操作线 cd。

(5)从 a 点开始,在精榴段操作线与平衡线之间绘由水平线和垂直线组成的直角梯级。当梯级跨过 d 点时,则该在提馏段操作线与平衡线之间绘直角梯级,直至梯级跨过 c 点为止。

每一个直角梯级代表一层理论板,梯级的总数即为理论板数。图 7-15 中,梯级总数为 14 块,表示需理论板数 14 块;第 11 梯级跨过 d 点,即第 11 块板为进料板(两操作线交点 d 所在的梯级为进料板),故精馏段需理论板数为 11;因此加热釜相当于一层理论板,故提馏段理论板数为 3;除加热釜外,实际上需要理论板总数为 13。

有时从塔顶出来的蒸气先在分凝器内部分冷凝,冷凝液回流,未凝蒸气再用全凝器冷凝,凝液作为塔顶产品。此时,因离开分凝器的气、液两相互相平衡,分凝器相当于一层理论板,则精馏段的理论板数可比绘出的梯级数少一块。

(二)实际塔板数和板效率

如前所述,实际操作中,任何塔板上的气液相都不可能达到平衡,即存在一个板效率的问题,而在整个精馏塔内每层塔板上的效率也不同,为此,采用了全塔板效率(又称总板效率)来反映整个塔内气液相之间传质过程的完善程度,可以列出和板式吸收塔一样的公式:

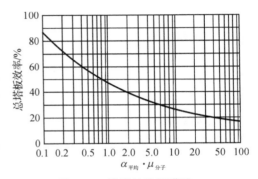

图 7-16　塔板效率关联图

$$\eta=\frac{N_{理}}{N_{实}}\times 100\% \qquad (7-23)$$

则实际塔板数为:

$$N_{实}=\frac{N_{理}}{\eta} \qquad (7-24)$$

塔板效率受多方面因素的影响,如物系的性质、塔板的形式与结构和操作条件等。一般来说,气、液两相之间接触越充分,蒸气上升时夹带液沫的现象越轻微,则板效率越高。设计时,一般采用经验数据,或用经验公式估算。常见的板式精馏塔的板效率一般为 $0.5\sim$ 0.75。当缺乏实际数据时,总板效率之值亦可按图 7-16 中的曲线作出近似的估计。图中横坐标为进料的平均分子黏度 $\mu_{均}$ 与组分的平均相对挥发度 $\alpha_{平均}$ 的乘积。$\mu_{均}$(mPa·s)可由已知的进料组成按塔的算术平均温度计算如下:

$$\mu_{均}=\mu_A x_A+\mu_B x_B \qquad (7-25)$$

式中:μ_A、μ_B——组分 A 和 B 的黏度,mPa·s;

　　　x_A、x_B——进料中组分 A 和 B 的摩尔分率。

若能查出在进料组成和塔内平均温度下进料的实际黏度,可直接取用,比用计算值更准确。

【主导项目 7-4】　常压下用连续精馏塔分离含酒精 30％的酒精—水溶液,要求获得含酒精达 90％的产品,而残液中酒精含量在 1％以下(以上均指质量分数),采用饱和液体进料,回流比 $R=1.4$。全塔液体的平均黏度 0.34mPa·s,全塔的相对平均挥发度 4.35,需实际塔板数为多少?

解 (1)料液、馏出液、残液的摩尔分率

料液组成：$x_F=0.144$；馏出液组成：$x_D=0.779$；残液组成：$x_W=0.004$

(2)在图中汇出精馏段、提馏段、q 线方程

①在 $y-x$ 图上给出酒精—水溶液在常压下的平衡曲线，并作对角线。

②在对角线上定出 a 点（$x=x_D=0.779$）、e 点（$x=x_F=0.144$）和 c 点（$x=x_W=0.004$）。

③依精馏段操作线方程：$y_{n+1}=0.58x_n+0.32$，截距 0.32，在 Y 轴上定出 b 点，联结 a、b 两点，即得精馏段操作线 ab。

④作 q 线。因沸点进料 $q=1$，故 q 线方程为 $x=0.144$，q 线为过 e 点的垂直线，与精馏段操作线交于 d 点。

⑤联结 c、d 两点，即得提馏段操作线 cd，即为提馏段操作线方程：

$$y_{n+1}=2.89x_n-0.00756$$

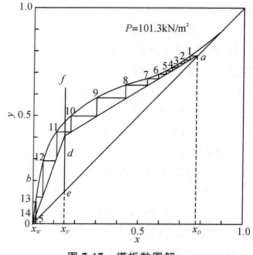

图 7-17 塔板数图解

⑥自 a 点开始，在操作线与乎题线之间绘直角梯级至超过 c 点而止。图解得理论板数为 15 块（包括加热釜），自塔顶往下数第 11 层为进料板。故精馏段理论板数为 11，提馏段理论板数为 4，见图 7-17 所示。

⑦查塔板效率关联图得：$\eta=45\%$。

⑧实际塔板数：

$$N_{理}=\frac{N_{理}}{\eta}=\frac{15}{0.45}=33.33（取 34 块）$$

精馏段实际塔板数=$11\div0.45=24.44$，取 25 块，提馏段板数=$34-25=9$ 块；自塔顶往下数第 25 层为进料层。

任务五　精馏操作技能训练

一、教学目标

1. 知识目标

掌握精馏操作技能的基本步骤。

2. 能力目标

(1)能根据任务要求掌握精馏的实际操作；

(2)能判断系统达到稳定的方法，掌握测定塔顶、塔釜溶液浓度的方法；

(3)掌握回流比对精馏塔分离效率的影响分析；

(4)掌握精馏 dcs 的基本操作。

3.素质目标

(1)具有良好的团队协作能力;

(2)具有良好的语言表达和文字表达能力;

(3)培养安全生产和清洁生产的意识。

二、教学任务

在本任务中,通过分组查找资料、小组讨论交流等活动,能进行乙醇水溶液精馏操作,分析处理常见故障。

三、相关知识点

精馏塔操作的好坏直接影响到产品的质量、产率,消耗定额等许多方面,在每个精馏操作岗位上都有一定的操作规程,它规定了具体岗位上的注意事项。本书从基本理论出发,结合生产实际来讨论精馏塔操作中一些具有普遍意义的问题。

(一)影响精馏塔操作的主要因素

从精馏原理的讨论中可以看出,实现稳定的精馏操作必须保持两个基本条件:进料量与出料量(馏出液与残液之和)之间的物料平衡,以及全塔系统各个部分之间的热量平衡。通常认为最主要的影响因素是:

1.气体流量(气相负荷)的大小

精馏操作中,上升气体的流量(在塔径一定下表现为气体流速)必须适宜,过大或过小都会影响操作的好坏。

在气流上升过程中,总会夹带着一定量的液相雾滴上升到上一块塔板内,这就是雾沫夹带现象。雾沫夹带的结果是造成气液相之间传热与传质效果降低,板效率下降,严重时会影响到塔顶产品的质量。气相负荷过大,雾沫夹带量也相应增大,这在操作中是应当避免的。

如果气相负荷过大,板层液面上的压强相应增大,上升气流将阻止液体下流,甚至造成下一块塔板上的液体涌到上一块塔板上,即形成液泛现象。液泛现象严重时,塔的操作根本无法进行,这在操作中是不允许的。

但气相负荷过小,气速过低,气流不足以将液流截留,液体从塔板上泄漏的量增大,塔板上建立不起足够高的液层,甚至液体全部漏光,出现所谓"干板"现象,这也是必须避免的。

2.液体流量(又称液相负荷)的大小

和气相负荷一样,液相负荷过大或过小也都会影响塔的正常操作。液相负荷过小,塔板上不能建立足够高的液层,气液相之间的接触时间减少,会影响塔板的效率;液相负荷过大,会造成降液管内的流量超过限度,严重时以至整个塔盘空间里充满了液体,亦即出现液泛现象,使操作无法进行。另外,液流量过大,还可能使蒸馏釜的温度降低,影响到气相负荷的大小。

(二)塔板上气液两相的接触状态

塔板上气液两相的接触状态是决定板上两相流体力学及传质和传热规律的重要因素。

如图 7-18 所示,当液体流量一定时,随着气速的增加,可以出现四种不同的接触状态。

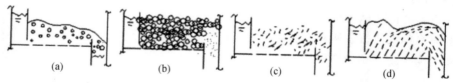

图 7-18　塔板上气液两相的接触状态

a 鼓泡接触状态;b—蜂窝状接触状态;c—泡沫接触状态;d—喷射接触状态

1.鼓泡接触状态

当气速较低时,气体以鼓泡形式通过液层。由于气泡的数量不多,形成的气液混合物基本上以液体为主,气液两相接触的表面积不大,传质效率很低。

2.蜂窝状接触状态

随着气速的增加,气泡的数量不断增加。当气泡的形成速度大于气泡的浮升速度时,气泡在液层中累积。气泡之间相互碰撞,形成各种多面体的大气泡,板上为以气体为主的气液混合物。由于气泡不易破裂,表面得不到更新,所以此种状态不利于传热和传质。

3.泡沫接触状态

当气速继续增加,气泡数量急剧增加,气泡不断发生碰撞和破裂,此时板上液体大部分以液膜的形式存在于气泡之间,形成一些直径较小,扰动十分剧烈的动态泡沫,在板上只能看到较薄的一层液体。由于泡沫接触状态的表面积大,并不断更新,为两相传热与传质提供了良好的条件,是一种较好的接触状态。

4.喷射接触状态

当气速继续增加,由于气体动能很大,把板上的液体向上喷成大小不等的液滴,直径较大的液滴受重力作用又落回到板上,直径较小的液滴被气体带走,形成液沫夹带。此时塔板上的气体为连续相,液体为分散相,两相传质的面积是液滴的外表面。由于液滴回到塔板上又被分散,这种液滴的反复形成和聚集,使传质面积大大增加,而且表面不断更新,有利于传质与传热进行,也是一种较好的接触状态。

如上所述,泡沫接触状态和喷射状态均是优良的塔板接触状态。因喷射接触状态的气速高于泡沫接触状态,故喷射接触状态有较大的生产能力,但喷射状态液沫夹带较多,若控制不好,会破坏传质过程,所以多数塔均控制在泡沫接触状态下工作。

（三）操作负荷性能图

根据以上的分析,在精馏设备和所要分离的物系确定的情况下,气、液相负荷都必须控制在一定的范围之内,这个正常的操作范围可以用负荷性能图来表示。图的横坐标为液相负荷 L,单位为 m^3/s;纵坐标为气相负荷 V,单位亦为 m/s;图中有五条曲线,是分别依据产生雾沫夹带、漏液、降液管超负荷、塔板上液体层厚度过小、以及液泛等而规定的负荷限量,它们所包围的区域就是塔的正常操作范围。

不同的塔型有不同的负荷性能曲线,同一型式的不同塔,各曲线的相对位置也会因结构和操作条件的变化而变化,但它们全都由这样五条曲线组成。

1.雾沫夹带线

如图 7-19 中的曲线 1 所示,它是从雾沫夹带量的大小考虑而确定的气相负荷上限。

2.漏液线

如图 7-19 中曲线 2 所示,它是为保证液体泄漏量小于某一规定的限额而确定的气相负下限。

3.降液管超负荷限线

如图 7-19 中的曲线 3 所示,它是从保证液体在管内有足够的停留时间,并防止降液管液泛而确定的液相负荷上限。

4.塔板液层高度限线

如图 7-19 中的曲线 4 所示,这是从保证塔板上具有一定高度液层所确定的液相负荷下限。

5.液泛限线

如图 7-19 中的曲线 5 所示,这是从避免出现液泛现象而确定的气、液相负荷上限。

在作负荷性能图的同时,往往还作出在一定流量下的操作线。由于精馏段和提馏段的气液比都是一定的,因此,操作线是图 7-19 中过原点、斜率为 V/L 的一条直线。在图示情况下,气相负荷上限以

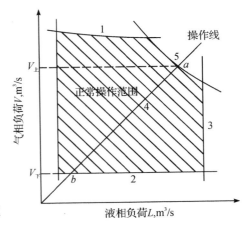

图 7-19 操作负荷性能曲线
1—雾沫夹带线;2—漏液线;
3—降液管超负荷限线;
4—塔板液层高度限线;5—液泛限线

a 点表示,下限以 b 点表示。但实际上的精馏操作不应该在极限负荷状态下操作,因为稍一波动塔的操作就不正常,也就是说,塔的操作稳定性差。通常把塔板效率不低于正常负荷时塔板效率的 85% 时高负荷与低负荷的比值称为塔的操作弹性。操作弹性的大小是比较各种塔板操作性能的一个重要指标,操作弹性大,可保证该塔正常操作的范围大,操作愈稳定。

(四)现成塔的操作分析

以前的分析和计算都是在设计条件下进行的,即进料流率,产品组成已定,而塔板数、进料位置、冷凝器和再沸器的传热面积是待定的。对于现场操作的精馏塔,塔板数、进料位置、冷凝器和再沸器的传热面积已定,但进料流率和组成、产品的流率和组成均可能变动。

现成塔调节操作的目的是要使塔顶和塔底产品的质量达到设计要求,下面列举几种操作中常遇到的情况。

1.塔顶、塔底产品均不合格

此时塔顶产品中轻组分浓度偏低,而塔底产品中轻组分浓度偏高,使塔顶温度上升,塔底温度下降。

为了使塔顶、塔底产品重新达到合格,必须提高精馏段和提馏段塔板的分离能力,最方便的方法是增大回流比,使每层塔板分离能力加强,因两段的塔板数未变、因此塔顶产品的组成将上升,塔底产品的组成则下降,产品的质量得到提高。但由于回流比增大,冷凝器和再沸器的热负荷均将上升,须作相应的调节。

2.塔顶产品不合格,塔底产品超过分离要求

这种情况说明精馏段的分离效果不能满足要求,而提馏段的分离能力则过大。如果仍采用提高回流比的方法,虽然也能使塔顶产品质量提高,但是并不经济。这时可以考虑将进料位置下移,使精馏段的板数适当增加而减少提馏段的板数。如调节进料位置后塔顶产品仍不合格,则仍需增大回流比。

3.塔顶回流量控制一定,增大再沸器汽化量对塔操作的影响

再沸器汽化量增大后,提馏段的汽相量 V' 将增大,但由于精馏段的液相量 L 不变,所以提馏段的液相量 L' 也不变,于是在 $y-x$ 图上提馏段操作线的斜率 L'/V' 将减小,位置向对角线移动,所画的梯级变大,由于提馏段的塔板数未变,因此塔底产品中轻组分的浓度 x_W 将降低,塔底产品量也降低。

再沸器汽化量增大后,由于提馏段的汽相量 V' 随之增大,$V=V'+(1-q)F$,所以 V 也会增大。现在塔顶回流量 L 控制不变,由 $D=V-L$ 可知 D 将增加,由 $R=L/D$,R 将减小.使精馏段的分离效果变差,导致塔顶产品中轻组分浓度 x_D 下降,塔顶温度升高。

(五)乙醇水溶液精馏操作

1.基本原理

(1)全塔效率 E_T

全塔效率又称总板效率,是指达到指定分离效果所需理论板数与实际板数的比值,即

$$E_T=\frac{N_T-1}{N_P} \tag{7-26}$$

式中,N_T——完成一定分离任务所需的理论塔板数,包括蒸馏釜;

N_P——完成一定分离任务所需的实际塔板数,本装置 $N_P=10$。

全塔效率简单地反映了整个塔内塔板的平均效率,说明了塔板结构、物性系数、操作状况对塔分离能力的影响。对于塔内所需理论塔板数 N_T,可由已知的双组分物系平衡关系,以及实验中测得的塔顶、塔釜出液的组成,回流比 R 和热状况 q 等,用图解法求得。

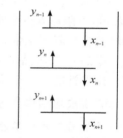

图 7-20 塔板气液流向

(2)单板效率 E_M

单板效率又称莫弗里板效率,如图 7-20 所示,是指气相或液相经过一层实际塔板前后的组成变化值与经过一层理论塔板前后的组成变化值之比。

按气相组成变化表示的单板效率为

$$E_{MV}=\frac{y_n-y_{n+1}}{y_n^*-y_{n+1}} \tag{7-27}$$

按液相组成变化表示的单板效率为

$$E_{ML}=\frac{x_{n-1}-x_n}{x_{n-1}-x_n^*} \tag{7-28}$$

式中,y_n、y_{n+1}——离开第 n、$n+1$ 块塔板的气相组成,摩尔分数;

x_{n-1}、x_n——离开第 $n-1$、n 块塔板的液相组成,摩尔分数;

y_n^*——与 x_n 成平衡的气相组成,摩尔分数;

x_n^*——与 y_n 成平衡的液相组成,摩尔分数。

(3)图解法求理论塔板数 N_T

图解法又称麦卡勃—蒂列(McCabe-Thiele)法,简称 M-T 法,其原理与逐板计算法完全相同,只是将逐板计算过程在 $y-x$ 图上直观地表示出来。

精馏段的操作线方程为：

$$y_{n+1} = \frac{R}{R+1}x_n + \frac{x_D}{R+1}$$ (7-29)

式中，y_{n+1}——精馏段第 $n+1$ 块塔板上升的蒸汽组成，摩尔分数；

x_n——精馏段第 n 块塔板下流的液体组成，摩尔分数；

x_D——塔顶溜出液的液体组成，摩尔分数；

R　——泡点回流下的回流比。

提馏段的操作线方程为：

$$y_{m+1} = \frac{L'}{L'-W}x_m - \frac{Wx_W}{L'-W}$$ (7-30)

式中，y_{m+1}——提馏段第 $m+1$ 块塔板上升的蒸汽组成，摩尔分数；

x_m——提馏段第 m 块塔板下流的液体组成，摩尔分数；

x_W——塔底釜液的液体组成，摩尔分数；

L'——提馏段内下流的液体量，kmol/s；

W——釜液流量，kmol/s。

加料线（q 线）方程可表示为：

$$y = \frac{q}{q-1}x - \frac{x_F}{q-1}$$ (7-31)

其中，

$$q = 1 + \frac{c_{pF}(t_S - t_F)}{r_F}$$ (7-32)

式中，q——进料热状况参数；

r_F——进料液组成下的汽化潜热，kJ/kmol；

t_S——进料液的泡点温度，℃；

t_F——进料液温度，℃；

c_{pF}——进料液在平均温度$(t_S - t_F)/2$下的比热容，kJ/(kmol℃)；

x_F——进料液组成，摩尔分数。

回流比 R 的确定：

$$R = \frac{L}{D}$$ (7-33)

式中，L——回流液量，kmol/s；

D——馏出液量，kmol/s。

式(7-33)只适用于泡点下回流时的情况，而实际操作时为了保证上升气流能完全冷凝，冷却水量一般都比较大，回流液温度往往低于泡点温度，即冷液回流。

如图 7-21 所示，从全凝器出来的温度为 t_R、流量为 L 的液体回流进入塔顶第一块板，由于回流温度低于第一块塔板上的液相温度，离开第一块塔板的一部分上升蒸汽将被冷凝成液体，这样，塔内的实际流量将大于塔外回流量。

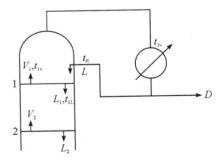

图 7-21　塔顶回流

对第一块板作物料、热量衡算：

$$V_1 + L_1 = V_2 + L \tag{7-34}$$

$$V_1 I_{V1} + L_1 I_{L1} = V_2 I_{V2} + L I_L \tag{7-35}$$

对式(7-34)、式(7-35)整理、化简后，近似可得：

$$L_1 \approx L \left[1 + \frac{c_p(t_{1L} - t_R)}{r} \right] \tag{7-36}$$

即实际回流比：

$$R_1 = \frac{L_1}{D} \tag{7-37}$$

$$R_1 = \frac{L \left[1 + \dfrac{c_p(t_{1L} - t_R)}{r} \right]}{D} \tag{7-38}$$

式中，V_1、V_2——离开第 1、2 块板的气相摩尔流量，kmol/s；

L_1——塔内实际液流量，kmol/s；

I_{V1}、I_{V2}、I_{L1}、I_L——指对应 V_1、V_2、L_1、L 下的焓值，kJ/kmol；

r——回流液组成下的汽化潜热，kJ/kmol；

c_p——回流液在 t_{1L} 与 t_R 平均温度下的平均比热容，kJ/(kmol℃)。

在精馏全回流操作时，操作线在 $y-x$ 图上为对角线，如图 7-22 所示，根据塔顶、塔釜的组成在操作线和平衡线间作梯级，即可得到理论塔板数。

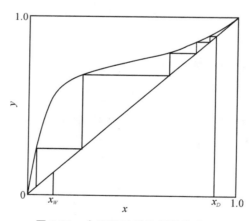

图 7-22　全回流时理论板数的确定

2. 实验装置和流程

本实验装置的主体设备是筛板精馏塔，配套的有加料系统、回流系统、产品出料管路、残液出料管路、进料泵和一些测量、控制仪表。

筛板塔主要结构参数：塔内径 68mm，厚度 2mm，塔节 $\phi76 \times 4$，塔板数 10 块，板间距 100mm。加料位置由下向上起数第 3 块和第 5 块。降液管采用弓形，齿形堰，堰长 56mm，堰高 7.3mm，齿深 4.6mm，齿数 9 个。降液管底隙 4.5mm。筛孔直径 1.5mm，正三角形排列，孔间距 5mm，开孔数为 74 个。塔釜为内电加热式，加热功率 2.5kW，有效容积为 10L。塔顶冷凝器、塔釜换热器均为盘管式。单板取样为自下而上第 1 块和第 10 块，斜向上为液相取样口,水平管为气相取样口。

　　本实验料液为乙醇水溶液,釜内液体由电加热器产生蒸汽逐板上升,经与各板上的液体传质后,进入盘管式换热器壳程,冷凝成液体后再从集液器流出,一部分作为回流液从塔顶流入塔内,另一部分作为产品馏出,进入产品贮罐;残液经釜液转子流量计流入釜液贮罐。精馏过程如图 7-23 所示。

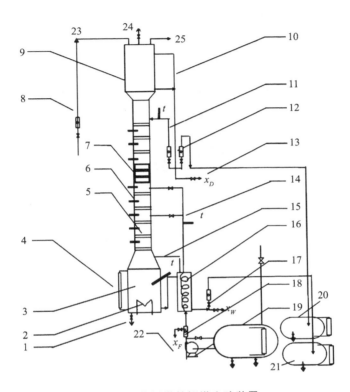

图 7-23　筛板塔精馏塔实验装置

1—塔釜排液口;2—电加热器;3—塔釜;4—塔釜液位计;5—塔板;6—温度计;7—窥视节;8—冷却水流量计;9—盘管冷凝器;10—塔顶平衡管;11—回流液流量计;—12—塔顶出料流量计;13—产品取样口;14—进料管路;15—塔釜平衡管;16—盘管加热器;17—塔釜出料流量计;18—进料流量计;19 进料泵;20—产品储槽;21—残液储槽;22—料液取样口;23—冷却水进口;24—惰性气体出口;25—冷却水出口

3.实验步骤与注意事项

本实验的主要操作步骤如下:

(1)全回流

　　①配制浓度 10%～20%(体积百分比)的料液加入贮罐中,打开进料管路上的阀门,由进料泵将料液打入塔釜,至釜容积的 2/3 处(由塔釜液位计可观察)。

　　②关闭塔身进料管路上的阀门,启动电加热管电源,调节加热电压至适中,使塔釜温度缓慢上升(因塔中部玻璃部分较为脆弱,若加热过快玻璃极易碎裂,使整个精馏塔报废,故升温过程应尽可能缓慢)。

　　③打开塔顶冷凝器的冷却水,调节合适冷凝量,并关闭塔顶出料管路,使整塔处于全回

流状态。

④当塔顶温度、回流量和塔釜温度稳定后,分别取塔顶浓度 X_D 和塔釜浓度 X_w,送色谱分析仪分析。

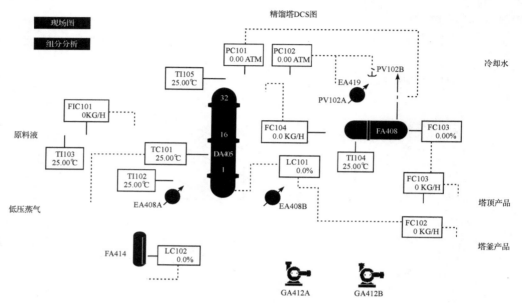

图 7-24 精馏塔 DCS

DA−405:脱丁烷塔;EA−419:塔顶冷凝器;FA−408:塔顶回流罐;

GA−412A、B:回流泵;EA−418A、B:塔釜再沸器;FA−414:塔釜蒸汽缓冲罐

(2)部分回流

①在储料罐中配制一定浓度的乙醇水溶液(约 $10\%\sim20\%$)。

②待塔全回流操作稳定时,打开进料阀,调节进料量至适当的流量。

③控制塔顶回流和出料两转子流量计,调节回流比 $R(R=1\sim4)$。

④当塔顶、塔内温度读数稳定后即可取样。

(3)取样与分析

①进料、塔顶、塔釜从各相应的取样阀放出。

②塔板取样用注射器从所测定的塔板中缓缓抽出,取 1ml 左右注入事先洗净烘干的针剂瓶中,并给该瓶盖标号以免出错,各个样品尽可能同时取样。

③将样品进行色谱分析。

(4)注意事项

①塔顶放空阀一定要打开,否则容易因塔内压力过大导致危险。

②料液一定要加到设定液位 2/3 处方可打开加热管电源,否则塔釜液位过低会使电加热丝露出干烧致坏。

(六)精馏塔单元仿真操作

1. 工艺说明

本流程是利用精馏方法,在脱丁烷塔中将丁烷从脱丙烷塔釜混合物中分离出来。精馏是将液体混合物部分气化,利用其中各组分相对挥发度的不同,通过液相和气相间的质量传递来实现对混合物分离。本装置中将脱丙烷塔釜混合物部分气化,由于丁烷的沸点较低,即其挥发度较高,故丁烷易于从液相中气化出来,再将气化的蒸汽冷凝,可得到丁烷组成高于原料的混合物,经过多次气化冷凝,即可达到分离混合物中丁烷的目的。

原料为 67.8℃脱丙烷塔的釜液(主要有 C4、C5、C6、C7 等),由脱丁烷塔(DA-405)的第 16 块板进料(全塔共 32 块板),进料量由流量控制器 FIC101 控制。灵敏板温度由调节器 TC101 通过调节再沸器加热蒸汽的流量,来控制提馏段灵敏板温度,从而控制丁烷的分离质量。

脱丁烷塔塔釜液(主要为 C5 以上馏分)一部分作为产品采出,一部分经再沸器(EA-418A、B)部分汽化为蒸汽从塔底上升。塔釜的液位和塔釜产品采出量由 LC101 和 FC102 组成的串级控制器控制。再沸器采用低压蒸汽加热。塔釜蒸汽缓冲罐(FA-414)液位由液位控制器 LC102 调节底部采出量控制。

塔顶的上升蒸汽(C4 馏分和少量 C5 馏分)经塔顶冷凝器(EA-419)全部冷凝成液体,该冷凝液靠位差流入回流罐(FA-408)。塔顶压力 PC102 采用分程控制:在正常的压力波动下,通过调节塔顶冷凝器的冷却水量来调节压力,当压力超高时,压力报警系统发出报警信号,PC102 调节塔顶至回流罐的排气量来控制塔顶压力调节气相出料。操作压力 4.25atm(表压),高压控制器 PC101 将调节回流罐的气相排放量,来控制塔内压力稳定。冷凝器以冷却水为载热体。回流罐液位由液位控制器 LC103 调节塔顶产品采出量来维持恒定。回流罐中的液体一部分作为塔顶产品送下一工序,另一部分液体由回流泵(GA-412A、B)送回塔顶作为回流,回流量由流量控制器 FC104 控制。

2.本单元复杂控制方案说明

吸收解吸单元复杂控制回路主要是串级回路的使用,在吸收塔、解吸塔和产品罐中都使用了液位与流量串级回路。

串级回路:是在简单调节系统基础上发展起来的。在结构上,串级回路调节系统有两个闭合回路。主、副调节器串联,主调节器的输出为副调节器的给定值,系统通过副调节器的输出操纵调节阀动作,实现对主参数的定值调节。所以在串级回路调节系统中,主回路是定值调节系统,副回路是随动系统。

分程控制:就是由一只调节器的输出信号控制两只或更多的调节阀,每只调节阀在调节器的输出信号的某段范围中工作。

具体实例:

DA405 的塔釜液位控制 LC101 和和塔釜出料 FC102 构成一串级回路。

FC102.SP 随 LC101.OP 的改变而变化。

PIC102 为一分程控制器,分别控制 PV102A 和 PV102B,当 PC102.OP 逐渐开大时,PV102A 从 0 逐渐开大到 100;而 PV102B 从 100 逐渐关小至 0。

3.精馏冷态开车操作规程

装置冷态开工状态为精馏塔单元处于常温、常压氮吹扫完毕后的氮封状态,所有阀门、机泵处于关停状态。

(1)进料过程

①开 FA-408 顶放空阀 PC101 排放不凝气,稍开 FIC101 调节阀(不超过 20%),向精馏

塔进料。

②进料后,塔内温度略升,压力升高。当压力 PC101 升至 0.5atm 时,关闭 PC101 调节阀投自动,并控制塔压不超过 4.25atm(如果塔内压力大幅波动,改回手动调节稳定压力)。

(2)启动再沸器

①当压力 PC101 升至 0.5atm 时,打开冷凝水 PC102 调节阀至 50%;塔压基本稳定在 4.25atm 后,可加大塔进料(FIC101 开至 50%左右)。

②待塔釜液位 LC101 升至 20%以上时,开加热蒸汽入口阀 V13,再稍开 TC101 调节阀,给再沸器缓慢加热,并调节 TC101 阀开度使塔釜液位 LC101 维持在 40%－60%。待 FA-414 液位 LC102 升至 50%时,并投自动,设定值为 50%。

(3)建立回流

随着塔进料增加和再沸器、冷凝器投用,塔压会有所升高。回流罐逐渐积液。

①塔压升高时,通过开大 PC102 的输出,改变塔顶冷凝器冷却水量和旁路量来控制塔压稳定。

②当回流罐液位 LC103 升至 20%以上时,先开回流泵 GA412A/B 的入口阀 V19,再启动泵,再开出口阀 V17,启动回流泵。

③通过 FC104 的阀开度控制回流量,维持回流罐液位不超高,同时逐渐关闭进料,全回流操作。

(4)调整至正常

①当各项操作指标趋近正常值时,打开进料阀 FIC101。

②逐步调整进料量 FIC101 至正常值。

③通过 TC101 调节再沸器加热量使灵敏板温度 TC101 达到正常值。

④逐步调整回流量 FC104 至正常值。

⑤开 FC103 和 FC102 出料,注意塔釜、回流罐液位。

⑥将各控制回路投自动,各参数稳定并与工艺设计值吻合后,投产品采出串级。

4.停车操作规程

(1)降负荷

①逐步关小 FIC101 调节阀,降低进料至正常进料量的 70%。

②在降负荷过程中,保持灵敏板温度 TC101 的稳定性和塔压 PC102 的稳定,使精馏塔分离出合格产品。

③在降负荷过程中,尽量通过 FC103 排出回流罐中的液体产品,至回流罐液位 LC104 在 20%左右。

④在降负荷过程中,尽量通过 FC102 排出塔釜产品,使 LC101 降至 30%左右。

(2)停进料和再沸器

在负荷降至正常的 70%,且产品已大部采出后,停进料和再沸器。

①关 FIC101 调节阀,停精馏塔进料。

②关 TC101 调节阀和 V13 或 V16 阀,停再沸器的加热蒸汽。

③关 FC102 调节阀和 FC103 调节阀,停止产品采出。

④打开塔釜泄液阀 V10,排不合格产品,并控制塔釜降低液位。

⑤手动打开 LC102 调节阀,对 FA-114 泄液。

（3）停回流

①停进料和再沸器后,回流罐中的液体全部通过回流泵打入塔,以降低塔内温度。

②当回流罐液位至 0 时,关 FC104 调节阀,关泵出口阀 V17(或 V18),停泵 GA412A (或 GA412B),关入口阀 V19(或 V20),停回流。

③开泄液阀 V10 排净塔内液体。

（4）降压、降温

①打开 PC101 调节阀,将塔压降至接近常压后,关 PC101 调节阀。

②全塔温度降至 50℃左右时,关塔顶冷凝器的冷却水(PC102 的输出至 0)。

思考题

1.蒸馏操作的依据是什么?

2.何谓部分汽化和部分冷凝?

3.什么是挥发度和相对挥发度? 相对挥发度的大小对精馏操作有何影响?

4.写出用相对挥发度表示的气液平衡方程。

5.简述精馏原理。

6.连续精馏装置主要应包括哪些设备? 它们的作用是什么?

7.精馏操作连续稳定进行的必要条件是什么?

8.何谓理论板?

9.什么是恒摩尔流假定? 符合该假定的条件是什么?

10.写出精馏段操作线方程和提馏段操作线方程,并简述它们的物理意义。

11.进料热状态有哪几种? 它们的进料热状态参数 q 值的大小范围如何?

12.回流比的定义是什么? 回流比的大小对精馏操作有何影响?

13.简述用逐板计算法和图解法求取理论板数的方法和步骤。如何确定适宜进料位置?

14.什么是全回流? 全回流操作有何特点和实际意义?

15.什么是最小回流比? 如何计算?

16.简述筛板塔板,浮阀塔板的简单结构及各自的主要优缺点。

17.塔板上气液两相有哪几种接触状态? 各有何特点?

18.什么是负荷性能图? 对精馏塔操作及设计有何指导意义。

习 题

1.乙醇—水恒沸物中乙醇摩尔分率为 0.894,其质量分率为多少?

2.试根据常压下甲醇—水溶液的平衡数据,绘制甲醇—水溶液在 101.3kN/m² 下的 $y—x$ 图。

表 7-2 常压下甲醇—水溶液的平衡数据

x	0	0.02	0.06	0.1	0.2	0.3	0.4	0.5	0.6	0.7	0.8	0.9	1
y	0	0.134	0.304	0.418	0.578	0.665	0.729	0.779	0.825	0.87	0.915	0.958	1
$t/℃$	100	/	/	87.7	81.7	78.0	75.3	73.1	71.2	69.3	67.6	66.0	64.5

3.甲醇和乙醇的混合液可认为是理想溶液。已知 20℃ 时乙醇的饱和蒸气压为 5.93kN/m²,甲醇为 11.83kN/m²。试计算在 101.3kN/m² 和 20℃ 时,甲醇—乙醇混合液的相对挥发度、气液相平衡组成以及甲醇、乙醇各自的分压。

4.常压下在某精馏塔内连续分离甲醛—水溶液。已知每小时需处理含甲醇为 40% 的混合液 100kg/h,要求馏出液的组成不低于 95%,残液组成不大于 20%(以上各组成均指质量分数),试求该塔的馏出液和残液量各为多少 kg/h?

5.某连续精馏塔的操作线方程式如下:

精馏段 $y=0.723x+0.263$

提馏段 $y=1.25x-0.0187$

若原料液在泡点温度下进入精馏塔,试求进料液、馏出液和残液的组成及回流比

6.常压下某精馏塔全凝器流出的馏出液组成为 0.97(摩尔分率),已知操作回流比 $R=2$,气液平衡关系为 $y=2.4x/(1+1.4x)$。试求从塔顶数起第一层塔板下降的液相组成 x_1 和离开第二层塔板的上升蒸气的组成 y_2。

7.在常压下用连续精馏塔将含酒精 40%、含水 60% 的溶液进行分离,要求获得含酒精 90% 的馏出液,而残液中酒精含量不得超过 0.5%(以上均指质量分数)。已知每小时饱和液体的进料量为 4000kg/h,求馏出液和残液量各位多少 kmol/h? 当回流比 $R=3.5$,总塔板效率为 0.7 时,求实际塔板数是多少?

8.某连续精馏塔在常压下分离甲醇—水溶液,已知进料液中含甲醇 31.5%,泡点进科。要求馏出液中甲醇含量为 95%,残液中甲醇含量 4%(以上均指摩尔分率),若操作回流比为最小回流比的 1.77 倍,试求操作回流比。

9.试求习题 7 所述精馏塔的最小回流比。

10.接习题 7。塔底蒸馏釜采用 220kN/m² 的饱和水蒸气加热,塔底压力维持在 125kN/m²,忽略散热损失,回流液在饱和温度下回流入塔,试求加热蒸气消耗量。已查得组成为 92%(质量分数)的乙醇蒸气的焓为 1224kJ/kg;92%(质量分数)的乙醇溶液的比热容为 13.35kJ/(kg·K),沸点 78.3℃;40%(质量分数)的乙醇溶液的比热容为 4.35kJ/(kg·K),沸点 83.1℃;残液浓度很低,其物性可取与水相同。

附 录

一、化工常用法定计量单位

(一)基本单位

量的名称	单位名称	单位符号	量的名称	单位名称	单位符号
长度	米	m	热力学温度	开[尔文]	K
质量	千克(公斤)	kg	物质的量	摩[尔]	mol
时间	秒	s			

(二)具有专门名称的导出单位

量的名称	单位名称	代 号	与基本单位的关系
力	牛顿	N	$1N=1kg \cdot m/s^2$
压强、应力	帕斯卡	Pa	$1Pa=1N/m^2$
能、功、热量	焦耳	J	$1J=1N \cdot m$
功率	瓦特	W	$1W=1J/s$

(三)常用的十进倍数单位及分数单位的词头

词头符号	词头名称	所表示的因数	词头符号	词头名称	所表示的因数
M	兆	10^6	c	厘	10^{-2}
k	千	10^3	m	毫	10^{-3}
d	分	10^{-1}	μ	微	10^{-6}

二、常用单位换算

（一）长度

m(米)	in(英寸)	ft(英尺)	yd(码)	m(米)	in(英寸)	ft(英尺)	yd(码)
1	39.3701	3.2808	1.09361	0.30480	12	1	0.33333
0.025400	1	0.073333	0.02778	0.9144	36	3	1

（二）质量

kg(千克)	t(吨)	lb(磅)	kg(千克)	t(吨)	lb(磅)
1	0.001	2.20462	0.4536	4.536×10^{-4}	1
1000	1	2204.62			

（三）力

N(牛顿)	kgf[千克(力)]	lbf[磅(力)]	dyn[达因]
1	0.102	0.2248	1×10^5
9.80665	1	2.2046	9.80665×10^5
4.448	0.4536	1	4.448×10^5
1×10^{-5}	1.02×10^{-6}	2.243×10^{-6}	1

（四）压强

Pa(帕斯卡)	bar(巴)	kgf/cm² （工程大气压）	atm （物理大气压）	mmHg	lbf/in²
1	1×10^{-5}	1.02×10^{-5}	0.99×10^{-5}	0.0075	14.5×10^{-5}
1×10^{-5}	1	1.02	0.9869	750.1	14.5
98.07×10^3	0.9807	1	0.9678	735.56	14.2
1.01325×10^{-5}	1.013	1.0332	1	760	14.697
133.32	1.333×10^{-3}	0.136×10^{-4}	0.00132	1	0.01931
6894.8	0.06895	0.0703	0.068	51.71	1

(五)动力黏度(简称黏度)

Pa・s	P(泊)	cP(厘泊)	kgf・s/m²	lb/(ft・s)
1	10	1×10^{-3}	0.102	0.672
1×10^{-1}	1	1×10^2	0.0102	0.06720
1×10^{-3}	0.01	1	0.102×10^{-3}	6.720×10^{-4}
1.4881	14.881	1488.1	0.1519	1
9.81	98.1	9810	1	6.59

(六)运动黏度、扩散系数

m²/s	cm²/s	ft²/s	m²/s	cm²/s	ft²/s
1	1×10^4	10.76	92.9×10^{-5}	929	1
10^{-4}	1	1.076×10^{-3}			

注:cm²/s 又称[斯托克斯],以 st 表示。

(七)能量、功、热量

J	kgf・m	kW・h	[马力・时]	kcal	Btu
1	0.102	2.778×10^{-7}	3.725×10^{-7}	2.39×10^{-4}	9.485×10^{-4}
9.8067	1	2.724×10^{-6}	3.653×10^{-6}	2.342×10^{-3}	9.296×10^{-3}
3.6×10^6	3.761×10^5	1	1.3140	860.0	3413
2.685×10^6	273.8×10^3	0.7457	1	641.33	2544
4.1868×10^3	426.9	1.1622×10^{-3}	1.5576×10^{-3}	1	3.963
1.055×10^3	107.58	2.930×10^{-4}	2.926×10^{-4}	0.2520	1

注:$1erg = 1dyn・cm = 10^{-7}J = 10^{-7}N・m$

(八)功率、传热速率

W	kgf・m/s	[马力]	kcal/s	Btu/s
1	0.10197	1.341×10^{-3}	0.2389×10^{-3}	0.9486×10^{-3}
9.8067	1	0.01315	0.2342×10^{-2}	0.9293×10^{-2}
745.69	76.0735	1	0.17803	0.70675
4186.8	426.35	5.6135	1	3.9683
1055	107.58	1.4148	0.251996	1

(九)比热容

kJ/(kg·K)	kcal/(kg·℃)	Btu/(lb·℉)	kJ/(kg·K)	kcal/(kg·℃)	Btu/(lb·℉)
1	0.2389	0.2389	4.1868	1	1

(十)导热系数(热导率)

W/(m·℃)	kcal(m·h·℃)	cal/(cm·s·℃)	Btu/(ft²·h·℉)
1	0.86	2.389×10^{-3}	0.579
1.163	1	2.778×10^{-3}	0.6720
418.7	360	1	241.9
1.73	1.488	4.134×10^{-3}	1

(十一)传热系数

W/(m²·℃)	kcal(m²·h·℃)	cal/(cm²·s·℃)	Btu/(ft²·h·℉)
1	0.86	2.389×10^{-3}	0.176
1.163	1	2.778×10^{-5}	0.2048
4.186×10^4	3.6×10^4	1	7374
5.678	4.882	1.356×10^{-4}	1

(十二)温度

$$T = 273.2 + \theta, \theta = (t-32) \times \frac{5}{9}, t = \theta \times \frac{9}{5} + 32$$

其中,T 为热力学温度(K);θ 为摄氏温度(℃),t 为华氏温度(℉)。

(十三)通用气体常数

$R = 8.314 \text{kJ}/(\text{kmol} \cdot \text{K}) = 1.987 \text{kcal}/(\text{kmol} \cdot \text{K})$

$\quad = 848 \text{kgf} \cdot \text{m}/(\text{kmol} \cdot \text{K}) = 82.06 \text{atm} \cdot \text{cm}^3/(\text{kmol} \cdot \text{℃})$

(十四)斯蒂芬-波尔茨曼常数

$\sigma_0 = 5.67 \times 10^{-8} \text{W}/(\text{m}^2 \cdot \text{K}^4)$

$\quad = 4.88 \times 10^{-8} \text{kcal}/(\text{m}^2 \cdot \text{K}^4)$

三、某些气体的主要物理性质

序号	名称	分子式	摩尔质量 (kg/kmol)	密度(0℃, 101.3kN/m²) (kg/m³)	定压比热 kcal/(kg·℃)	定压比热 kJ/(kg·K)	$r=\frac{c_p}{c_V}$	粘度 (10^{-3}cP 或 μPa·s)	沸点(101.3 kN/m²) (℃)	汽化潜热 (101.3kN/m²) (kJ/kg)	汽化潜热 (kcal/kgf)	临界点 温度 (℃)	临界点 压力 (×101.3 kN/m²)	导热系数(0℃,101.3kN/m²) W/(m·K)	导热系数 kcal/(m·h·℃)
1	空气	—	28.95	1.293	0.241	1.009	1.40	17.3	-195	197	47	-140.7	37.2	0.0244	0.021
2	氧	O_2	32	1.429	0.218	0.653	1.40	20.3	-132.98	213	50.92	-118.82	49.72	0.0240	0.0206
3	氮	N_2	28.02	1.251	0.250	0.745	1.40	17.0	-195.78	199.2	47.58	-147.13	33.49	0.0228	0.0196
4	氢	H_2	2.02	0.090	3.408	10.13	1.41	8.42	-252.75	454.2	108.5	-239.9	12.80	0.163	0.140
5	氦	He	4.00	0.179	1.260	3.18	1.66	18.8	-268.95	19.5	4.66	-267.96	2.26	0.144	0.124
6	氩	Ar	39.94	1.782	0.127	0.322	1.66	20.9	-185.87	163	38.9	-122.44	48.00	0.0173	0.0149
7	氯	Cl_2	70.91	3.217	0.115	0.355	1.36	12.9(16*)	-33.8	305	72.95	+144.0	76.1	0.0072	0.0062
8	氨	NH_3	17.03	0.771	0.53	0.67	1.29	9.18	-33.4	1373	328	+132.4	111.5	0.0215	0.0185
9	一氧化碳	CO	28.01	1.250	0.250	0.754	1.40	16.6	-191.48	211	50.5	-140.2	34.53	0.0226	0.0194
10	二氧化碳	CO_2	44.1	1.976	0.200	0.653	1.30	13.7	-78.2	574	137	+31.1	72.9	0.0137	0.0118
11	二氧化硫	SO_2	64.07	2.927	0.151	0.502	1.25	11.7	-10.8	394	94	+157.5	77.78	0.0077	0.0066
12	二氧化氮	NO_2	46.01	—	0.192	0.615	1.31	—	+21.2	712	170.0	+158.2	100.00	0.0400	0.0344
13	硫化氢	H_2S	34.08	1.539	0.253	0.804	1.30	11.66	-60.2	548	131	+100.4	188.9	0.0131	0.0113
14	甲烷	CH_4	16.04	0.717	0.531	1.7	1.31	10.3	-161.58	511	122	-82.15	45.6	0.0300	0.0258
15	乙烷	C_2H_6	30.07	1.357	0.413	1.44	1.20	8.50	-88.50	486	116	+32.1	48.85	0.0180	0.0155
16	丙烷	C_3H_8	44.1	2.020	0.445	1.65	1.31	7.59(18*)	-42.1	427	102	+95.6	43	0.0148	0.0127
17	丁烷(正)	C_4H_{10}	58.12	2.673	0.458	1.73	1.11	8.10	-0.5	386	92.3	+152	37.5	0.0135	0.0116
18	戊烷(正)	C_5H_{12}	72.15	—	0.41	1.57	1.09	8.74	-36.08	151	36	+197.1	33.0	0.0128	0.0110
19	乙烯	C_2H_4	28.05	1.261	0.365	1.222	1.25	9.85	+103.7	481	115	+9.7	50.7	0.0164	0.0141
20	丙烯	C_3H_6	42.08	1.914	0.390	1.436	1.17	8.35(20*)	-47.7	440	105	+91.4	45.4	—	—
21	乙炔	C_2H_2	26.04	1.171	0.402	1.352	1.24	9.35	-83.66(升华)	829	198	+35.7	61.6	0.0184	0.0158
22	氯甲烷	CH_3Cl	50.49	2.308	0.177	0.582	1.28	9.89	-24.1	406	96.9	+148	66.0	0.0085	0.0073
23	苯	C_6H_6	78.11	—	0.299	1.139	1.1	7.2	+80.2	394	94	+288.5	47.7	0.0088	0.0076

四、某些液体的主要物理性质

序号	名称	分子式	摩尔质量 (kg/kmol)	密度 (20℃) (kg/m³)	沸点 (101.3 kN/m²) (℃)	汽化潜热 (101.3 kN/m²) kJ/kg	(kcal/kgf)	比热 (20℃) kJ/(kg·K)	kcal/(kgf·℃)	粘度 (20℃) (cP或 mPa·s)	导热系数 (20℃) W/(m·K)	kcal/(m·h·℃)	体积膨胀系数(20℃) $10^{-4}\times1/℃$	表面张力(20℃) dyn/cm或 10^{-3}N/m	10^{-3} kgf/m
1	水	H_2O	18.2	998	100	2258	539.4	4.183	0.999	1.005	0.599	0.515	1.82	72.8	7.42
2	盐水 (25% NaCl)	—	—	1186(25°)	107	—	—	3.39	0.81	2.3	0.57(30°)	0.49(30°)	(4.4)	—	—
3	盐水 (25% CaCl₂)	—	—	1228	107	—	—	2.89	0.69	2.5	0.57	0.49	(3.4)	—	—
4	硫酸	H_2SO_4	98.08	1831	340(分解)	—	—	1.47(98%)	0.35(98%)	23	0.38	0.33	5.7	—	—
5	硝酸	HNO_3	63.02	1513	86	481.1	114.9	—	—	1.17(10°)	—	—	—	—	—
6	盐酸(30%)	HCl	36.47	1149	—	—	—	2.55	0.61	2(31.5%)	0.42	0.36	—	—	—
7	四氯化碳	CCl_4	153.82	1594	76.8	195	46.6	0.850	0.203	1.0	0.12	0.1	—	26.8	2.73
8	苯	C_6H_6	78.11	879	80.10	393.9	94.08	1.704	0.407	0.737	0.148	0.127	12.4	28.6	2.91
9	甲苯	C_7H_8	92.13	867	110.63	363	86.8	1.70	0.406	0.675	0.138	0.119	10.9	27.9	2.84
10	甲醇	CH_3OH	32.04	791	64.7	1101	263	2.48	0.596	0.6	0.212	0.182	12.2	22.6	2.30
11	乙醇	C_2H_5OH	46.07	789	78.3	846	202	2.39	0.572	1.15	0.172	0.148	11.6	22.8	2.33
12	乙醇(95%)	—	—	804	78.2	—	—	—	—	1.4	—	—	—	—	—
13	甘油	$C_3H_5(OH)_3$	92.09	1261	290(分解)	—	—	—	—	1499	0.59	0.51	5.3	63	8.4
14	乙醚	$(C_2H_5)_2O$	74.12	714	84.6	360	86	2.34	0.558	0.24	0.14	0.12	16.3	18	1.8
15	丙酮	CH_3COCH_3	58.08	792	56.2	523	125	2.35	0.561	0.32	0.17	0.15	—	23.7	2.42
16	甲酸	HCOOH	46.03	1220	100.7	494	118	2.17	0.518	1.9	0.26	0.22	10.7	27.8	2.83
17	醋酸	CH_3COOH	60.03	1049	118.1	406	97	1.99	0.477	1.3	0.17	0.15	—	23.9	2.44
18	醋酸乙酯	$CH_3COOC_2H_5$	88.11	901	77.1	368	88	1.92	0.459	0.48	0.14(10°)	0.12(10°)	10.7	—	—
19	煤油	—	—	780~820	—	—	—	—	—	3	0.15	0.13	10.0	—	—
20	汽油	—	—	680~800	—	—	—	—	—	0.7~0.8	0.19(30°)	0.16(30°)	12.5	—	—

五、水的主要物理性质

温度 (℃)	外压 (100kN/m²)	外压 (kgf/cm²)	密度 (kg/m³)	焓 (kJ/kg)	焓 (kcal/kgf)	比热 [kJ/(kg·K)]	比热 [kcal/(kgf·℃)]	导热系数 [W/(m·K)]	导热系数 [kcal/(m·h·℃)]	粘度 (mPa·s 或 cP)	粘度 (10⁻⁶ kgf·s/m²)	运动粘度 (10⁻⁵ m²/s)	体积膨胀系数 (10⁻³/℃)	表面张力 (mN/m)	表面张力 (10⁻³ kgf/m)
0	1.013	1.033	999.9	0	0	4.212	1.006	0.551	0.474	1.789	182.3	0.1789	−0.063	75.6	7.71
10	1.013	1.033	999.7	42.04	10.04	4.191	1.001	0.575	0.494	1.305	133.1	0.1306	+0.070	74.1	7.56
20	1.013	1.033	998.2	83.90	20.04	4.183	0.999	0.599	0.515	1.005	102.4	0.1006	0.182	72.7	7.41
30	1.013	1.033	995.7	125.8	30.02	4.174	0.997	0.618	0.531	0.801	81.7	0.0805	0.321	71.2	7.26
40	1.013	1.033	992.2	167.5	40.01	4.174	0.997	0.634	0.545	0.653	66.6	0.0659	0.387	69.6	7.10
50	1.013	1.033	988.1	209.3	49.99	4.174	0.997	0.648	0.557	0.549	56.0	0.0556	0.449	67.7	6.90
60	1.013	1.033	983.2	251.1	59.98	4.178	0.998	0.659	0.567	0.470	47.9	0.0478	0.511	66.2	6.75
70	1.013	1.033	977.8	293.0	69.98	4.187	1.000	0.668	0.574	0.406	41.4	0.0415	0.570	64.3	6.56
80	1.013	1.033	971.8	334.9	80.00	4.195	1.002	0.675	0.580	0.355	36.2	0.0365	0.632	62.6	6.38
90	1.013	1.033	965.3	377.0	90.04	4.208	1.005	0.680	0.585	0.315	32.1	0.0326	0.695	60.7	6.19
100	1.013	1.033	958.4	419.1	100.10	4.220	1.008	4.683	0.587	0.283	28.8	0.0295	0.752	58.8	6.00
110	1.433	1.461	951.0	461.3	110.19	4.223	1.011	0.685	0.589	0.259	26.4	0.0272	0.808	56.9	5.80
120	1.986	2.025	943.1	503.7	120.3	4.250	1.015	0.686	0.590	0.237	24.2	0.0252	0.864	54.8	5.59
130	2.702	2.755	934.8	546.4	130.5	4.266	1.019	0.686	0.590	0.218	22.2	0.0233	0.919	52.8	5.39
140	3.624	3.699	926.1	589.1	140.7	4.287	1.024	0.685	0.589	0.201	20.5	0.0217	0.972	5.07	5.17
150	4.761	4.855	917.0	632.2	151.0	4.312	1.030	0.684	0.588	0.186	19.0	0.0203	1.03	48.6	4.96
160	6.181	6.303	907.4	675.3	161.3	4.346	1.038	0.683	0.587	0.173	17.7	0.0191	1.07	46.6	4.75
170	7.924	8.080	897.3	719.3	171.8	4.386	10.046	0.679	0.584	0.163	16.6	0.0181	1.31	45.3	4.62

温度 (℃)	外压 (100kN/m²)	外压 (kgf/cm²)	密度 (kg/m³)	焓 (kJ/kg)	焓 (kcal/kgf)	比热 [kJ/(kg·K)]	比热 [kcal/(kgf·℃)]	导热系数 [W/(m·K)]	导热系数 [kcal/(m·h·℃)]	粘度 (mPa·s 或 cP)	粘度 (10⁻⁶ kgf·s/m²)	运动粘度 (10⁻⁵ m²/s)	体积膨胀系数 (10⁻³/℃)	表面张力 (mN/m)	表面张力 (10⁻³ kgf/m)
180	10.03	10.23	886.9	763.3	182.3	4.417	1.055	0.675	0.580	0.153	15.6	0.0173	1.19	42.3	4.31
190	12.55	12.80	876.0	807.6	192.9	4.459	1.065	0.670	0.576	0.144	14.7	0.0165	1.26	40.0	4.08
200	15.54	15.85	863.0	852.4	203.6	4.505	1.076	0.663	0.570	0.136	13.9	0.0158	1.33	37.7	3.84
210	19.07	19.45	852.8	897.6	214.4	4.555	1.088	0.655	0.563	0.130	13.3	0.0153	1.41	35.4	3.61
220	23.20	23.66	840.3	943.7	225.4	4.614	1.102	0.645	0.555	0.124	12.7	0.0148	1.48	33.1	3.38
230	27.98	28.53	827.3	990.2	235.5	4.681	1.118	0.637	0.648	0.120	12.2	0.0145	1.59	31.0	3.16
240	33.47	34.13	813.6	1038	247.8	4.756	1.136	0.628	0.540	0.115	11.7	0.0141	1.68	28.5	2.91
250	39.77	40.55	799.0	1086	259.3	4.844	1.157	0.618	0.531	0.110	11.2	0.0137	1.81	26.2	2.67
260	46.93	47.85	784.0	1135	271.1	4.949	1.182	0.604	0.520	0.106	10.8	0.0135	1.97	23.8	2.42
270	55.03	56.11	767.9	1185	283.1	5.070	1.211	0.590	0.507	0.102	10.4	0.0133	2.16	21.5	2.19
280	64.16	65.42	750.7	1237	295.4	5.229	1.249	0.575	0.494	0.098	10.0	0.0131	2.37	19.1	1.95
290	74.42	75.88	732.3	1290	308.1	5.485	1.310	0.558	0.480	0.094	9.6	0.0129	2.62	16.9	1.72
300	85.81	87.6	712.5	1345	321.2	5.736	1.370	0.540	0.464	0.091	9.3	0.0128	2.92	14.4	1.47
310	98.76	100.6	691.1	1402	334.9	6.071	1.450	0.523	0.450	0.088	9.0	0.0128	3.29	12.1	1.23
320	113.0	115.1	667.1	1462	349.2	6.573	1.570	0.506	0.435	0.085	8.7	0.0128	3.82	9.81	1.00
330	128.7	131.2	640.2	1526	264.5	7.24	1.73	0.484	0.416	0.081	8.3	0.0127	4.33	7.67	0.782
340	146.1	149.0	610.1	1595	380.9	8.16	1.95	0.457	0.393	0.077	7.9	0.0127	5.34	5.67	0.578
350	165.3	168.6	574.4	1671	399.2	9.50	2.27	0.43	0.37	0.073	7.4	0.0126	6.68	3.81	0.389
360	189.6	190.32	528.0	1761	420.7	13.98	3.34	0.40	0.34	0.067	6.8	0.0126	10.9	2.02	0.206
370	210.4	214.5	450.5	1892	452.0	40.32	9.63	0.34	0.29	0.057	5.8	0.0126	26.4	4.71	0.048

六、干空气的主要物理性质

温度 (℃)	密度 (kg/m³)	定压比热		导热系数		黏　度		运动黏度 (10⁻⁶ m²/s)
		[kJ/ (kg·K)]	[kcal/ (kgf·℃)]	[W/ (m·K)]	[kcal/(m ·h·℃)]	(μPa·s 或10⁻³cP)	(10⁻⁶ kgf·s/m²)	
−50	1.584	1.013	0.242	0.0204	0.0175	14.6	1.49	9.23
−40	1.515	1.013	0.242	0.0212	0.0182	15.2	1.55	10.04
−30	1.453	1.013	0.242	0.0220	0.0189	15.7	1.60	10.80
−20	1.395	1.009	-0.241	0.0228	0.0196	16.2	1.65	12.79
−10	1.342	1.009	0.241	0.0236	0.0203	16.7	1.70	12.43
0	1.293	1.005	0.240	0.0244	0.0210	17.2	1.75	13.28
10	1.247	1.005	0.240	0.0251	0.0216	17.7	1.80	14.16
20	1.205	1.005	0.240	0.0259	0.0223	18.1	1.85	15.06
30	1.165	1.005	0.240	0.0267	0.0230	18.6	1.90	16.00
40	1.128	1.005	0.240	0.0276	0.0237	19.1	1.95	16.96
50	1.093	1.005	0.240	0.0283	0.0243	19.6	2.00	17.95
60	1.060	1.005	0.240	0.0290	0.0249	20.1	2.05	18.94
70	1.029	1.009	0.241	0.0297	0.0225	20.6	2.10	20.02
80	1.000	1.009	0.241	0.0305	0.0262	21.1	2.15	21.09
90	0.972	1.009	0.241	0.0313	0.0269	21.5	2.19	22.10
100	0.946	1.009	0.241	0.0321	0.0276	21.9	2.23	23.13
120	0.898	1.009	0.241	0.0334	0.0287	22.9	2.33	25.45
140	0.854	1.013	0.242	0.0349	0.0300	23.7	2.42	27.80
160	0.815	1.017	0.243	0.0364	0.0313	24.5	2.50	30.09
180	0.779	1.022	0.244	0.0378	0.0325	25.3	2.58	32.49
200	0.746	1.026	0.245	0.0393	0.0338	26.0	2.65	34.85
250	0.674	1.038	0.248	0.0429	0.0367	27.4	2.79	40.61
300	0.615	1.048	0.250	0.0461	0.0396	29.7	3.03	48.33
350	0.566	1.059	0.253	0.0491	0.0422	31.4	3.20	55.46
400	0.524	1.068	0.255	0.0521	0.0448	33.0	3.37	63.09
500	0.456	1.093	0.261	0.0575	0.0494	36.2	3.69	79.38
600	0.404	1.114	0.266	0.0622	0.0535	39.1	3.99	96.89
700	0.362	1.135	0.271	0.0671	0.0577	41.8	4.26	115.4
800	0.329	1.156	0.276	0.0718	0.0617	44.3	4.52	134.8
900	0.301	1.172	0.280	0.0763	0.0656	46.7	4.76	155.1
1000	0.277	1.185	0.283	0.0804	0.0694	49.0	5.00	177.1
1100	0.257	1.197	0.286	0.0850	0.0731	51.2	5.22	199.3
1200	0.239	1.206	0.288	0.0915	0.0787	53.4	5.45	223.7

注：表中 $p = 101.3 \text{kN/m}^2$。

七、饱和水蒸气主要物理性质（按温度排列）

温度 （℃）	绝对压力		蒸汽比容	蒸汽密度	液体焓		蒸汽焓		汽化热	
	（kgf/cm²）	（kN/m²）	（m³/kg）	（kg/m³）	（kcal/kgf）	（kJ/kg）	（kcal/kgf）	（kJ/kg）	（kcal/kgf）	（kJ/kg）
0	0.0062	0.61	206.5	0.00484	0	0	595.0	2491.3	595.0	2491.3
5	0.0089	0.87	147.1	0.00680	5.0	20.94	597.3	2500.9	592.3	2480.0
10	0.0125	1.23	106.4	0.00940	10.0	41.87	599.6	2510.5	589.6	2468.6
15	0.0174	1.71	77.9	0.01283	15.0	62.81	602.0	2520.6	587.0	2457.8
20	0.0238	2.33	57.8	0.01719	20.0	83.74	604.3	2530.1	584.3	2446.3
25	0.0323	3.17	43.40	0.02304	25.0	104.68	606.6	2538.6	581.6	2433.9
30	0.0433	4.25	32.93	0.03036	30.0	125.60	608.9	2549.5	578.9	2423.7
35	0.0573	5.62	25.25	0.03960	35.0	146.55	611.2	2559.1	576.2	2412.6
40	0.0752	7.37	19.55	0.05114	40.0	167.47	613.5	2568.7	573.5	2401.1
45	0.0977	9.58	15.28	0.06543	45.0	188.42	615.7	2577.9	570.7	2389.5
50	0.1258	12.34	12.054	0.0830	50.0	209.34	618.0	2587.6	568.0	2378.1
55	0.1605	15.74	9.589	0.1043	55.0	230.29	620.2	2596.8	565.2	2366.5
60	0.2031	19.92	7.687	0.1301	60.0	251.21	622.5	2606.3	562.5	2355.1
65	0.2550	25.01	6.029	0.1611	65.0	272.16	624.7	2615.6	559.7	2343.4
70	0.3177	31.16	5.052	0.1979	70.0	293.08	626.8	2624.4	556.8	2331.2
75	0.393	38.5	4.139	0.2416	75.0	314.03	629.0	2629.7	554.0	2315.7
80	0.483	47.4	3.414	0.2929	80.0	334.94	631.1	2642.4	551.2	2370.3
85	0.590	57.9	2.832	0.3531	85.0	355.90	633.2	2651.2	548.2	2295.3
90	0.715	70.1	2.365	0.4229	90.0	376.81	635.3	2660.0	545.3	2283.1
95	0.862	84.5	1.985	0.5039	95.0	397.77	637.4	2668.8	542.4	2271.0
100	1.033	101.3	1.675	0.5970	100.0	418.68	639.4	2677.2	539.4	2258.4
105	1.232	120.8	1.421	0.7036	105.1	439.64	641.3	2685.1	536.3	2245.5
110	1.461	143.3	1.212	0.8254	110.1	460.97	643.3	2693.5	533.1	2232.4
115	1.724	169.1	1.038	0.9635	115.2	481.51	645.2	2702.5	530.0	2221.0
120	2.025	198.6	0.893	1.1199	120.3	503.67	647.0	2708.9	526.7	2205.2
125	2.367	232.1	0.7715	1.296	125.4	523.38	648.8	2716.5	523.5	2193.1
130	2.755	270.2	0.6693	1.494	130.5	546.38	650.6	2723.9	520.1	2177.6

续表

温度 （℃）	绝对压力		蒸汽比容	蒸汽密度	液体焓		蒸汽焓		汽化热	
	（kgf/cm²）	（kN/m²）	（m³/kg）	（kg/m³）	（kcal/kgf）	（kJ/kg）	（kcal/kgf）	（kJ/kg）	（kcal/kgf）	（kJ/kg）
135	3.192	313.0	0.5831	1.715	135.6	565.25	652.3	2731.2	516.7	2166.0
140	3.658	361.4	0.5096	1.962	140.7	589.08	653.9	2737.8	513.2	2148.7
145	4.238	415.6	0.4469	2.238	145.9	607.12	655.5	2744.6	509.6	2137.5
150	4.855	476.1	0.3933	2.543	151.0	632.21	657.0	2750.7	506.0	2118.5
160	6.303	618.1	0.3075	3.252	161.4	675.75	659.9	2762.9	498.2	2087.1
170	8.080	792.4	0.2431	4.113	171.8	719.29	662.4	2773.3	490.6	2054.0
180	10.23	1003	0.1944	5.145	182.3	763.25	664.6	2782.6	482.3	2019.3
190	12.80	1255	01568	6.378	192.9	807.63	666.4	2790.1	473.5	1982.5
200	15.85	1554	0.1276	7.840	203.5	852.01	667.7	2795.9	464.2	1943.5
210	19.55	1917	0.1045	9.569	214.3	897.23	668.6	2799.3	454.4	1902.1
220	23.66	2320	0.0862	11.600	225.1	942.45	669.0	2801.0	443.9	1858.5
230	28.52	2797	0.07155	13.98	236.1	988.50	668.8	2800.1	432.7	1811.6
240	34.13	3347	0.05967	16.76	247.1	1034.56	668.3	2796.8	420.8	1762.2
250	40.55	3976	0.04998	20.01	258.3	1081.45	666.4	2790.1	408.1	1708.6
260	47.85	4693	0.04199	23.82	269.6	1128.76	664.2	2780.9	394.5	1652.1
270	56.11	5503	0.03538	28.27	281.1	1176.91	661.2	2760.3	380.1	1591.4
280	63.42	6220	0.02988	33.47	292.7	1225.48	657.3	2752.0	364.6	1526.5
290	75.88	7442	0.02525	39.60	304.4	1274.46	652.6	2732.3	348.1	1457.8
300	87.6	8591	0.02131	46.93	316.6	1325.54	646.8	2708.0	330.2	1382.5
310	100.7	9876	0.01799	55.59	329.3	1378.71	640.1	2680.0	310.8	1301.3
320	115.2	11300	0.01516	65.95	343.0	1436.07	632.5	2648.2	289.5	1212.1
330	131.3	12880	0.01273	78.53	357.5	1446.78	623.5	2610.5	266.6	1113.7
340	149.0	14510	0.01064	93.98	373.3	1562.93	613.5	2568.6	240.2	1005.7
350	168.6	16530	0.00884	113.2	390.8	1632.20	601.1	2516.7	210.3	880.5
360	190.3	18660	0.00716	139.6	413.0	1729.15	583.4	2442.6	170.3	713.4
370	214.5	21030	0.00585	171.0	451.0	1888.25	549.8	2301.9	98.2	411.1

八、饱和水蒸气主要物理性质（按压力排列）

绝对压力		温度	蒸汽的比容	蒸汽的密度	焓（kJ/kg）		汽化热
（kN/m²）	（kgf/cm²）	（℃）	（m³/kg）	（kg/m³）	液体	蒸汽	（kJ/kg）
1.0	0.00987	6.3	129.37	0.00773	26.48	2503.1	2476.8
1.5	0.0148	12.5	88.26	0.01133	52.26	2515.3	2463.0
2.0	0.0197	17.0	67.29	0.01486	71.21	2524.2	2452.9
2.5	0.0247	20.9	54.47	0.01836	87.45	2531.8	2444.3
3.0	0.0296	23.5	45.52	0.02179	98.38	2536.8	2438.4
3.5	0.0345	26.1	39.45	0.02523	109.30	2541.8	2432.5
4.0	0.0395	28.7	34.88	0.02867	120.23	2546.8	2426.6
4.5	0.0444	30.8	33.06	0.03205	129.00	2550.9	2421.9
5.0	0.0493	32.4	28.27	0.03537	135.69	2554.0	2418.3
6.0	0.0592	35.6	23.81	0.04200	149.06	2560.1	2411.0
7.0	0.0691	38.8	20.56	0.04864	162.44	2566.3	2403.8
8.0	0.0790	41.3	18.13	0.05514	172.73	2571.0	2398.2
9.0	0.0888	43.3	16.24	0.06156	181.16	2574.8	2393.6
10	0.0987	45.3	14.71	0.06798	189.59	2578.5	2388.9
15	0.148	53.5	10.04	0.09956	224.03	2594.0	2370.0
20	0.197	60.1	7.65	0.13068	251.51	2606.4	2354.9
30	0.296	66.5	5.24	0.19093	288.77	2622.4	2333.7
40	0.395	75.0	4.00	0.24975	315.93	2634.1	2312.2
50	0.493	81.2	3.25	0.30799	339.80	2644.3	2304.5
60	0.592	85.6	2.74	0.36514	358.21	2652.1	2293.9
70	0.691	89.9	2.37	0.42229	376.61	2659.8	2283.2
80	0.799	93.2	2.09	0.47807	390.08	2665.3	2275.3
90	0.888	96.4	1.87	0.83384	403.49	2670.8	2267.4
100	0.987	99.6	1.70	0.58961	416.90	2676.3	2259.5
120	1.184	104.5	1.43	0.69869	437.51	2684.3	2246.8
140	1.382	109.2	1.24	0.80758	457.67	2692.1	2234.4
160	1.579	113.0	1.21	0.82981	473.88	2698.1	2224.2
180	1.776	116.6	0.988	1.0209	489.32	2703.7	2214.3
200	1.974	120.2	0.887	1.1273	493.71	2709.2	2204.6
250	2.467	127.2	0.719	1.3904	534.39	2719.7	2185.4
300	2.961	133.3	0.606	1.6501	560.38	2728.5	2168.1

绝对压力		温度	蒸汽的比容	蒸汽的密度	焓（kJ/kg）		汽化热
（kN/m²）	（kgf/cm²）	（℃）	（m³/kg）	（kg/m³）	液体	蒸汽	（kJ/kg）
350	3.454	138.8	0.524	1.9074	583.76	2736.1	2152.3
400	3.948	143.4	0.463	2.1618	603.61	2742.1	2138.5
450	4.44	147.7	0.414	2.4152	622.42	2747.8	2152.4
500	4.93	151.7	0.375	2.6673	639.59	2752.8	2113.2
600	5.92	158.7	0.316	3.1686	670.22	2761.4	2091.1
700	6.91	164.7	0.273	3.6657	696.27	2767.8	2071.5
800	7.90	170.4	0.240	4.1614	720.96	2773.7	2052.7
900	8.88	175.1	0.215	4.6525	741.82	2778.1	2036.2
1×10³	9.87	179.9	0.194	5.1432	762.68	2782.5	2019.7
1.1×10³	10.86	180.2	0.177	5.6339	780.34	2785.5	2005.1
1.2×10³	11.84	187.7	0.166	6.1241	797.92	2788.5	1990.6
1.3×10³	12.83	191.5	0.151	6.6141	814.25	2790.9	1976.7
1.4×10³	13.82	194.8	9.141	7.1038	829.06	2792.4	1963.7
1.5×10³	14.80	198.2	0.132	7.5935	843.86	2794.5	1950.7
1.6×10³	15.79	201.3	0.124	8.0814	857.77	2796.0	1938.2
1.7×10³	16.78	204.1	0.117	8.5674	870.58	2797.1	1926.5
1.8×10³	17.76	206.9	0.110	9.0533	883.38	2798.1	1914.8
1.9×10³	18.75	209.8	0.105	9.5392	896.21	2799.2	1903.0
2×10³	19.74	212.2	0.0997	10.0338	907.32	2799.7	1892.4
3×10³	29.61	233.7	0.0666	15.0075	1005.4	2798.9	1793.5
4×10³	39.48	250.3	0.0498	20.0969	1082.9	2789.8	1706.8
5×10³	49.35	263.8	0.0394	25.3663	1146.9	2776.2	1629.2
6×10³	59.21	275.4	0.0324	30.8494	1203.2	2759.5	1556.3
7×10³	69.08	285.7	0.0273	36.5744	1253.2	2740.8	1487.6
8×10³	79.95	294.8	0.0235	42.5768	1299.2	2720.5	1403.7
9×10³	88.82	303.2	0.0205	48.8945	1343.5	2699.1	1356.6
10×10³	98.69	310.9	0.0180	55.5407	1384.0	2677.1	1293.1
12×10³	118.43	324.5	0.0142	70.3075	1463.4	2631.2	1167.7
14×10³	138.17	336.5	0.0115	87.3020	1567.9	2583.2	1043.4
16×10³	157.90	347.2	0.00927	107.8010	1615.8	2531.1	915.4
18×10³	177.64	356.9	0.00744	134.4813	1699.8	2466.0	766.1
20×10³	197.38	365.6	0.00566	176.5961	1817.8	2364.2	544.9

九、水的黏度(0~100℃)

温度 (℃)	黏度 (cP 或 mPa·s)	温度 (℃)	黏度 (cP 或 mPa·s)	温度 (℃)	黏度 (cP 或 mPa·s)	温度 (℃)	黏度 (cP 或 mPa·s)
0	1.7921	25	0.8937	51	0.5404	77	0.3702
1	1.7313	26	0.8737	52	0.5315	78	0.3655
2	1.6728	27	0.8545	53	0.5229	79	0.3610
3	1.6191	28	0.8360	54	0.5146	80	0.3565
4	1.5674	29	0.8180	55	0.5064	81	0.3521
5	1.5188	30	0.8007	56	0.4985	82	0.3478
6	1.4728	31	0.7840	57	0.4907	83	0.3436
7	1.4284	32	0.7679	58	0.4832	84	0.3395
8	1.3860	33	0.7523	59	0.4759	85	0.3355
9	1.3462	34	0.7371	60	0.4688	86	0.3315
10	1.3077	35	0.7225	61	0.4618	87	0.3276
11	1.2713	36	0.7085	62	0.4550	88	0.3239
12	1.2363	37	0.6947	63	0.4483	89	0.3202
13	1.2028	38	0.6814	64	0.4418	90	0.3165
14	1.1709	39	0.6685	65	0.4355	91	0.3130
15	1.1404	40	0.6560	66	0.4293	92	0.3095
16	1.111	41	0.6439	67	0.4233	93	0.3060
17	1.0828	42	0.6321	68	0.4174	94	0.3027
18	1.0559	43	0.6207	69	0.4117	95	0.2994
19	1.0299	44	0.6097	70	0.4061	96	0.2962
20	1.0050	45	0.5988	71	0.4006	97	0.2930
20.2	1.0000	46	0.5883	72	0.3952	98	0.2899
21	0.9810	47	0.5782	73	0.3900	99	0.2868
22	0.9579	48	0.5863	74	0.3894	100	0.2838
23	0.9359	49	0.5588	75	0.3799		
24	0.9142	50	0.5494	76	0.3750		

十、液体黏度共线图及密度

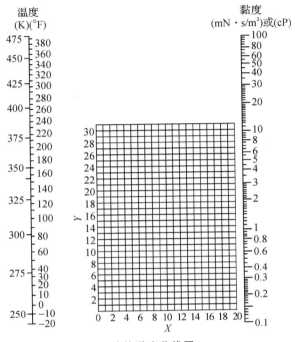

液体黏度共线图

液体黏度共线图的坐标值及液体的密度列于下表中。

序号	液 体	X	Y	密度(293K)(kg/m³)	序号	液 体	X	Y	密度(293K)(kg/m³)
1	醋酸 100％	12.1	14.2	1049	17	氟利昂-21	15.7	7.5	1426(273K)
2	70％	9.5	17.0	1069		(CHCl₂F)			
3	丙酮 100％	14.5	7.2	792	18	甘油 100％	2.0	30.0	1261
4	氨 100％	12.6	2.0	817(194K)	19	盐酸 31.5％	13.0	16.6	1157
5	26％	10.1	13.9	904	20	煤油	10.2	16.9	780～820
6	苯	12.5	10.9	880	21	水银	18.4	16.4	13546
7	氯化钠盐水 25％	10.2	16.6	1186(298K)	22	硝酸 95％	12.8	13.8	1493
8	二氧化碳	11.6	0.3	1101(236K)	23	60％	10.8	17.0	1367
9	二硫化碳	16.1	7.5	1263	24	氢氧化钠 50％	3.2	25.8	1525
10	四氯化碳	12.7	13.1	1595	25	硫酸 110％	7.2	27.4	1980
11	乙醇 100％	10.5	13.8	789		100％	8.0	25.1	
12	95％	9.8	14.3	804		98％	7.0	24.8	1836
13	40％	6.5	16.6	935		60％	10.2	21.3	1498
14	乙醚	14.5	5.3	708(298K)	26	甲苯	13.7	10.4	866
15	甲酸	10.7	15.8	220	27	水	10.2	13.0	998.2
16	氟利昂-11(CCl₃F)	14.4	9.0	1494(290K)					

十一、某些固体材料的主要物理性质

(一) 金属

名称	密度 (kg/m³)	导热系数		比 热 容	
		[W/(m·K)]	[kcal/(m·h·℃)]	[kJ/(kg·K)]	[kcal/(kgf·℃)]
钢	7850	45.3	39.0	0.46	0.11
不锈钢	7900	17	15	0.50	0.12
铸铁	7220	62.8	54.0	0.50	0.12
钢	8800	383.8	330.8	0.41	0.097
青铜	8000	64.0	55.0	0.38	0.091
黄铜	8600	85.5	73.5	0.38	0.09
铝	2670	203.5	175.0	0.92	0.22
镍	9000	58.2	50.0	0.46	0.11
铅	11400	34.9	30.0	0.13	0.031

(二) 塑料

名称	密度 (kg/m³)	导热系数		比 热 容	
		[W/(m·K)]	[kcal/(m·h·℃)]	[kJ/(kg·K)]	[kcal/(kgf·℃)]
酚醛	1250~1300	0.13~0.26	0.11~0.22	1.3~1.7	0.3~0.4
尿醛	1400~1500	0.30	0.26	1.3~1.7	0.3~0.4
聚氯乙烯	1380~1400	0.16	0.14	1.8	0.44
聚苯乙烯	1050~1070	0.08	0.07	1.3	0.32
低压聚乙烯	940	0.29	0.25	2.6	0.61
高压聚乙烯	920	0.26	0.22	2.2	0.53
有机玻璃	1180~1190	0.14~0.20	0.12~0.17		

(三)建筑材料、绝热材料、耐酸材料及其他

名称	密度 (kg/m³)	导热系数		比 热 容	
		[W/(m·K)]	[kcal/(m·h·℃)]	[kJ/(kg·K)]	[kcal/(kgf·℃)]
干砂	1500～1700	0.45～0.48	0.39～0.50	0.8	0.19
黏土	1600～1800	0.47～0.53	0.4～0.46	0.75(−20～20℃)	0.18(−20～20℃)
锅炉炉渣	700～1100	0.19～0.30	0.16～0.26		
黏土砖	1600～1900	0.47～0.67	0.4～0.58	0.92	0.22
耐火砖	1840	1.05(800～1100℃)	0.9(800～1100℃)	0.88～1.0	0.21～0.24
绝缘砖(多孔)	600～1400	0.16～0.37	0.14～0.32		
混凝土	2000～2400	1.3～1.55	1.1～1.33	0.84	0.20
松木	500～600	0.07～0.10	0.06～0.09	0.96	0.23
软木	100～300	0.041～0.064	0.035～0.055	0.96	0.23
石棉板	770	0.11	0.10	0.816	0.195
石棉水泥板	1600～1900	0.35	0.3		
玻璃	2500	0.74	0.64	0.67	0.16
耐酸陶瓷制品	2200～2300	0.93～1.0	0.8～0.9	0.75～0.80	0.18～0.19
耐酸砖和板	2100～2400				
耐酸搪瓷	2300～2700	0.99～1.04	0.85～0.9	0.84～1.26	0.2～0.3
橡胶	1200	0.16	0.14	1.38	0.33
冰	900	2.3	2.0	2.11	0.505

十二、糖溶液的主要物理性质

(一)糖水溶液在不同浓度时的相对密度 d_{20}^{4}

锤度(°Bx)	5	10	15	20	25	30	35	40	45	50	55	60
相对密度 d_{20}^{4}	1.018	1.038	1.059	1.081	1.104	1.127	1.151	1.176	1.200	1.230	1.255	1.290

注:当温度超过 20℃时,相对密度可用下式计算

$$d_t = d_{20}^4 - \frac{0.4 + 0.0025 \times 锤度}{1000}(t-20)$$

(二)糖水溶液的黏度 μ(mPa·s)

温度(℃)		30	40	50	60	65	70	80	90	95	100
锤度(°Bx)	16	1.24	1.02	0.84	0.70	0.66	0.62	0.52	0.50	0.48	0.46
	18	1.37	1.11	0.91	0.77	0.70	0.65	0.55	0.52	0.49	0.46
	20	1.57	1.21	0.98	0.82	0.74	0.69	0.59	0.53	0.50	0.47
	30	2.44	1.90	1.50	1.22	1.12	1.02	0.81	0.71	0.67	0.62
	40	4.47	3.42	2.56	2.02	1.78	1.62	1.32	1.10	1.04	0.69

(三)糖水溶液的比热 c_p

温度(℃)	水	锤度(°Bx)									结晶蔗糖
		10	20	30	40	50	60	70	80	90	
		比热 c_p[kJ/(kg·℃)]									
0	4.187	3.936	3.685	3.433	3.182	2.931	2.680	2.428	2.177	1.926	1.164
10	4.187	3.936	3.685	3.475	3.224	2.973	2.722	2.470	2.219	2.010	1.202
20	4.191	3.936	3.726	3.475	3.224	3.015	2.763	2.554	2.303	2.052	1.235
30	4.195	3.978	3.726	3.517	3.266	3.057	2.805	2.596	2.345	2.135	1.269
40	4.200	3.978	3.726	3.517	3.308	3.098	2.847	2.638	2.428	2.219	1.306
50	4.204	3.978	3.768	3.559	3.350	3.140	2.889	2.680	2.470	2.261	1.340
60	4.212	3.978	3.678	3.559	3.350	3.140	2.973	2.763	2.554	2.345	1.373
70	4.216	3.978	3.810	3.600	3.391	3.182	3.015	2.805	2.596	2.387	1.411
80	4.225	3.978	3.810	3.600	3.433	3.224	3.057	2.847	2.680	2.470	1.445
90	4.229	4.020	3.810	3.643	3.475	3.266	3.098	2.889	2.722	2.554	1.478
100	4.241	4.020	3.852	3.643	3.475	3.308	3.140	2.973	2.763	2.596	1.516

(四)糖水溶液的导热系数 λ

温度(℃)	锤度(°Bx)						
	0	10	20	30	40	50	60
	导热 λ[W/(m·℃)]						
0	0.565	0.544	0.505	0.473	0.443	0.413	0.383
10	0.583	0.551	0.520	0.489	0.457	0.426	0.394
20	0.599	0.566	0.535	0.501	0.470	0.437	0.405
30	0.614	0.582	0.548	0.514	0.480	0.449	0.415
40	0.628	0.594	0.561	0.526	0.492	0.458	0.419
50	0.641	0.607	0.572	0.536	0.502	0.468	0.434
60	0.652	0.618	0.583	0.547	0.512	0.477	0.441
70	0.663	0.628	0.592	0.555	0.519	0.484	0.449
80	0.672	0.636	0.600	0.563	0.526	0.491	0.455

十三、乙醇－水溶液的主要物理性质

（一）乙醇－水溶液的密度 $\rho(kg/m^3)$

体积分数（%）	质量分数（%）	温　度（℃）						
		10	20	30	40	50	60	70
10	8.01	990	980	980	970	970	960	960
20	16.21	980	970	960	960	950	940	920
30	24.61	970	960	950	940	930	930	910
40	33.30	950	950	930	920	910	900	890
50	42.43	940	930	910	900	890	880	870
60	52.09	910	910	880	870	870	860	850
70	62.39	890	880	860	860	840	830	820
80	73.48	870	860	830	830	820	810	800
90	85.66	840	830	810	800	790	780	770
100	100	800	790	780	770	760	750	750

注：体积分数指 20℃时的情况。

（二）乙醇－水溶液的黏度 $\mu(mPa \cdot s)$

质量分数（%）		10	20	30	40	50	60	70	80	90	100
温度（℃）	0	3.311	5.319	6.94	7.14	6.58	5.75	4.762	3.690	2.732	1.773
	5	2.577	4.065	5.29	5.59	5.26	4.63	3.906	3.125	2.309	1.623
	10	2.179	3.165	4.05	4.39	4.18	3.77	3.268	2.710	2.101	1.466
	15	1.792	2.618	3.26	3.53	3.44	3.14	2.770	2.309	1.802	1.332
	20	1.538	2.138	2.71	2.91	2.87	2.67	2.370	2.008	1.610	1.200
	25	1.323	1.815	2.18	2.35	2.40	2.24	2.037	1.748	1.424	1.096
	30	1.160	1.553	1.87	2.02	2.02	1.93	1.767	1.531	1.279	1.003
	35	1.006	1.332	1.58	1.72	1.72	1.66	1.529	1.355	1.147	0.914
	40	0.907	1.060	1.368	1.482	1.499	1.447	1.344	1.203	1.035	0.834
	45	0.812	1.015	1.189	1.289	1.294	1.271	1.189	1.081	0.939	0.764
	50	0.734	0.907	1.050	1.132	1.155	1.127	1.062	0.968	0.848	0.702
（℃）	55	0.663	0.814	0.929	0.978	1.020	0.997	0.943	0.867	0.764	0.644
	60	0.609	0.736	0.834	0.893	0.913	0.902	0.856	0.789	0.704	0.592
	65	0.554	0.666	0.752	0.802	0.818	0.806	0.766	0.711	0.641	0.551
	70	0.514	0.608	0.683	0.727	0.740	0.729	0.695	0.650	0.589	0.504
	75	0.476	0.559	0.624	0.663	0.672	0.663	0.636	0.600	0.546	0.471
	80	0.430	0.505	0.567	0.601	0.612	0.604				

（三）乙醇—水溶液的比热 c_p[kJ/(kg·℃)]

体积分数（%）	质量分数（%）	温度（℃）								
		0	20	30	40	50	60	70	80	90
5	3.98	4.313	4.229	4.229	4.229	4.271	4.271	4.271	4.271	4.271
10	8.01	4.396	4.271	4.271	4.271	4.271	4.313	4.313	4.313	4.313
20	16.21	4.354	4.313	4.313	4.313	4.313	4.313	4.313	4.313	4.313
30	24.61	4.187	4.271	4.271	4.271	4.396	4.438	4.480	4.522	4.564
40	33.30	3.936	4.103	4.103	4.103	4.187	4.271	4.354	4.396	4.438
50	42.43	3.643	3.852	3.852	3.894	4.020	4.103	4.229	4.313	4.396
60	52.09	3.350	3.600	3.600	3.643	3.852	3.936	4.103	4.229	4.354
70	62.39	3.140	3.350	3.350	3.391	3.685	3.786	3.936	4.103	4.271
80	73.48	2.805	3.057	3.098	3.140	3.224	3.433	3.643	3.852	4.061
90	85.66	2.554	2.763	2.805	2.847	2.931	3.140	3.350	3.559	3.768
100	100	2.261	2.428	2.512	2.596	2.722	2.847	2.973	3.098	3.260

（四）乙醇—水溶液的导热系数 λ[W/(m·℃)]

质量分数（%）	温度（℃）							
	0	10	20	30	40	50	60	80
5		0.502	0.564	0.583	0.594	0.607	0.623	
10	0.505	0.523	0.536	0.554	0.565	0.578	0.591	0.636
20	0.448	0.473	0.484	0.498	0.507	0.515	0.528	0.579
30	0.401	0.427	0.435	0.444	0.448	0.457	0.461	0.533
40	0.349	0.385	0.390	0.390	0.394	0.398	0.402	0.483
50	0.293	0.343	0.343	0.348	0.348	0.348	0.348	0.423
60	0.251	0.306	0.306	0.301	0.301	0.301	0.298	0.381
70	0.215	0.272	0.267	0.264	0.259	0.256	0.251	0.347
80	0.191	0.243	0.238	0.230	0.227	0.217	0.214	0.320
90	0.159	0.217	0.209	0.201	0.193	0.185	0.176	0.291
100	0.186	0.192	0.180	0.172	0.159	0.151	0.138	0.175

十四、牛乳的主要物理性质

（一）牛乳的黏度 μ(mPa·s)

温度（℃）	0	5	10	15	20	25	30	35	40
全脂乳	3.44	3.05	2.64	2.31	1.99	1.70	1.49	1.34	1.23
脱脂乳		2.96	2.47	2.10	1.79	1.54	1.33	1.17	1.04

(二)牛乳的比热容 c_p[kJ/(kg·℃)]

温度(℃)	0	15	40	60
全脂乳	3.852	4.137	3.894	3.844
脱脂乳	3.936	3.948	3.986	4.032

(三)牛乳的导热系数 λ[W/(m·℃)]

温度(℃)	20	50	80
全脂乳	0.550	0.586	0.614
脱脂乳	0.568	0.608	0.635

十五、管子规格

(一)无缝钢管规格简表(摘自 YB231—70)

公称直径 D_g(mm)	实际外径(mm)	管 壁 厚 度(mm)						
		$p_g=16$	$p_g=25$	$p_g=40$	$p_g=64$	$p_g=100$	$p_g=160$	$p_g=200$
15	18	2.5	2.5	2.5	2.5	3	3	3
20	25	2.5	2.5	2.5	2.5	3	3	4
25	32	2.5	2.5	2.5	3	3.5	3.5	5
32	38	2.5	2.5	3	3	3.5	3.5	6
40	45	2.5	3	3	3.5	3.5	4.5	6
50	57	2.5	3	3.5	4.5	4.5	5	7
70	76	3	3.5	3.5	4.5	6	6	9
80	89	3.5	4	4	5	6	7	11
100	108	4	4	4	6	7	12	13
125	133	4	4	4.5	6	9	13	17
150	159	4.5	4.5	5	7	10	17	—
200	219	6	6	7	10	13	17	—
250	273	8	7	8	11	16	—	—
300	325	8	8	9	12	—	—	—
350	377	9	9	10	13	—	—	—
400	426	9	10	12	15	—	—	—

(二)有缝钢管(即水、煤气管)规格(摘自 YB234－63)

公 称 直 径		实际外径 (mm)	壁 厚(mm)	
(in)	(mm)		普通级 $p_g < 10$	加强级 $p_g < 16$
1/8	6	10.0	2.0	2.50
1/4	10	17.00	2.25	2.75
3/8	10	17.00	2.25	2.75
1/2	15	21.25	2.75	3.25
3/4	20	26.75	2.75	3.50
1	25	33.50	3.25	4.00
$1\frac{1}{4}$	32	42.25	3.25	4.00
$1\frac{1}{2}$	40	48.00	3.50	4.25
2	50	60.00	3.50	4.50
$2\frac{1}{2}$	70	75.50	3.75	4.50
3	80	88.50	4.00	4.75
4	100	114.00	4.00	5.00
5	125	140.00	4.50	5.50
6	150	165.00	4.50	5.50

注:表中的 p_g 为公称压力,指管内可承受的流体表压力。如 $p_g=16$,表示管内可承受的流体力为 $16×0.1MPa=1.6MPa$。

(三)承插式铸铁管规格(摘自 YB428－64)

低压管(工作压力 0.45MPa)					
公称直径(mm)	内径(mm)	壁厚(mm)	公称直径(mm)	内径(mm)	壁厚(mm)
75	75	9	300	302.4	10.2
100	100	9	400	403.6	11
125	125	9	450	453.8	11.5
150	151	9	500	504	12
200	201.4	9.4	600	604.8	13
250	252	9.8	800	806.4	14.8

普通管(工作压力≤0.75MPa)					
75	75	9	500	500	14
100	100	9	600	600	15.4
125	125	9	700	700	16.5
150	150	9	800	800	18.0
200	200	10	900	900	19.5
250	250	10.8	1000	997	22
300	300	11.4	1100	1097	23.5
350	350	12	1200	1196	25
400	400	12.8	1350	1345	27.5
450	450	13.4	1500	1494	30

(四)常用无缝钢管的规格

名称	规格(外径 mm×壁厚 mm)						
中、低压冷轧钢管	8×1.5 32×3.5	10×1.5 38×3.5	14×2	14×3	18×3	22×3	25×3
中、低压热轧钢管	4.5×3.5 108×4 325×8	57×3.5 108×6 377×10	57×5 133×4	76×4 133×6	76×6 159×6	89×4 219×6	89×6 273×8
不锈无缝钢管	6×1 25×2.5 57×2.75 159×4.5	10×1.5 32×2 66×3	14×2 32×2.5 76×3.5	18×2 38×2.5 89×4	22×2 45×2.5 108×4	22×3 51×2.5 133×4	25×2 57×2.5 152×4
换热器用普通无缝钢管	19×2 51×3.5	25×2 57×2.5	25×2.5 57×3.5	32×3	38×2	38×2.5	38×3
	管长有:1000,1500,2000,2500,3000,4000,6000,单位:mm						

十六、离心泵规格

(一)B型(原 BA 型)水泵性能表(摘录)

泵型号	流量		扬程	转数	功率(kW)		效率	允许吸上	叶轮直径	泵的净	与BA
	(m³/h)	(L/s)	(m)	(r/min)	轴	电机	(%)	真空度(m)	(mm)	质量(kg)	型对照
2B31	10	2.8	34.5		1.87	4	50.6	8.7			
	20	5.5	30.8	2900	2.60	(4.5)	64	7.2	162	35	2BA-6
	30	8.3	24		3.07		63.5	5.7			
2B31A	10	2.8	28.5		1.45	3	54.6	8.7			
	20	5.5	25.2	2900	2.06	(2.8)	65.6	7.2	148	35	2BA-6A
	30	8.3	20		2.54		64.1	5.7			
2B31B	10	2.8	22		1.10		54.9	8.7			
	20	5.5	18.8	2900	1.56	2.2 (2.8)	65	7.2	132	35	2BA-6B
	25	6.9	16.3		1.73		64	6.6			
2B19	11	3.1	21		1.10	2.2	56	8.0			
	17	4.7	18.5	2900	1.47	(2.8)	68	6.8	127	36	2BA-9
	22	6.1	16		1.66		66	6.0			
2B19A	10	2.8	16.8		0.85	1.5	54	8.1			
	17	4.7	15	2900	1.06	(1.7)	65	7.3	117	36	2BA-9A
	22	6.1	13		1.23		63	6.5			
2B19B	10	2.8	13		0.66	1.5	51	8.1			
	15	4.2	12	2900	0.82	(1.7)	60	7.6	106	36	2BA-9B
	20	5.5	10.3		0.91		62	6.8			
3B57	30	8.3	62		9.3		54.4	7.7			
	45	12.5	57		11	17	63.5	6.7			
	60	16.7	50	2900	12.3	(20)	66.3	5.6	218	116	3BA-6
	70	19.5	44.5		13.3		64	4.4			
3B57A	30	8.3	45		6.65		55	7.5			
	40	11.1	41.6		7.30	10	62	7.1			
	50	13.9	37.5	2900	7.98	(14)	64	6.4	192	116	3BA-6A
	60	16.7	30		8.80		59				
3B33	30	8.3	35.6		4.60		62.5	7.0			
	45	12.5	32.6	2900	5.56	7.5 (7.0)	71.5	5.0	168	50	3BA-9
	55	15.3	28.8		6.25		68.2	3.0			
3B33A	25	6.9	26.2		2.83		63.7	7.0			
	35	9.7	25	2900	3.35	5.5 (4.5)	70.8	6.4	145	50	3BA-9A
	45	12.5	22.5		3.87		71.2	5.0			

泵型号	流 量		扬程	转数	功率(kW)		效率	允许吸上	叶轮直径	泵的净	与 BA
	(m³/h)	(L/s)	(m)	(r/min)	轴	电机	(%)	真空度(m)	(mm)	质量(kg)	型对照
3B19	32.4	9	21.5	2900	2.5	4 (4.5)	76	6.5	132	41	3BA-13
	45	12.5	18.8		2.88		80	5.5			
	52.2	14.5	15.6		2.96		75	5.0			
3B19A	29.5	8.2	17.4	2900	1.86	4 (4.5)	50.6	8.7	162	35	2BA-6
	20	5.5	30.8		2.60		64	7.2			
	30	8.3	24		3.07		63.5	5.7			
2B31	10	2.8	34.5	2900	1.87	4 (4.5)	50.6	8.7	162	35	2BA-6
	20	5.5	30.8		2.60		64	7.2			
	30	8.3	24		3.07		63.5	5.7			
2B31	10	2.8	34.5	2900	1.87	4 (4.5)	50.6	8.7	162	35	2BA-6
	20	5.5	30.8		2.60		64	7.2			
	30	8.3	24		3.07		63.5	5.7			
2B31	10	2.8	34.5	2900	1.87	4 (4.5)	50.6	8.7	162	35	2BA-6
	20	5.5	30.8		2.60		64	7.2			
	30	8.3	24		3.07		63.5	5.7			
2B31	10	2.8	34.5	2900	1.87	3 (2.8)	75	6.0	120	41	3BA-13A
	39.6	11	15		2.02		80	5.0			
	48.6	13.5	12		2.15		74	4.5			
3B19B	28.0	7.8	13.5	2900	27.6	55	63	7.1	272	130	4BA-6
	34.2	9.5	12.0		32.8		68	6.2			
	41.5	11.5	9.5		37.1		68.5	5.1			
4B91	65	18.1	98	2900	27.6	55	63	7.1	272	130	4BA-6
	90	25	91		32.8		68	6.2			
	115	32	81		37.1		68.5	5.1			
4B91A	65	18.	82	2900	22.9	40	63.2	7.1	250	138	4BA-6A
	85	23.6	76		26.1		67.5	6.4			
	105	29.2	69.5		29.1		68.5	5.5			
4B54	70	19.4	59	2900	17.5	30 (4.5)	64.5	5.0	218	116	4BA-8
	90	25	54.2		19.3		69	4.5			
	109	30.3	47.8		20.6		69	3.8			
	120	33.3	43		21.4		66	3.5			
4B54A	70	19.4	48	2900	13.6	20 (22)	67	5.0	200	116	4BA-8A
	90	25	43		15.6		69	4.5			
	100	30.3	36.8		16.8		65	3.8			
4B35	65	18.1	37.7	2900	9.25	17 (14)	72	6.7	178	108	4BA-12
	90	25	34.6		10.8		78	5.8			
	120	33.3	28		12.3		74.5	3.3			

续表

泵型号	流量 (m³/h)	流量 (L/s)	扬程 (m)	转数 (r/min)	功率(kW) 轴	功率(kW) 电机	效率 (%)	允许吸上真空度 (m)	叶轮直径 (mm)	泵的净质量 (kg)	与BA型对照
4B35A	60	16.7	31.6		7.4		70	6.9			
	85	23.6	28.6	2900	8.7	13 (14)	76	6.0	163	108	4BA-12A
	110	30.6	23.3		9.5		73.5	4.5			
4B20	65	18.1	22.6		5.32		75				
	90	25	20	2900	6.36	10	78	5	143	59	4BA-18
	110	30.6	17.1		6.93		74				
4B20A	60	16.7	17.2		3.80		74				
	80	22.2	15.2	2900	4.35	5.5 (7)	76	5	130	59	4BA-18A
	95	26.4	13.2		4.80		71.1				
4B15	54	15	17.6		3.69		70				
	70	22	14.8	2900	4.10	5.5 (4.5)	78	5	126	44	4BA-25
	90	27.5	10		4.00		67				
4B15A	50	13.9	14		2.8		68.5				
	72	29	11	2900	2.87	4 (4.5)	75	5	114	44	4BA-25A
	86	23.9	8.5		2.78		72				

注:括号内数字是 JO 的电动机。

(二)IS 型水泵性能表

泵型号	流量 (m³/h)	扬程 (m)	转速 (r/min)	气蚀余量 (m)	泵效率 (%)	功率(kW) 轴功率	功率(kW) 配带功率	泵型号	流量 (m³/h)	扬程 (m)	转速 (r/min)	气蚀余量 (m)	泵效率 (%)	功率(kW) 轴功率	功率(kW) 配带功率
IS50-32-125	7.5	20	2900				2.2	IS65-40-250	15	80	2900				15
	12.5		2900	2.0	60	1.12	2.2		25		2900	2.0	53	10.3	15
	15		2900				2.2		30		2900				15
	3.75		1450				0.55		7.5		1450				2.2
	6.3	5	1450	2.0	54	0.16	0.55		12.5	20	1450	2.0	48	1.42	2.2
	7.5		1450				0.55		15		1450				2.2
IS50-32-160	7.5	32	2900				3	IS65-40-315	15	127	2900	2.5	28	18.5	30
	12.5		2900	2.0	54	2.02	3		25	127	2900	2.5	40	21.3	30
	15		2900				3		30	123	2900	3.0	44	22.8	30
	3.75		1450				0.55		7.5	32.0	1450	2.5	25	2.63	4
	6.3	8	1450	2.0	48	0.28	0.55		12.5	32.0	1450	2.5	37	2.94	4
	7.5		1450				0.55		15	31.7	1450	3.0	41	3.16	4

泵型号	流量（m³/h）	扬程（m）	转速（r/min）	气蚀余量（m）	泵效率（%）	轴功率	配带功率	泵型号	流量（m³/h）	扬程（m）	转速（r/min）	气蚀余量（m）	泵效率（%）	轴功率	配带功率
IS50-32-200	7.5	52.5	2900	2.0	38	2.62	5.5	IS80-65-125	30	22.5	2900	3.0	64	2.87	5.5
	12.5	50	2900	2.0	48	3.54	5.5		50	20	2900	3.0	75	3.63	5.5
	15	48	2900	2.5	51	3.84	5.5		60	18	2900	3.5	74	3.93	5.5
	3.75	13.1	1450	2.0	33	0.41	0.75		15	5.6	1450	2.5	55	0.42	0.75
	6.3	12.5	1450	2.0	42	0.51	0.75		25	5	1450	2.5	71	0.48	0.75
	7.5	12	1450	2.5	44	0.58	0.75		30	4.5	1450	3.0	72	0.51	0.75
IS50-32-250	7.5	82	2900	2.0	28.5	5.87	11	IS80-65-160	30	36	2900	2.5	61	4.82	7.5
	12.5	82	2900	2.0	38	7.16	11		50	32	2900	2.5	73	5.97	7.5
	15	78.5	2900	2.5	41	7.83	11		60	29	2900	3.0	72	6.59	7.5
	3.75	20.5	1450	2.0	23	0.91	15		15	9	1450	2.5	55	0.67	1.5
	6.3	20	1450	2.0	32	1.07	15		25	8	1450	2.5	69	0.75	1.5
	7.5	19.5	1450	2.0	35	1.14	15		30	7.2	1450	3.0	68	0.86	1.5
IS65-50-125	15		2900				3	IS80-50-200	30	53	2900	2.5	55	7.87	15
	25		2900				3		50	50	2900	2.5	69	9.87	15
	30	20	2900	2.0	69	1.97	3		60	47	2900	3.0	71	10.8	15
	7.5		1450				0.55		15	13.2	1450	2.5	51	1.06	2.2
	12.5	5	1450	2.0	64	0.27	0.55		25	12.5	1450	2.5	65	1.31	2.2
	15		1450				0.55		30	11.8	1450	3.0	67	1.44	2.2
IS65-50-160	15	35	2900	2.0	54	2.65	5.5	IS80-50-160	30	84	2900	2.5	52	13.2	
	25	32	2900	2.0	65	3.35	5.5		50	80	2900	2.5	63	17.3	22
	30	30	2900	2.5	66	3.71	5.5		60	75	2900	3	64	19.2	
	7.5	8.8	1450	2.0	50	0.36	0.75								
	12.5	8.0	1450	2.0	60	0.45	0.75								
	15	7.2	1450	2.5	60	0.49	0.75								
IS65-40-200	15	53	2900	2.0	49	4.42	7.5	IS80-50-250	30	84	2900	2.5	52	13.2	22
	25	60	2900	2.0	60	5.67	7.5		50	80	2900	2.5	63	17.3	22
	30	47	2900	2.5	61	6.29	7.5		60	75	2900	3.0	64	19.2	22
	7.5	13.2	1450	2.0	43	0.63	1.1		15	21	1450	2.5	49	1.75	3
	12.5	12.5	1450	2.0	55	0.77	1.1		25	20	1450	2.5	60	2.27	3
	15	15	1450	2.5	57	0.85	1.1		30	18.8	1450	3.0	61	2.52	3
IS80-50-315	30	128	2900	2.5	41	25.5	37	IS125-100-250	120	87	2900	3.8	66	43.0	75
	50	125	2900	2.5	54	31.5	37		200	80	2900	4.2	76	55.0	75
	60	123	2900	3.0	57	35.3	37		240	72	2900	5.0	75	62.8	75
	16	32.5	1450	2.5	39	3.4	5.5		60	21.5	1450	2.5	63	5.59	15
	25	32	1450	2.5	52	4.19	5.5		100	20	1450	2.5	76	7.17	11
	30	31.5	1450	3.0	56	4.6	5.5		120	18.5	1450	3.0	77	7.84	11

续表

泵型号	流量 (m³/h)	扬程 (m)	转速 (r/min)	气蚀余量 (m)	泵效率 (%)	轴功率	配带功率
IS100-80-125	60	24	2900	4.0	67	5.86	11
	100	20	2900	4.5	78	7.00	11
	120	16.5	2900	5.0	74	7.28	11
	30	6	1450	2.5	64	0.77	1.5
	50	5	1450	2.5	75	0.91	1.5
	60	4	1450	3.0	71	0.92	1.5
IS100-80-160	60	36	2900	3.5	70	8.42	15
	100	32	2900	4.0	78	11.2	15
	120	28	2900	5.0	75	12.2	15
	30	9.2	1450	2.0	67	1.12	2.2
	50	8.0	1450	2.5	75	1.45	2.2
	60	6.8	1450	3.5	71	1.57	2.2
IS100-65-200	60	54	2900	3.0	65	13.6	22
	100	50	2900	3.6	76	17.9	22
	120	47	2900	4.8	77	19.9	22
	30	13.5	1450	2.0	60	1.84	4
	60	12.5	1450	2.0	73	2.33	4
	60	11.8	1450	2.5	74	2.61	4
IS100-85-250	60	87	2900	3.5	61	23.4	37
	100	80	2900	3.8	72	30.3	37
	120	74.5	2900	4.8	73	33.3	37
	30	21.3	1450	2.0	55	3.6	5.5
	50	20	1450	2.0	68	4.00	5.5
	60	19	1450	2.5	70	4.44	5.5
IS100-65-315	60	133	2900	3.0	55	39.6	75
	100	125	2900	3.6	68	51.6	75
	120	118	2900	4.2	67	57.5	75
	30	34	1450	2.0	51	5.44	11
	50	32	1450	2.0	63	6.92	11
	60	30	1450	2.5	64	7.67	11
IS125-100-200	120	57.5	2900	4.5	67	28.0	45
	200	50	2900	4.5	81	33.6	45
	240	44.5	2900	5.0	80	36.4	45
	60	14.5	1450	2.5	62	38.3	7.5
	100	12.5	1450	2.5	76	4.48	7.5
	120	11.0	1450	3.0	75	4.79	7.5

泵型号	流量 (m³/h)	扬程 (m)	转速 (r/min)	气蚀余量 (m)	泵效率 (%)	轴功率	配带功率
IS125-100-315	120	132.5	2900	4.0	60	72.1	11
	200	125	2900	4.5	75	90.8	11
	240	120	2900	5.0	77	101.9	11
	60	33.5	1450	2.5	56	9.4	15
	100	32	1450	2.5	73	11.9	15
	120	30.5	1450	3.0	74	13.5	15
IS125-100-400	60	52	1450	2.5	53	16.1	
	100	60		2.6	65	21.0	30
	120	40.6		3.0	67	23.8	
IS150-125-250	120	22.5	1450	3.0	71	10.4	
	200	20		3.0	81	13.5	16.5
	240	17.5		3.5	78	14.7	
IS150-125-315	120		1450				
	200	32			78		30
	240						
IS160-125-400	120	53	1450	2.0	62	27.3	
	200	50		2.8	75	38.3	45
	240	48		3.5	74	40.6	
IS200-150-250	240		1450				
	300	20			82	20.6	37
	450						
IS200-150-315	240	37	1450	3.0	70	34.8	
	400	32		3.5	82	42.5	65
	460	28.5		4.0	80	44.6	
IS200-150-400	240	55	1450	3.0	74	48.8	
	400	50		3.8	81	67.2	
	460	45		4.5	76	74.2	

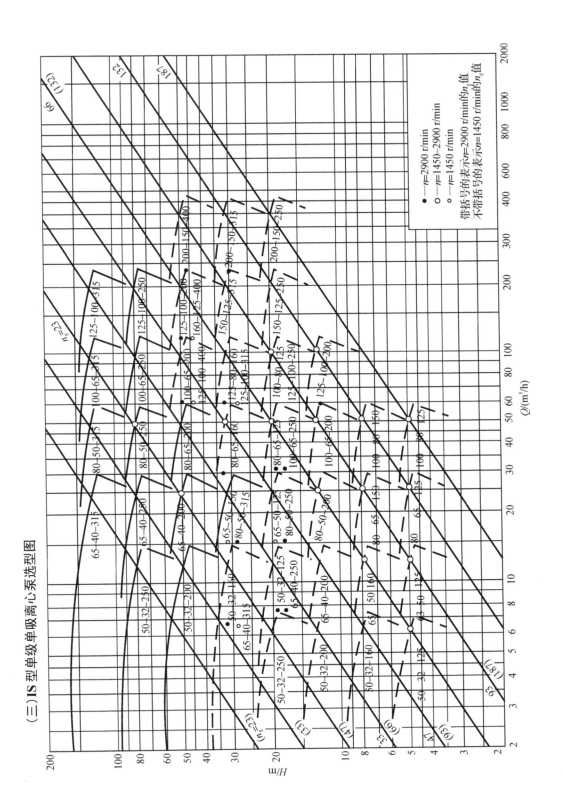

（三）IS 型单级单吸离心泵选型图

十七、离心通风机规格

(一) 4-72-11 型离心通风机规格(摘录)

型号	转速 (r/min)	安压系数	全 压		流量系数	流量 (m^3/h)	效率 (%)	所需功率 (kW)
			(mmH$_2$O)	(Pa)				
6C	2240	0.411	248	2432.1	0.220	15800	91	14.1
	2000	0.411	198	1941.8	0.220	14100	91	10.0
	1800	0.411	160	1569.1	0.220	12700	91	7.3
	1250	0.411	77	755.1	0.220	8800	91	2.53
	1000	0.411	49	480.5	0.220	7030	91	1.39
	800	0.411	30	294.2	0.220	5610	91	0.73
8C	1800	0.411	285	2795	0.220	29900	91	30.8
	1250	0.411	137	1343.6	0.220	20800	91	10.3
	1000	0.411	88	863.0	0.220	16600	91	5.52
	630	0.411	35	343.2	0.220	10480	91	1.51
10C	1250	0.434	227	2226.2	0.2218	41300	94.3	32.7
	1000	0.434	145	1422.0	0.2218	32700	94.3	16.5
	800	0.434	93	912.1	0.2218	26130	94.3	8.5
	500	0.434	36	353.1	0.2218	16390	94.3	2.3
6D	1450	0.411	104	1020	0.220	10200	91	4
	960	0.411	45	441.3	0.220	6720	91	1.32
8D	1450	0.44	200	1961.4	0.184	20130	89.5	14.2
	730	0.44	50	490.4	0.184	10150	89.5	2.06
16B	900	0.434	300	2942.1	0.2218	121000	94.3	127
20B	710	0.434	290	2844.0	0.2218	186300	94.3	190

(二) 4-72-11 型 NO4.5A 性能

转速 (r/min)	全 压		流量 (m^3/h)	电机效率 (kW)	转速 (r/min)	全 压		流量 (m^3/h)	电机效率 (kW)
	(mmH$_2$O)	(Pa)				(mmH$_2$O)	(Pa)		
2900	258	2530.2	5730	7.5	1400	65	637.5	2860	1.1
	254	2491.0	6420			64	627.6	3210	
	246	2412.5	7120			62	608.0	3550	
	236	2314.5	7810			59	578.6	3900	
	222	2177.2	8500			56	549.2	4240	
	207	2030.0	9200			52	510.0	4590	
	189	1853.5	9890			47	460.9	4940	
	170	1667.2	10580			43	421.7	5280	

十八、旋风分离器的主要性能

(一)CLT/A 型

型 号	圆筒直径 D(mm)	进口气速 u_i(m/s)		
		12	15	18
		压力降 Δp(mmH$_2$O)		
		X 型 86 Y 型 77	135 121	195 174
		生产能力 V(m^3/h)		
CLT/A-1.5	150	170	210	250
CLT/A-2.0	200	300	370	440
CLT/A-2.5	250	400	580	690
CLT/A-3.0	300	670	830	1000
CLT/A-3.5	350	910	1140	1360
CLT/A-4.0	400	1180	1480	1780
CLT/A-4.5	450	1500	1870	2250
CLT/A-5.0	500	1860	2320	2780
CLT/A-5.5	550	2240	2800	3360
CLT/A-6.0	600	2670	3340	4000
CLT/A-6.5	650	3130	3920	4700
CLT/A-7.0	700	3630	4540	5440
CLT/A-7.5	750	4170	5210	6250
CLT/A-8.0	800	4750	5940	7130

(二)CLK 型

型号	圆筒直径 D(mm)	进口气速 u_i(m/s)			
		12	16	18	20
		压力降 Δp(mmH$_2$O)			
		80	105	135	180
		生产能力 V(m^3/h)			
1	100	131	150	169	187
2	150	295	337	379	421
3	200	524	599	674	749
4	250	820	920	1050	1170
5	300	1170	1330	1500	1670
6	370	1790	2000	2210	2500
7	455	2620	3000	3382	3760
8	525	3500	4000	4500	5000
9	585	4380	5000	5630	6250
10	645	5250	6000	6750	7500
11	695	6130	7000	7870	8740

(三)CLP/B 型

型 号	圆筒直径 D(mm)	进口气速 u_i(m/s)		
		12	16	20
		压力降 Δp(mmH$_2$O)		
		X 型 50	89	145
		Y 型 42	70	115
		生产能力 V(m^3/h)		
CLP/B-3.0	300	700	930	1160
CLP/B-4.2	420	1350	1800	2250
CLP/B-5.4	540	2200	2950	3700
CLP/B-7.0	700	3800	5100	6450
CLP/B-8.2	820	5200	6900	8650
CLP/B-9.4	940	6800	9000	11300
CLP/B-10.3	1060	8550	11400	14300

注:①按表(1)中所列压力降数值推算,阻力系数 $\zeta=8.5$,与实测结果相比较,可能偏大;

②各表中的压力降是气体密度 $\rho=1.2$kg/m^3 时的数值。

十九、列管（固定管板）式换热器规格（摘录）

外壳直径(mm)	159			273				400			600		800		
公称压力(MPa)	2.5			2.5				1.6、2.5			1.0、1.6、2.5		0.6、1.0、1.6、2.5		
公称面积(m²)	1	2	3	3	4	5	7	10	20	40	60	120	100	200	230
管子排列方法*	△	△	△	△	△	△	△	△	△	△	△	△	△	△	△
管长(m)	1.5	2	3	1.5	2	2	3	1.5	3	6	3	6	3	6	6
管子外径(mm)	25	25	25	25	25	25	25	25	25	25	25	25	25	25	25
管子总数	13	13	13	32	32	38	32	86	86	86	269	254	444	444	501
管程数	1	1	1	2	2	1	2	4	4	4	1	2	6	6	1
壳程数	1	1	1	1	1	1	1	1	1	1	1	1	1	1	1
管程流通截面积(m²)	0.00408	0.00408	0.00408	0.00503	0.00503	0.01196	0.00503	0.00692	0.00692	0.00692	0.0845	0.0399	0.02325	0.02325	0.1574
壳程流通截面积(m²) 150 a型	0.01295	0.01295	0.01223	—	—	—	—	0.0160	—	—	—	—	—	—	—
壳程流通截面积(m²) 150 b型	0.01325	0.015	0.0143	—	—	—	—	0.0214	—	—	—	—	—	—	—
壳程流通截面积(m²) 300 a型	—	—	0.0156	0.017	0.01435	0.0144	0.01705	0.0231	0.0208	0.0196	0.053	0.0534	0.097	0.0898	0.08364
壳程流通截面积(m²) 300 b型	—	—	0.0165	0.0181	0.0161	0.0176	0.0181	0.0286	0.0296	0.0267	0.0137	—	—	0.0724	0.0594
壳程流通截面积(m²) 600 a型	—	—	0.0273	0.029	0.0232	0.0323	0.0197	0.0308	0.0363	0.036	0.0504	0.0553	0.0718	0.094	0.0774
壳程流通截面积(m²) 600 b型	—	—	0.029	0.0282	0.0332	0.0316	0.013	0.0427	0.0466	0.05	0.0707	0.0782	0.106	0.14	0.01092
折流板间距(mm) a型	50.5	50.5	85.5	85.5	80.5	80.5	85.5	93.5	104.5	104.5	132.5	138.5	166	188	177
折流板间距(mm) b型	46.5	46.5	71.5	71.5	71.5	71.5	71.5	86.5	86.5	86.5	122.5	122.5	158	152	158
折流板切去的弓形缺口高度(mm) a型	—	—	—	—	—	—	—	—	—	—	—	—	188	188	—
折流板切去的弓形缺口高度(mm) b型	—	—	—	—	—	—	—	—	—	—	—	—	152	152	—

* △表示管子正三角形排列。a型为折流板块口上、下排列；b型为折流板缺口左、右排列。

主要参考文献

[1] 柴诚敬,等. 化工原理课程设计. 天津:天津科学技术出版社,1994.

[2] 陈　敏,吴惠芳,蔡伯钦. 化工原理. 北京:化学工业出版社,1988.

[3] 陈敏恒,丛德滋,方图南,齐鸣斋. 化工原理(第二版,上、下册). 北京:化学工业出版社,2001.

[4] 陈世醒,张克铮,郭大光. 化工原理学习辅导. 北京:中国石化出版社,1998.

[5] 崔克清. 化工单元运行安全技术. 北京:化学工业出版社,2005.

[6] 大连理工大学. 化工原理. 北京:高等教育出版社,2002.

[7] 冯　霄,何潮洪. 化工原理(上、下册). 北京:科学出版社,2007.

[8] 何洪朝,窦　梅,钱栋英. 化工原理操作型问题的分析. 北京:化学工业出版社,1998.

[9] 化学工程手册编辑委员会. 化学工程手册(第三卷). 北京:化学工业出版社,1991.

[10] 贾绍义,柴诚敬. 化工原理课程设计. 天津:天津大学出版社,2002.

[11] 金德仁. 化工原理. 北京:化学工业出版社,1985.

[12] 刘承先,张裕萍. 流体输送与非均相分离技术. 北京:化学工业出版社,2008.

[13] 刘志丽. 化工原理. 北京:化学工业出版社,2008.

[14] 潘国昌,郭庆丰. 化工设备设计. 北京:清华大学出版社,1996.

[15] 谭天恩,麦本熙,丁惠华. 化工原理(上、下册). 北京:化学工业出版社,1990.

[16] 汤金石. 化工原理课程设计. 北京:化学工业出版社,1996.

[17] 涂晋林,吴志泉. 化学工业中的吸收操作. 上海:华东理工大学出版社,1994.

[18] 王树楹. 现代填料塔技术指南. 北京:中国石化出版社,1998.

[19] 王振中. 化工原理. 北京:化学工业出版社,1986.

[20] 杨昌竹. 环境工程原理. 北京:冶金工业出版社,1994.

[21] 杨祖荣. 化工原理. 北京:高等教育出版社,2004.

[22] 姚玉英,陈常贵,柴诚敬. 化工原理. 天津:天津大学出版社,2004.

[23] 姚玉英等. 化工原理例题与习题. 北京:化学工业出版社,1990.

[24] 张　弓. 化工原理. 北京:化学工业出版社,1980.

[25] 张宏丽,周长丽,闫志谦. 化工原理. 北京:化学工业出版社,2006.

[26] 张木全,云智勉. 化工原理. 广州:华南理工大学出版社,2000.

[27] 赵锦全. 化工过程及设备. 北京:化学工业出版社,1985.

[28] 赵汝溥,管国峰. 化工原理. 北京:化学工业出版社,1995.

[29] Geankoplis C J. Transport Processes and Unit Operations,2nd Edition. Boston:Allyn and Bacon Inc,1983.

[30] Henley E J,Seader J D. Equilibrium－Stage Separation Operations in Chemical Engineering. New York:John Wiley & Sons,1981.

图书在版编目(CIP)数据

化工单元操作与实训 / 谢萍华,徐明仙主编. —杭
州:浙江大学出版社,2012.2(2024.7 重印)
ISBN 978-7-308-09428-3

Ⅰ.化… Ⅱ.①谢… ②徐… Ⅲ.①化工单元操作
—教材 Ⅳ.①TQ02

中国版本图书馆 CIP 数据核字(2011)第 256131 号

化工单元操作与实训

谢萍华 徐明仙 主编

责任编辑	石国华
封面设计	刘依群
出版发行	浙江大学出版社
	(杭州天目山路 148 号 邮政编码 310007)
	(网址:http://www.zjupress.com)
排 版	杭州星云光电图文制作工作室
印 刷	广东虎彩云印刷有限公司绍兴分公司
开 本	787mm×1092mm 1/16
印 张	16
字 数	410 千
版 印 次	2012 年 2 月第 1 版 2024 年 7 月第 8 次印刷
书 号	ISBN 978-7-308-09428-3
定 价	48.00 元